现代水产养殖学的技术创新研究

●孙翰昌 编 著

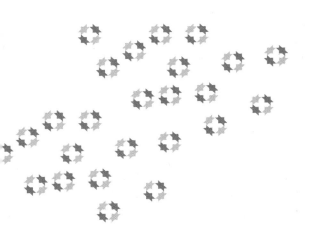

NORTHEAST NORMAL UNIVERSITY PRESS
WWW.NENUP.COM
东北师范大学出版社

图书在版编目（CIP）数据

现代水产养殖学的技术创新研究／孙翰昌编著．--
长春：东北师范大学出版社，2017.8
ISBN 978-7-5681-3608-2

Ⅰ.①现…　Ⅱ.①孙…　Ⅲ.①水产养殖－技术革新－研
究　Ⅳ.①S96

中国版本图书馆 CIP 数据核字（2017）第 202073 号

□策划编辑：王春彦

□责任编辑：卢永康　　□封面设计：优盛文化

□责任校对：郎晓凯　　□责任印制：张允豪

东北师范大学出版社出版发行
长春市净月经济开发区金宝街 118 号（邮政编码：130117）
销售热线：0431-84568036
传真：0431-84568036
网址：http://www.nenup.com
电子函件：sdcbs@mail.jl.cn
河北优盛文化传播有限公司装帧排版
北京一鑫印务有限责任公司
2018 年 4 月第 1 版　　2021 年 1 月第 2 次印刷
幅画尺寸：185mm×260mm　印张：13.25　字数：294 千

定价：46.00 元

简 介

　　随着水产养殖业的迅猛发展，我国成为了第一大水产养殖国。水产养殖技术的发展，通过研究创新为水产动物的健康快速成长提供了一种手段。水产养殖技术的创新研究对水产养殖多样性成功和国际技术交流产生了积极的影响，也为促进我国农村产业结构升级换代以及社会主义新农村劳动力就业转移等方面起着重要的作用。因此，要下大力度发展现代水产养殖业，为水产养殖技术的创新研究提供有力保障。本书是笔者多年来对水产养殖学和水产科研等方面深入研究总结的成果，将不同的观点进行归纳、提炼、创新、编撰，内容精练、体系完整，读来令人耳目一新。书中独特的技术发展观点为我国水产行业人才培养及技术创新起到了主导作用，在现代水产养殖学技术创新方面有了新的突破，对从事水产养殖行业的相关人员来说具有很好的参考价值。

前　言

　　水产养殖是人为控制下繁殖、培育和收获水生动植物的生产活动。在我国水产养殖业发展迅猛的今天，各级政府一直把水产养殖摆在现代水产养殖业的突出位置，明确提出要用工业化理念发展水产养殖业，用先进实用技术提升水产养殖业，用现代经营方式拓展水产养殖业，全面提升水产养殖业信息化水平，促进传统水产养殖业向现代特色水产养殖业转变。

　　中国水产养殖持续 30 多年平稳较快发展，中国是全球第一大水产品生产国，也是第一大消费国。2014 年全球水产总产量 7 380 万吨，中国养殖生产水产品 4 750 万吨，2015 年水产养殖总产量达到 4 937.9 万吨，中国水产养殖产量占世界水产养殖产量的三分之二。占全球总产量的 64.4%。在全球水产养殖国家中遥遥领先，是名副其实的水产养殖大国。2016 年是我国迈入第十三个五年规划期的元年，改革、转型、升级成为当前经济社会发展的主题词。2016 年，中国水产品总产量为 6 900 万吨，由此可见，中国国内对水产品的需求在不断增长，这也使得一些水产养殖业人士不免忧虑，水产养殖技术落后带来的环境污染以及过度捕捞等问题。2017 亚太水产养殖展览会在福州海峡国际会展中心举办。"全球水产养殖看亚太，亚太核心在中国"，亚太展凭借丰富完备的展品和针对性强的专业采购网络成功树立了行业品牌地位，已成为广大水产养殖企业获取新产品、掌握新技术的窗口，该展会自亮相以来，秉持国际性和专业性的定位，展品覆盖了从苗种到水产品全产业链条，是全球水产养殖用品交流展示的贸易平台，满足专业采购一站式网罗优质产品的需求。

　　在水产养殖可持续的发展趋势推动下，水产业面临着产业升级和调整的机遇与挑战，引进先进的水产养殖用品、技术、设备等，对提升行业整体环境显得至关重要。亚太水产养殖展览会的定期举办，极大地促进了亚太地区乃至全球的水产养殖新产品、新设备、新技术的交流展示和商贸活动，推动了产业升级，助力水产养殖与生态环境的和谐发展。

　　当前，水产养殖业供给总量充足，但发展不平衡、不协调、不可持续的问题也非常突出。中国作为全球第一水产品生产大国，水产养殖业的转型升级，不仅将改变中国水产养殖业自身，也必然会对全球水产养殖业产生重大影响。因此，作者呼吁国内外业界同仁一起研究，充分利用全球水产养殖领域的各类平台，交流探讨，共同努力推动水产业的可持续发展。

　　本书根据水产业关注热点，重点阐述了我国现代水产养殖技术的创新与实践，从我国现代水产业发展的新视角，介绍了我国现代水产养殖业的现状，并重点分析了我国现代水产养殖业产业的发展趋势和面临的挑战。水产养殖业的快速发展，对食品安全、增加就业、减少城镇迁移、丰富优质蛋白来源、增加地方收入和税收等众多方面做出了重要贡献。

随着人类对物质需求的日益增长，我国水产养殖产量仍会不断上升。对于水产养殖业的发展趋势，生产方面，由于土地和水资源的限制，水产养殖的增速将会放缓，但沿海养殖，尤其是离岸海水深水网箱养殖将会不断增长。市场供求方面，据预测到 2030 年，水产养殖需再增长 5000 万吨才能满足人均水产品消费需求。贸易方面，进口商将对产品的质量安全、认证、可追溯信息等方面提出更高的标准和要求。同时，产业的发展还面临着来自全球经济衰退、环境保护、原料资源短缺、养殖疾病、气候恶化等众多因素的影响。作者强调，目前一些水产养殖方式给环境带来了压力，但良好的养殖操作将会给环境带来正面的影响。因此，加强国内和国际间的合作，共同推动创建可持续的水产养殖业将是产业发展的关键。

2013 年世界水产养殖食用水产品总产量首次超过捕捞产量，2014 年世界水产养殖品消费超过捕捞（不含藻类），水产养殖的贡献正在持续增长。2014 年，世界内陆养殖 4 710 万吨，海水养殖总量 2 668 万吨。据统计，全世界有 200 余个国家和地区从事或曾经从事水产养殖，136 个从事海水养殖。从海水养殖品种来看，海水养殖品种 526 个，多于内陆养殖的 441 个，其中，海藻养殖占海水养殖的 58%，是海水养殖的主要品种，贝类占海水养殖动物产量比例最大，为 59%。但从产量来看，海水养殖产出远不及内陆养殖，一些沿海地区中诸多粮食和食品安全需要改进的发展中国家，海水养殖潜力在很大程度上没有被触及。因此，作者建议更有效地发展海水养殖业，充分发挥海水养殖的巨大潜力。

近年来，我国淡水养殖业的发展使我国水产品供给状况有了根本改观，主要产品产量处于世界领先位置，同时，有效缓解了水产养殖业资源压力。淡水养殖业也逐渐由副业转变为主导产业，并带动了周边相关产业的发展，成为推动我国水产养殖业经济增长的重要动力。但产业的发展也存在一些问题：良种覆盖率低、病害严重、养殖模式落后、效益提升乏力，以及产业发展与资源、环境矛盾加剧，质量安全和养殖水域生态安全问题突出等。面对这些问题，养殖产业布局和监管的重要性日益凸显。

据全球水产养殖联盟（GAA）市场调查，47% 的消费者对养殖水产品持消极看法，27% 不认可养殖环境，23% 认为养殖品不如野生水产品健康，18% 的人对养殖饲料持怀疑态度。但消费调查显示，多数人同时消费养殖和野生水产品，仅 5% 的人仅食用野生水产品，可见消费者对养殖水产品的认知和购买行为并不一致。产品标签和可持续性对消费者的采购影响越来越大。因此，建议在产品推广方面可充分发挥厨师和商超的参与度，增强营养信息、认证和可持续消费的宣传，提高消费者对养殖水产品的认可度，进一步把中国的水产养殖产品推向世界。

水产养殖技术未来将面临多方面的挑战，鱼病和水产动物流行病的防治、品种改良和本土化、开发符合安全和营养标准的适用饲料、养殖机械设备、育苗和养殖技术以及水质管理等诸多问题已经日益呈现。当前的水产养殖业在相当广阔的领域里需要引进分子生物技术和其它先进技术。水产养殖生物技术可以被阐述为将生物学概念科学地运用到水产养殖的各个领域，以提高其产量和经济效益。水产养殖业中的生物技术与农业中的生物技术有许多相似之处。随着知识水平的不断进步，水产养殖业更加需要安全有效的生物技术，这对水产养殖业应对面临的挑战具有重要意义。在强调生物技术对保证人类粮食供应安全、消灭贫困、增加收入做出巨大贡献的同时，必须充分考虑把生物技术引入水产养殖业可能会带来的种种问题，如何保持野生生物品种的多样性以及新技术对社会和经济的潜在影响等，用负责任的态度研究和利用这一新兴的技术。

水产养殖业是一个方兴未艾的产业，与之相适应的是水产养殖教育在世界各国，尤其是在我国受到了高度的重视，据统计，我国有 47 所高等院校开设水产养殖专业，还有更多与之相关的中等专业教育和职业技术学校也在进行水产养殖学教育。

水产养殖学技术的发展日新月异，尽管笔者期望能尽量吸收国内外最新的成果，但仍不免会有疏漏，在此深表歉意，并欢迎各位专家同行批评指正。

目 录

第一章 水产养殖概述

第一节 水产养殖概念分析

1. 定义

1.1 水产业

水产业又称渔业，包括捕捞业和养殖业。捕捞业是利用各种渔具（拖网等网具、延绳钓、标枪等）、船只及设备（探渔器等）等生产工具，在海洋和淡水自然水域中捕获鱼类、虾蟹类、棘皮动物、贝类和藻类等水生经济动、植物的生产事业。捕捞业的主要组成部分是海洋捕捞。海洋捕捞业是我国捕捞业的主体，它具有距离远、时间性强、鱼汛集中、产品易腐烂变质及不易保鲜等特点，故需要有作业船、冷藏保鲜加工船、加油船、运输船等相互配合，形成捕捞、加工、生产及生活供应、运输综合配套的海上生产体系。

1.2 水产养殖业

水产养殖业包括海水养殖和淡水养殖，是集生物学与化学等理学、土建与机械及仪器仪表等工学、医学、农学及管理学等五大学科门类的现代化科学技术，综合利用海水与淡水养殖水域，采取改良生态环境、清除敌害生物、人工繁育与放养苗种、施肥培养天然饵料、投喂人工饲料、调控水质、防治病害、设置各种设施与繁殖保护等系列科学管理措施，促进养殖对象正常、快速生长发育及大幅度增加数量，最终获得鱼类、棘皮动物、虾蟹类、贝类、藻类，以及腔肠动物、两栖类与爬行类等水产品的生产事业，并保持其持续、快速和健康的发展。

水产养殖业是水产业（渔业）的主要组成部分，也是农业的重要组成部分。21世纪的农业将由传统的淀粉农业逐步转变为淀粉与蛋白质并重的现代农业，特别是随着人类食物营养结构的优化及蛋白质比例的不断提高，动物性蛋白质在农业产品中的比例必然会不断增大。水产养殖业的产品是人类食品的优质蛋白质，又是一项快速、高效增加水产资源的重要途径。因此，水产养殖业是新世纪具有重大发展潜力的第一产业。

水产养殖业的经营方式概括分为粗放型、精养型和集约型。

1.2.1 粗放型经营方式，包括淡水湖泊渔业开发、水库渔业开发和海水港湾养殖。其主要特点是水域较大，养殖生态环境条件不易控制，苗种的放养密度稀，一般不施肥、不投饵，人工放养对象主要依靠天然肥力与饵料生物进行生长发育，人工调控程度较低，管理措施较粗放，因此，单位水体产量与经营效益较低。

1.2.2 精养型经营方式，其代表类型是我国传统池塘养殖模式，即静水土池塘高产高效养殖方式。水域面积或体积较小，养殖生态环境条件较好且易控制，苗种放养密度大，人工施肥与投饵，养殖对象主要依靠人工肥力与饲料进行生长发育，人工调控程度较高，管理措施较精细，单位水体产量与经营效益较高。

1.2.3 集约型经营方式，包括围栏养殖、网箱养殖和工厂化养殖。前者的生态环境条件好，即围栏和网箱内的水体与外界相通，人工投饵，放养密度大，产量高；后者在室内进行养殖生产，水体流动、循环使用，节约用水并不污染水域环境，占地面积少，养殖优质水产动物，单位水体放养量大，鱼产量高，养殖周期短，设施及技术措施的现代化和自动化程度高，生产方式工厂化，人工调控程度高，管理措施精细，是一种高投入与高产值的生产方式。

水产养殖业与农业的性质相似，同属于第一产业，但由于它是在水域中进行养殖生产活动，养殖的对象又具有独特的生物学特性，而且其生产方式与方法以及关键技术与难度等，都与种植业和畜牧业有很大不同，因此，具有鲜明的特色。水产养殖业与农业、林业，以及机械、电子、建筑、饲料等工业发生密切联系；与国民经济其他行业相比，其投资较少，周期较短，见效较快，效益和潜力都较大。

2. 水产养殖学

水产养殖学（Aquaculture），从英文词义看，是由"水产的""水生的"和"养殖"缩写而成的。因此早期的学者把水产养殖学定义为："水生生物在人工控制或半控制条件下的养成"，简称为"水下农业"，其意义与"农学"一词最为接近。然而这一定义把水族馆展示的活体标本培养、实验室的实验动物培养以及居民为自身食用的小水体养殖都包括了进来，显然不够合适。因此，Matthew Landau（1991）提出了一个概念相对完整而又简洁的水产养殖学定义："具商业目的的大规模的水生生物育苗或养成。"这一表述也能很好地定义"淡水养殖学""海水养殖学"或"鱼类养殖学""甲壳动物养殖学""贝类养殖学""藻类养殖学"以及近几年兴起的"观赏鱼养殖学"等学科的内涵。

3. 相关学科

水产养殖学，属"水产学"一级学科下的二级学科，可以说是一门独立学科。但从学科的内涵分析，水产养殖学属于应用性学科，是多门学科的综合。渗入到学科内部或与之有密切关系的学科有：水生生物学、农学、海洋与湖沼、化学、动物和植物生理学、物理学、工程学、经济学甚至法学和商学等。作为应用性学科，每一个从事水产养殖的企业家，都会有遵循如下相似的企业规划和操作流程。

第二节　水产养殖的发展历史

1. 中国古代水产养殖发展

水产养殖历史最早可追溯到公元前 2500 年，古埃及人已开始了池塘养鱼，至今埃及的法老墓上还有壁画描绘古埃及人在池塘里捞取罗非鱼的场景。

在中国，关于池塘养鱼的最早文字记载是《诗·大雅·灵台》："王在灵沼，於牣鱼跃。"诗中记叙了商朝的周文王征集民工在现甘肃灵台建造灵沼，并在其中养鱼之事（公元前 1135 至前 1122 年）。传说周文王还亲自记录鲤鱼的生长和生活行为。春秋战国时期，越国范蠡在帮助越国吞灭吴国后，隐身在齐国以养鱼为生并致富，世人称之为"陶朱公"。范蠡撰写了国内外公认的世界上最早的鱼类养殖专著《养鱼经》。现存的《养鱼经》约 400 余字，描述了鱼塘的建设、雌雄亲鱼的选择、搭配以及鲤鱼的繁殖和生长规律，并专门指出为什么要选择鲤鱼作为养殖对象，"所以养鲤者，鲤不相食，易长又贵也"。

汉朝（公元前 202 ~ 公元 220 年）时，养殖池塘已经很大，据《史记》记载，一个池塘可出产千石鱼（约 50—100 吨）。鲤鱼养殖传到唐朝（618—907 年）遭到了禁止，原因只是唐朝皇帝姓"李"，"李"和"鲤"同音。朝廷规定，百姓不得食用或养殖鲤鱼，捕到鲤鱼必须放生。这一禁令使得以前一直单一养殖鲤鱼的境况在唐朝发生了革命性的变革。唐朝人发现与鲤鱼相近的青鱼、草鱼和鲢、鳙鱼也是很好的养殖品种，而且将这几种鱼混合搭配在同一个池塘养殖会因为不同的食物结构和生活空间而收到良好的养殖效果，这就是闻名中外的池塘"综合养殖"，并一直延续至今。

宋朝（960—1279 年）的鱼类养殖业已经相当发达，渔民对鱼类的习性、饲养方法尤其混养技术都有很多经验总结，《癸辛杂记》和《绍兴府志》等文献中有记述。宋朝已开始将野生鲫鱼进行驯化成为金鱼，在家居、庭院进行养殖用于观赏，在皇家宫廷和民间逐步流行，驯养野生金鱼被列为宋朝百项科技成果之一。

明朝（1368—1644 年）的鱼类养殖业更为发达，养殖经验和技术得到了系统的总结，形成了专著，如黄省曾的《养鱼经》和徐光启的《农政全书》。黄省曾（1496—1546 年）的《养鱼经》又名《种鱼经》共三篇：一之种、二之法、三之江海诸品，分别阐述鱼种、鱼苗、养殖方法及鱼的种类。书中记述了鲟、鲈、鳜、鲳等 19 种鱼类，还特别讲述了河豚的毒性、鉴别和解毒之法。徐光启的《农政全书》是一部集天文、历法、物理、数学、水利、测量和农桑等于一体的科学著作。全书共 12 篇 60 卷，其中第四十一卷专门论述养鱼。内容涉及池塘底质、水质要求，鱼种、鱼苗繁殖培育，草鱼、鲢鱼混养比例，密度以及鱼病防治等，是一部内容系统、论述独到的鱼类养殖著作。明末郑成功收复台湾后，在台湾开始养殖遮目鱼，受到台湾人民的欢迎，遮目鱼也因此被称为国姓鱼。

中国的养鱼技术大约在 1700 年前传到朝鲜，以后再传至日本。

2. 国外古代水产养殖发展

古希腊著名哲学家亚里士多德（公元前 384 至前 322 年）也是公认的有史以来第一位海洋生物学家和生物学奠基人。他开创性地做了动物分类、动物繁殖、动物生活史等工作，记录了 170 多种海洋生物，其中特别指出鱼是用鳃呼吸的，鲸是哺乳动物等。他在书中还提到当时欧洲人也热衷于养殖鲤鱼，罗马人在公元 1 世纪就开始在意大利沿岸建池塘养鱼，养殖品种除鲤鱼外，还有鲻鱼。据传早期罗马人的养鱼技术是腓尼基人和伊特拉斯坎人从埃及传入的。到中世纪，亚得里亚海附近的湖泊和运河成为当时欧洲的水产养殖中心。法国从 8 世纪中叶开始利用盐池进行鳗鱼、鲻鱼和银汉鱼的养殖，英国从 15 世纪初开始养殖鲤鱼。最初是将野生的鲤鱼暂时养殖在人工开挖的池塘里作为食物备用，以后逐步变为增养殖，这种养殖方式在欧洲流行很长一段时间。由于当时牛羊肉来源困难，因此鱼类蛋白就变得十分珍贵，以至于如果发现有人偷鱼，法庭甚至可以重判他死刑。德国人斯蒂芬·路德威格·雅各比于 1741 年建立了世界上最早的鱼类育苗场，主要繁殖培育鳟鱼苗以供应当时日益兴旺的游钓业。雅各比把他的繁殖技术发表在《Hann0verschen》杂志上，可惜没有引起人们的注意。直到 1842 年他的鳟鱼繁殖技术被法国科斯特教授等人再次发现才得以广泛传播。在捷克斯洛伐克，至今存有延续 900 年的养鱼池塘。波西米亚和马洛维亚最早的一些池塘可以追溯到 10 世纪和 11 世纪。到 16 世纪时，捷克斯洛伐克的鱼塘面积规模相当大，据估计约有 120 000 hm^2，位列世界各国之首。

夏威夷的水产养殖始于 1000 年，技术可能是从波利尼西亚传入的。养殖池塘一般建在海岸地带，通常都用石块切成，既牢固，面积也可以建得很大，主要养殖海水种类如遮目鱼、鲻鱼以及虾类。印度尼西亚是遮目鱼养殖大国，该国的遮目鱼养殖历史至少可以上溯到 600 年前，虽然现存的记录是在 1821 年由荷兰人所做的。

除鱼类养殖外，贝类养殖的历史也很悠久。贝类是沿海居民十分喜爱又容易采集的食物，尤其是牡蛎，可能是无脊椎动物中最早被养殖的水产品种，从罗马皇帝时代就已开始进行。1235 年，爱尔兰海员 PatrickWalt0n 在法国海边泥滩上打桩张网捕鸟时，发现了一个非常有趣的现象，木桩上附满了贻贝，而且附着在木桩上的贻贝比泥地上的长得快得多。这一偶然发现成就了后来法国日益兴旺的贻贝养殖产业化。300 多年前的日本人应用类似的技术进行牡蛎增殖。1673 年，K0r0shiya 发现牡蛎幼体可以附着在岩石或插在海滩的竹竿上生长，否则幼体将被海流冲到海底不知所踪。这一发现奠定了后来在日本盛行的浮筏养殖，并且由牡蛎等贝类养殖扩展到紫菜养殖。今天，紫菜是日本十分重要的海产品，它的养殖在 16 世纪末的广岛湾和 17 世纪末的东京湾就已经很盛行了。

3. 19 世纪和 20 世纪初

从 18 世纪中叶开始，欧洲的科学技术突飞猛进，从不同渠道和层面进入到水产养殖领域，极大地推动了水产养殖业的发展。

19 世纪 50 年代，欧洲的鱼类养殖技术已日臻成熟。1853 年，克利夫兰开始兴建鱼类养殖场。1854 年法国政府在 Alsace 投资建设了一座设施齐全的鱼类养殖场。而此时的美国，水产养殖也在起步。1856 年俄国的 Vrassky 发明了鱼卵"干法授精"技术，即将精子直接与卵子混合，中间不加水。这一干法授精技术大大增加了许多种鱼类的受精率。

1857 年，加拿大首任渔业主管 RichardNettle 成功孵化了大西洋鲑和美洲鲑，随之又繁殖了溯河洄游鲑鳟鱼类如大鳞大马哈鱼和银大马哈鱼，这一技术很快就传到了美国南部。1864 年，SethGreen 在纽约成功创建了鲑鳟鱼育苗场，他改进了鲑鳟鱼产卵和授精技术，受精率提高了 50%。1877 年，这项技术又从北美传到了日本，之后从日本传向亚洲大陆。1927—1928 年，俄罗斯在 Tepl0vka 湖和 Ushk0vsk0ye 湖边建起了最早的鲑鳟鱼繁殖场。尽管这一时期世界各地都建有鲑鳟鱼繁殖场，然而当时的成功率一般都较低。直至 1940 年，人们对鱼类生理学、行为学以及饵料需求有了更深的了解之后，成功率才得到大幅度提高。

鱼类育苗场在早期的增殖放流上也起了重要作用。从 19 世纪中叶起，美国的渔民就发现大西洋的渔获量在逐年减少，多数人认为这是由于过度捕捞造成的。因此有专家建议通过人工培育鱼苗进行放流可以补偿过度捕捞的资源。1871 年，美国联邦政府首任渔业专员 SpencerF.Baird 领导实施了鱼类人工放流增殖计划，首选目标是曾经资源丰富而近几十年不断衰退的美洲河鲱。项目组将人工培育的 35 000 尾鲱鱼从美国东海岸长途运输到以前没有鲱鱼资源的西海岸萨克拉门托河进行放流，其结果使该种类在这里首次形成了种群，并成为西部重要的经济鱼类。不久其他一些鱼类如、黑线鳕鱼、绿鳕的繁殖也相继取得成功。1885 年，在马萨诸塞州的伍德霍尔建立了美国第一家商业化海洋鱼类育苗场，紧接着在 Gl0ucester 港和 B00thbay 港也建起了鱼类育苗场，专门繁殖鳕鱼（c0d）及相近的种类。到 1917 年，这三家育苗场每年育苗达 30×10^9 尾，其中主要是绿鳕和比目鱼，其次是鳕鱼和绿线鳕。

同时期，欧洲也在进行类似的实践。1882 年，挪威船长 G.M.Dannevig 在私人和政府的共同资助下建立了一家商业化鱼类育苗场，所培育的幼鱼主要用于补充挪威海湾鳕鱼资源。1916 年，这家育苗场改变为完全由政府管理经营。Dannevig 的育苗技术有较大的改进，与美国育苗场露天经营不同，他在室内建设很大的产卵池来收集卵，并且还发明了一个震动孵化器以增加卵的孵化率。挪威的育苗技术进步刺激了苏格兰政府于 1883 年在 Dimbay 海洋生物实验站也建成了一个鱼类育苗场，主要进行鲆鲽类育苗，并且还邀请了 Dannevig 担任技术顾问。1902 年，Dannevig 离开苏格兰来到了澳洲，他把砰鲽鱼类亲鱼带到了澳洲，当地政府在新南威尔士 Gunnamatta 湾专门为 Dannevig 建设了一个育苗场。1906 年，他已拥有几千尾鲆鲽类亲鱼，年培育幼鱼苗种 2×10^8 尾。在英国，经过著名科学家 W.A.Herdman 的不懈努力，也于 1890 年在利物浦等地建起了鱼类育苗场，主要繁殖培育鲽类和其他比目鱼。

1920 年，在美国新泽西州鳟鱼繁殖场，G.C.Emb0dy 成功进行了促进鱼类生长和疾病防治的品种选育。1930 年，意大利首次实现了遮目鱼的人工产卵。1932 年，巴西人首先使用激素注射进行亲鱼催熟，这一技术一直沿用至今，成为刺激人工养殖条件下难以成熟的鱼类性腺发育的关键。20 世纪 30 年代，水产科技工作者开始使用卤虫卵作为水产动物幼体饵料，由于卤虫卵个体小，孵化容易，营养价值高，非常适合作为鱼类早期幼体饵料，以后又被成功应用到甲壳动物育苗中。

　　罗非鱼养殖起始于 1924 年的肯尼亚，1937 年发展到刚果。1939 年在印度尼西亚的爪哇发现了来自非洲的野生罗非鱼自然群体，至于它究竟如何从非洲来到亚洲，至今仍是个谜。当时遮目鱼养殖在爪哇岛已经衰退，逐渐被罗非鱼取代。第二次世界大战期间，日本人占据该岛，将罗非鱼养殖从马来西亚扩展到亚洲大陆，并成为当地的重要养殖品种。

　　其他一些种类的贝类育苗和养殖研究也在同期展开。位于密西西比河爱荷华州的 FairpOrt 渔业生物中心在 20 世纪初开始了淡水珍珠贝的生活史研究和养殖实验。1935 年，日本的 SaburOMurayama 通过人工授精的方式成功繁殖出了鲍的幼苗。1935 年，T.KinOshita 首次尝试采集自然海区扇贝幼体用于养殖。1943 年，他成功地运用升温或调节水质酸碱度来刺激扇贝产卵。

　　人工培育浮游单细胞藻类投喂牡蛎等滤食性贝类的研究也经历了一个复杂艰难的过程。P.Miquel 最早在 19 世纪 90 年代开始在实验室培养了几种硅藻，很快他就发现培养藻类的水无论是采自湖泊、池塘还是海洋，都无法持续培养，除非在水中添加矿物质溶液。1943 年，FOyn 发明了一种藻类培养基，其中含有矿物质溶液和土壤浸出液，这种培养基对许多藻类都有极佳的培养效果。20 世纪 40 年代，来自中国的朱树屏领先发明了各种单细胞藻类培养基以及人工海水配方。藻类连续培养在 20 世纪初的捷克斯洛伐克就开始尝试了，但该项技术一直到 20 世纪 40 年代，经过 J.MOnOd，B.H.Ketchum&A.C.Redfield 等人的努力才逐步完善成熟。

　　龙虾也曾像鱼类一样作为资源增殖的对象，在美国大西洋沿岸进行放流。19 世纪末、20 世纪初，为了增殖龙虾资源，美国罗德岛渔业协会发明了一种海上浮动实验室，配备有许多小网箱，里面养殖龙虾幼苗，直到幼体发育到第四期，即将转入底栖生活时，将其放流。1934 年日本的藤永原（MOtOsakuFujinaga）首次人工成功培育出了日本对虾幼苗。他的工作一度因为第二次世界大战而停止，战后又得以继续，20 世纪五六十年代，对虾育苗技术传到亚洲中国、东南亚以及美国，并很快得以推广和应用。20 世纪 40 年代，法国的 J.B.PanOuse 发现眼柄是甲壳动物的内分泌中心，切除眼柄可以诱导亲体成熟，这一技术被广泛应用于一些在人工控制条件下难以成熟的甲壳动物种类育苗，尤其是对虾，如斑节对虾、日本对虾、凡纳滨对虾等。

第三节　现代水产养殖业的发展

　　我国是农业大国，农业的发展与人类面临人口、资源、环境三大问题都有密切的联系。水产养殖业是大农业的重要组成部分之一，我国为世界水产大国，也是世界上唯一水产养殖产量高于捕捞产量的国家，2000 年水产养殖产量高达 2 578 万吨，占全国渔业总产量（4 279 万吨）的 60.2%。2014 年全球水产并地总产量 7 380 万吨，中国养殖生产水产品 4 750 万吨。2015 年水产养殖总产量达到 4 937.9 万吨。2016 年，中国水产品总产量为 6 900 万吨，由此可见，中国国内对水产品的需求在不断增长，这也使得一些有识之士不免忧虑，水产养殖技术落后带来的环境污染以及过度捕捞等问题。与此同时，亟待解决的种质、病害与环境等关键问题也日趋严重。因此，回顾总结我国水产养殖业经验和教训，展望新世纪我国水产养殖业发展态势和关键理论与技术问题，十分必要。

1. 近现代我国水产养殖发展的历史回顾

1.1 淡水养殖

我国淡水养鱼有悠久的历史。远在 3000 多年前的殷末周初就有养鱼的记录，至公元前 5 世纪的春秋战国时代，陶朱公范蠡根据当时的养鱼经验编写了世界上第一部养鱼著作《养鱼经》。我国人民经过几千年的养鱼实践，不断地积累了丰富的技术经验。

新中国成立以来，围绕鲢、鳙、草鱼、青鱼（四大家鱼）的人工繁殖问题，系统深入进行了主要养殖鱼类性腺发育规律与其有关的内分泌器官发育规律与机能、受精细胞学以及胚胎发育形态生态学等应用基础理论研究，并取得系列研究成果。在此基础上，于 1958 年和 60 年代初人工繁殖鲢、鳙与草鱼、青鱼相继获得成功，并研究完善亲鱼培育、催情产卵和受精卵孵化等综合技术，结束了淡水养鱼依靠捕捞天然苗丰歉种难以控制的被动局面，从根本上解决了四大家鱼鱼苗供应问题，也为其它水产养殖动物的人工繁殖技术奠定了基础。与此同时，我国水产科学工作者在养鱼池生态学与食用鱼养殖技术、稻田养鱼生态系与综合技术、冰下水体生态系与鱼类安全越冬技术、鱼类养殖种类结构与养殖方式、内陆大型水域鱼类增养殖应用基础理论与综合技术等方面，取得了一系列成果，从而实现了我国淡水鱼类养殖进入快速发展阶段。

我国的淡水养殖也推动了世界淡水养殖业的发展，20 世纪 50 年代和 60 年代我国的草鱼和鲢、鳙等主要养殖鱼类相继传入欧美，70 年代起，联合国粮农组织委托中国建立了养鱼培训中心，先后为 20 多个国家和地区培训学员数百人。同时，我国的几种主要养殖鱼类也被移养到世界 20 多个国家和地区，从而在世界范围内推广了中国的养鱼技术，对世界淡水渔业的发展和淡水鱼类生物学的研究起了很大的促进作用。

1.2 海水养殖

与淡水养殖业相比，海水养殖业发展历史较短。近半个世纪以来，我国海水增养殖业得到长足发展，初步实现了虾贝并举、以贝保藻、以藻养珍的良性循环。如同淡水养殖业，我国海水养殖业实现了举世瞩目的藻、虾、贝三次产业浪潮和目前正在形成的海水鱼类养殖产业浪潮。2015 年海水养殖总产量达 1 875.6 万吨，其中贝类 1 358.4 万吨，占海水养殖量 72.4%，牡蛎 457.3 万吨，占海水养殖 33.7%。据悉，2015 年中国牡蛎养殖产量占世界总产量的 81.5%，位居世界首位。目前我国海水养殖种类已达 100 余种，年产量超 10 万吨的有牡蛎、贻贝、扇贝、蛤、缢蛏、对虾、海带、紫菜等。

1.2.1 藻类养殖

我国的藻类养殖居世界首位。其中最主要的是海带和紫菜，特别是海带。其产量和养殖技术均居世界领先地位。

20 世纪初海带自日本引入我国，50 年代以中国科学院海洋研究所曾呈奎、吴超元为首的科学家们解决了海带养殖方法及一系列技术问题，先后开展了筏式养殖法、夏苗培育法、外海施肥法、海带南移养殖、海带的切梢增产法、遗传育种研究和新品种的选育等研究，并取得了辉煌的成果。紫菜生活史等研究解决了紫菜人工养殖事业上最关键的孢子来源问题，为我国紫菜事业的发展奠定了理论基础，做出了突出贡献。60年代以来组织紫菜养殖技术攻关取得重大进展，提出了紫菜大面积育苗及半人工采苗、全人工采苗的一整套技术，使我国紫菜养殖具有了高度科学管理水平并形成全人工养殖的产业。

此外，裙带菜、石花菜、龙须菜、异枝麒麟菜等藻类养殖也在不同程度地开展。我国微藻工厂化养殖以螺旋藻和杜氏藻为主，螺旋藻工厂化养殖分布于广东、广西、海南、云南、江苏、山东等省区；杜氏藻养殖主要集中在天津和内蒙古。

1.2.2 对虾养殖

我国对虾养殖业曾创造过辉煌的业绩，早在1960年吴尚勤、刘瑞玉等首次在实验室内培育出第一批中国对虾虾苗；70年代后期，驻青岛等有关科研院所科研人员通力协作、联合攻关，突破了中国对虾的工厂化育苗技术和养成技术，80年代对虾养殖转入快速发展，90年代初期对虾养殖进入高峰，养殖面积16万公顷，育苗能力1 000亿尾，产量达到22万吨以上。1993年起，由于种种原因，特别是受世界性对虾病毒性疾病暴发的直接影响，我国对虾养殖业出现了大幅度滑坡，从此对虾养殖产业步入低谷。尽管导致对虾大面积死亡的原因尚有争议，但可以肯定，养虾业发展过热，养殖环境和自然环境失调，大量工业、农业、生活污水和来自虾塘的污染大量入海，加速了近海水域的富营养化是最根本的原因。目前我国对虾养殖业还处于寻求复苏阶段，如何预防虾病、提高单位养殖产量、减轻对虾养殖对环境的影响，是今后我国海水池塘养殖业重点解决的问题。

1.2.3 贝类养殖

我国以牡蛎为代表的贝类养殖已有2000多年的历史，最早记载于明朝郑鸿图的《业蛎考》。如广东沿岸投石养殖近江牡蛎，福建沿岸插竹与条石养殖褶牡蛎以及平整滩涂养殖缢蛏、泥蚶等，历史都很悠久。我国人工养殖淡水珍珠的历史也近千年，产量和质量都居世界前列。20世纪五十年代中期在南海开始了人工培育有核珍珠研究，并已形成产业。

50年代以来，由于滩涂围垦等原因，滩涂贝类的自然苗场受到严重破坏，为此我国先后开展了泥蚶、缢蛏、菲律宾蛤仔、青蛤等多种埋栖性贝类人工育苗研究，并建立成套育苗技术，先后已投入种苗生产。

70年代贻贝养殖的规模化，标志着我国浅海贝类养殖业的真正崛起。80年代初中国科学院海洋研究所成功地引进了海湾扇贝，形成贝藻轮养与贝虾混养等模式，有力地推动了我国海水养殖业的发展。随着基础生物学研究，特别是生理生态学研究的进展，逐步使贝类养殖业进入一个科学理论指导的新时代，从而在养殖种类开发利用、自然采苗、种苗培育、养殖技术、病害防治等方面都有了长足的进步。到目前为止，我国浅海已养殖种类有栉孔扇贝、华贵栉孔扇贝、海湾扇贝、虾夷扇贝、墨西哥湾扇贝、贻贝、长牡蛎、近江牡蛎、文蛤、蛤仔、青蛤、缢蛏、泥蚶、魁蚶、珠母贝等。

80年代后期，我国开展养鲍技术的研究，包括海上箱式养殖，沿岸筑塘养殖及陆上工厂化养殖。陆上养鲍在中国已走向产业化，辽宁大连、山东长岛、荣成以及闽粤沿海等地发展较快。

1.2.4 鱼类养殖

海水鱼类养殖法在我国已有近400年的历史。1958年张孝威开创了我国海水鱼类苗种培育研究；嗣后40多年来，我国水产工作者在海水鱼类的亲鱼培育、种苗培育、越冬、养成、引种、配合饲料、工厂化养殖和网箱养殖等方面取得了突破性进展，目前已有50多种海水鱼类人工育苗成功，如梭鱼、牙鲆、大黄鱼、黑鲷、真鲷、石斑鱼、东方、海马等。在商品鱼养成方面，建立了适合我国南方港湾环境的大黄鱼、真鲷、石斑鱼、黑鲷、黑、鲈鱼、笛鲷、东方的网箱养殖技术。离岸网箱养殖设施和技术研究刚刚起步，但前景广阔、潜力巨大。

我国海水鱼类工厂化养殖仅限于北方沿海，以牙鲆和石鲽为主，养殖技术较为成熟，养殖模式为半封闭式（夏、秋季）和全封闭式（春、冬季）。

2. 近代我国水产养殖业的主要技术

2.1 种质资源及保存技术

自80年代起，先后开展了"长江、珠江、黑龙江鲢、鳙草鱼原种收集和考种""淡水鱼类种质鉴定技术""淡水鱼类种质标准参数"和"淡水鱼类种质资源库"等项研究，取得下列研究成果：初步查明三水系鲢、鳙、草鱼种群间存在明显的遗传和生长差异，长江水系鲢、鳙比珠江水系鲢、鳙生长快是遗传因子所致，而性腺发育与成熟年龄的差异主要受环境因素影响；确立了10种淡水鱼种质鉴定技术并提出青鱼、草鱼、鲢、鳙、团头鲂、兴国红鲤、散鳞镜鲤、方正银鲫、尼罗罗非鱼和奥利亚罗非鱼等种质标准参数；从形态特征、生长性能、繁殖性能、生化遗传、核型、DNA含量、营养成分进行了详细比较，提出了在人工生态和低温、超低温条件下保存鱼类种质资源技术，建立了"草鱼、青鱼、鲢、鳙和团头鲂种质资源天然生态库"，14种淡水鱼类种质资源人工生态库、10种不同的淡水鱼类精液冷冻保存库和淡水鱼类种质资源数据库人工智能信息系统。

90年代以来，为了保持优良养殖种类种质资源和扩大其覆盖率，促进水产养殖业持续健康发展，兴建了20个鱼类、2个中华绒螯蟹、2个中华鳖、2个藻类（海带、紫菜），3个贝类等国家级水产原种、良种场。

2.2 水产生物遗传育种技术

2.2.1 杂交选择育种

杂交育种指不同种群、不同基因型个体间进行杂交，并在其杂种后代中通过选择而育成纯合品种的方法。杂交可以使双亲的基因重新组合，形成各种不同的类型，为选择提供丰富的材料；基因重组可以将双亲控制不同性状的优良基因结合于一体，或将双亲中控制同一性状的不同微效基因积累起来，产生在该性状上超过亲本的类型。正确选择亲本并予以合理组配是杂交育种成败的关键。

（1）原理意义

以杂交方法培育优良品种或利用杂种优势称为杂交育种。杂交可以使生物的遗传物质从一个群体转移到另一群体，是增加生物变异性的一个重要方法。不同类型的亲本进行杂交可以获得性状的重新组合，杂交后代中可能出现双亲优良性状的组合，甚至出现超亲代的优良性状，当然也可能出现双亲的劣势性状组合，或双亲所没有的劣势性状。育种过程就是要在杂交后代众多类型中选留符合育种目标的个体进一步培育，直至获得优良性状稳定的新品种。

由于杂交可以使杂种后代增加变异性和异质性，综合双亲的优良性状，产生某些双亲所没有的新性状，使后代获得较大的遗传改良，出现可利用的杂种优势，并在鱼类的品种改良和生产中发挥出巨大作用，是鱼类育种的基本途径之一。

（2）优势

杂种优势是指两个遗传组成不同的亲本杂交产生的杂种F1代，在生长势、生活力、繁殖力、抗逆性、产量和品质上比其双亲优越的现象。杂种优势是许多性状综合地表现突出，杂种优势的大小，往往取决于双亲性状间的相对差异和相互补充。一般而言，亲缘关系、生态类型和生理特性上差异越大的，双亲间相对性状的优缺点能彼此互补的，其杂种优势越强，双亲的纯合程度越高，越能获得整齐一致的杂种优势。

（3）杂交育种选择

选择亲本的原则是要尽可能选用综合性状好，优点多，缺点少，优缺点或优良性状能互补的亲本，同时也要注意选用生态类型差异较大、亲缘关系较远的亲本杂交，如江西的荷包红鲤和云南的元江鲤。在亲本中最好有一个能适应当地条件的品种。要考虑主要的育种目标，选作育种目标的性状至少在亲本之一应十分突出。当确定一个品种为主要改良对象，针对它的缺点进行改造才能收到好的效果，如草鱼的抗病性。

（4）组合方式

杂交亲本确定之后，采用什么杂交组合方式，也关系育种的成败。通常采用的有单杂交、复合杂交、回交等杂交方式。

（5）操作程序和方法

一是杂交前的准备工作，首先要熟悉各种鱼类的生殖习性；二是选择适当的受精方法进行杂交；三是记载、挂牌和管理用不同品种的鱼类进行杂交；四是加速育种进程从杂交到新品种育成推广，往往需要经过10个世代的时间，因而加速育种进程很有必要；五是杂交后代的选择采用个体选择法时，一般从子二代开始，因子二代变异范围最大，可望从中选出合意的变异体。

2.2.2 雌核发育

雌核发育，或称假受精，是一种发育方式，在这种发育方式中，精子虽正常进入激活卵子，但其细胞核在染色体中很快消失，并不参与卵球的发育，胚胎的发育仅受母体遗传控制。在自然界中，主要出现于鱼类和无脊椎动物的繁殖中。雌核发育也可以用人工诱导产生，目前在两栖类、鱼类甚至哺乳类都有雌核发育的研究。

（1）原理

天然的雌核发育的卵母细胞，在进一步分裂中通常会受到限制而使染色体数目减半受阻，从而使通过雌核发育的个体由单倍体成为多倍体而发育为正常个体。人工诱导的雌核发育通常使用经过物理或化学方法处理的精子，使其失活后再"受精"，然后人为阻止卵母细胞的第二极体外排，或限制第一次有丝分裂等方法获得雌核二倍体。使用人工诱导的雌核发育的个体目前为止的成活率不高，多数在幼体时期即死。

（2）人工诱导雌核发育

人工诱导雌核发育是指用经过紫外线、X 射线或 γ 射线等处理后的失活精子来"受精"，再在适当时间施以冷、热、高压等物理处理，以抑制第二极体的排出，使卵子发育为正常的二倍体动物。

赫尔威氏（Hertwig）在 1911 年首次成功地人工消除了精子染色体活性，被人们称为"赫尔威氏效应"。即在适当的高辐射剂量下，导致精子染色体完全失活，届时精子虽能穿入卵内，却只能起到激活卵球启动发育的作用。

根据方正银鲫天然雌核发育的特点，利用兴国红鲤精子进行雌核发育研究，获得具有明显经济效益和科学价值的异源银鲫。

2.2.3 人工诱导多倍体

采用杂交、温度休克、静水压力和核移植等方法获得鲤、草鱼、鲢、白鲫、水晶彩鲫三倍体和鲤、白鲫、水晶彩鲫四倍体，中国对虾和中华绒螯蟹三倍体与四倍体以及长牡蛎、皱纹盘鲍、栉孔扇贝、珠母贝等三倍体。

鱼类多倍体育种属于"染色体组工程"的范畴，因其具有控制性别的潜力，已引起了生物学家、鱼类育种学家的浓厚兴趣和深入探索。由于三倍体在生长优势、群体产量及抗病力等各方面都有二倍体所无法比拟的优势，因此多倍体育种研究对水产养殖具有重大的意义。同时，由于三倍体鱼具有不育的特性，三倍体的培育对控制养殖鱼类的过度繁殖和保护天然种质资源也具有极其重要的意义，而四倍体鱼则是可育的，它与二倍体鱼杂交可获得三倍体。因此，鱼类多倍体育种的研究一直受到人们的高度重视，并取得了令人瞩目的成就。湘云鲫的繁育成功并推广，正说明了我国的鱼类多倍体育种技术无论在理论上还是实践上都取得了创造性突破，并达到国际领先水平。而现代分子生物学技术与多倍体育种的有机结合，更为该领域的研究展示了美好的前景。

（1）多倍体产生的生物学原理

染色体的数目和组型是生物种属的特征，一般来说是相对稳定的，可以作为分类学的依据。多倍体是由于细胞内染色体加倍而形成的，染色体加倍则通过卵子第二极体的保留或受精卵早期有丝分裂的抑制而实现。根据鱼类受精细胞学的研究，精子入卵的时间是在第二次成熟分裂的中期，受精后排出第二极体。如果卵子受精后不排出第二极体，即它们不经过正常的减数分裂，形成了二倍体卵核，与单倍体精核结合后，就形成了三倍体；如果卵子受精后正常排出第二极体，并与单倍体精子结合形成二倍体受精卵，而受精卵的第一次卵裂受到抑制，则产生四倍体。

鱼类的多倍体大多是通过远缘杂交产生的，有的是由于受精后第二次成熟分裂受阻，不排出第二极体，于是构成由母方提供的双倍染色体（2n）和由父方提供的单倍染色体（n）组合的三倍体。

（2）人工诱导鱼类多倍体的方法

鱼类染色体与其他脊椎动物相比，具有较大的可塑性，易于加倍，可使单倍体形成二倍体及由二倍体形成多倍体，这就是人工诱导多倍体的理论基础。鱼类人工诱导多倍体的方法，概括起来可以分为生物学、物理学以及化学方法 3 种。

①生物学方法：异源精子通过远缘杂交诱发受精卵产生多倍体，在鲤科鱼类并非罕见。

②物理学方法：在鱼类，温度处理已被广泛用来抑制受精卵的第二次成熟分裂或第二极体的排出。

③化学方法：应用某些化学药品，如常用的秋水仙素、细胞松弛素 B 和聚乙二醇在适当时刻处理鱼类受精卵，可以抑制第二极体的排出或抑制第一次有丝分裂，从而达到产生三倍体或四倍体的目的。

（3）多倍体的鉴定

无论采用何种技术方法人工诱导多倍体，成功与失败是并存的，因此，试验结果中是否有真正多倍体鱼的存在，必须经过严格的鉴定才能认可。由于多倍体是以原二倍体的染色体数和核型组成为模式产生的，因此，必须有一个准确无误的方法来确定染色体的倍性。核体积测量、蛋白质电泳、生化分析、形态学检查、染色体计数、DNA 含量测定以及流式细胞计数等都可用于鉴定多倍体鱼，其中染色体计数和核型公式的分析是最可靠的。国内对于鱼类多倍体的鉴定，绝大多数都采用染色体计数的方法，而很少用蛋白质电泳、生化分析和形态学检查等间接法。染色体计数法比较费时，且必须有好的染色体标本，但它是鉴定鱼类多倍体的最准确的方法。质量好的染色体标本可以从胚胎获得，因为胚胎具有较高的有丝分裂指数。流式细胞计数法是又一准确测定细胞核内 DNA 含量的方法。将红细胞用荧光染料染色，这些荧光物质能和细胞核内的 DNA 进行特异性结合，在激光或紫外光的照射下发射出一定波长的荧光，再用流式细胞仪测出荧光值，并绘出频率曲线，从而可以清楚地显示出样品中各种倍性细胞的比例。

如果对群体进行多倍体鉴定，可以采用红细胞核体积测量法，它已被广泛用来作为鉴定多倍体鱼的手段。其中以核体积之比最为常用，不过也有用核面积甚至单独用核长轴或短轴之比来表示的，这种方法的理论依据是染色体数目倍增与细胞核体积增大是平行变化的。总的来说，多倍体的红细胞要比二倍体的红细胞大得多。朱蓝菲等进行了人工同源和异源三倍体鲢的红细胞观察，发现三倍体鲢的红细胞及其核的长径都明显地比二倍体大，相对应的体积也都大于二倍体。

红细胞核体积测量是简便的，无需特殊仪器设备，因此被认为是一个鉴定染色体倍性的好方法。不过，也有学者认为这种方法不能准确地反映倍性，其潜在的不准确性是难以准确鉴定多倍体与二倍体的嵌合体。为使所得的结论更加准确可靠，在测量红细胞核体积的基础上，可再作 DNA 含量的测定，因为染色体数目的倍增，不仅使细胞（核）体积增大，而且 DNA 的含量也会相应提高。沈俊宝等（1984）通过显微光密度法测定了黑龙江银鲫与普通鲫雄性个体的红细胞和精子的 DNA 含量，前者分别为 112.81 和 57.57 单位，其比值为 1.96 ：1；后者分别为 77.22 和 37.57 单位，其比值为 2.06 ：1。由此证明雄性银鲫的精子与普通鲫一样能正常完成减数分裂，因而认为黑龙江银鲫不是三倍体而是一个二倍体种群。

因此，鉴定多倍体鱼时，应把红细胞（核）体积、DNA 含量以及染色体数目和核型公式综合比较分析，如果各方面的数据是彼此吻合的，即可确认。

（4）多倍体的实际应用

人工诱导多倍体鱼，主要有两个目的：一是希望多倍体鱼的生长速度快于同类二倍体，二是利用三倍体鱼的不育性控制养殖鱼类的过度繁殖和防止其对天然资源的干扰。

多倍体鱼类具有比较强的生活力、适应性和生长势。我国科技工作者得到了兴国红鲤和散鳞镜鲤三倍体杂种，其生长明显优越于二倍体杂种，并据此提出了利用三倍体达到杂种优势的多代利用问题。云南滇池的高背鲫已被确认为是雌核发育的三倍体，由于它的发展使滇池的鲫产量在 8 年内由以前仅占渔获量的 2% ～ 3% 上升到 60% 以上。

三倍体鱼类还具有抗病力强、肉质鲜美等特点。通过对二倍体与三倍体虹鳟鱼肉成分分析，发现三倍体比二倍体的脂质含量高出许多。如湘云鲤是目前鲤中味道最好的种类，胴体比普通鲤鱼厚 1/3 左右；湘云鲫也同样具有肉质细嫩鲜美、细刺较少、胴体厚、个体大的优点。一般认为，三倍体在抗病性上具有潜力，但这方面的研究报道极少。雌虹鳟与雄银大麻哈鱼杂交，然后通过高温诱发处理获得三倍体是利用异源三倍体提高杂种存活率和增强对病毒性出血病败血症（VHS）抗性的一个典型例子。已知银大麻哈鱼对 VHS 的抗性强，而虹鳟对 VHS 的抗性弱，通过这两种鱼间的杂交获得的子一代存活率只有 0 ～ 3% 左右，而异源三倍体的存活率可高达 80%，而且具有对 VHS 很强的抗性。

另外，三倍体鱼类的不育性，除了能提高生长速度外，对种质资源的保护更有重要意义。例如三倍体鲤自身不能繁殖，也不同其他鲤混杂产生子代，进入天然水域后，不会干扰鲤原种，可投放到任何水域养殖，有可能解决我国鲤鱼养殖的混杂局面。

四倍体鱼的诱导，在育种工作中起着重要的作用。刘筠等研究成功的四倍体鱼，经过 6 代繁殖，各代的基本性状都是稳定不变的，已经成为一个四倍体基因库种群，这在国内外尚属少见。经过多代的试验养殖，四倍体鱼本身未能显示明显的生长优势，但利用这个四倍体基因库种群同二倍体鱼杂交，可以获得具有生长优势的三倍体鱼。湘云鲫是多倍体育种成功的典型实例，与亲本相比，其生长优势明显，个体增重比父本快 388.3%，比母本快 48.2%，群体增重比父本快 547.4%，比母本快 55.5%。

（5）前景展望

自 20 世纪 70 年代中期以来，我国在鱼类多倍体育种方面已取得了一定的成就，但仍然存在以下问题：人工诱导四倍体的技术尚未完全过关，即使得到了四倍体，所占比例还是很低，主要原因是难以掌握给予各种刺激的准确时间；静水压处理是诱导多倍体的较好方法，但由于其需要专门的设备而难以推广；由于诱导并不一定成功，因此寻求一个准确而又简便的方法来确定染色体的倍性就显得十分重要，虽然染色体计数法被公认为最好的方法，但对成鱼的倍性鉴定用此法并不十分合适，所以鉴定倍性的方法还有进一步改进的必要。

迄今为止，有关三倍体鱼类的人工诱导方法和生理特性等方面的研究较为详细，但关于三倍体的耗氧量、抗逆性和抗病性方面的研究则相对欠缺，而后者却往往与养殖品种的存活率、生产的区域性及产量的稳定性密切相关。因此，这方面的研究工作尚有待进一步完善。

三倍体由于染色体不平衡而不能进行减数分裂，因此也就不能达到性成熟。鱼类因在性成熟过程中要消耗能量维持生殖细胞的生长和生殖活动，从而导致生长的停止及肉质的下降。利用三倍体的这一特点，可提高商品鱼的产量和质量。但是三倍体鱼不能繁育后代，而目前人工诱导三倍体培育商品鱼又无成熟可靠的方法，且在经济上也不理想。四倍体鱼类有可能达到性成熟并繁育后代，而用四倍体与二倍体杂交可得到三倍体，因此诱导鱼类四倍体是一个极有价值的研究课题。

此外，在人工诱导的多倍体鱼类中，大多为淡水鱼类，海水鱼类仅占 14.8%，海洋鱼类的多倍体育种相对薄弱。而海水鱼类经济价值相对较高，因此，进行海水鱼类的多倍体育种具有更大的潜力。同时，多倍体育种工作不能仅停留在实验室阶段，应与生产实践相结合，只有培育出的品种能尽快应用于养殖生产，多倍体育种才能有强大的生命力。

2.2.4 体细胞育种

童第周先生创立的鱼类核移植工作已取得重大成就，不仅证明细胞质对性状遗传的作用，而且取得具有理论价值的金鱼与、鲤与鲫、金鱼与鲫和具有经济价值的颖鲤。应用连续核技术把短期培养的鲫肾细胞核和尾鳍细胞核作为供体获得"试管鲫"。

2.2.5 基因转移育种

中国自从诞生了首例转基因鱼以来，在后续 30 多年里取得了一系列重要研究进展。全球范围的转基因鱼研究包括多种养殖鱼类，目标性状涉及快速生长、抗病抗逆和品质改良。现在已经初步建成转基因鱼育种技术体系和安全评估体系，为转基因鱼产业化奠定了重要基础。

转基因技术随着基因克隆技术的发展应运而生，既可以用于基因的功能研究，又可以用于生物品种的分子改良。相对于传统杂交选育技术，转基因技术是一种快速、定向和精准的育种技术。一方面，转基因技术可将一个或多个目的基因导入受体基因组，极大地提高育种效率；另一方面，转基因技术将突破物种间的生殖隔离，拓展自然种质资源利用的范围，通过种间功能基因的优化组合，实现异源优良性状的整合，创制新的优良性状。

1982 年，曾有学者将大鼠生长激素基因通过显微注射的方法导入到小鼠受精卵内，获得了具有快速生长效应的"超级鼠"。紧随其后，中国科学院水生生物研究所（简称水生所）朱作言等成功研制出首批转基因鱼，部分转基因个体显示出了快速生长效应。作为一种重要的经济动物，鱼的转基因研究因其潜在的巨大应用前景而受到广泛关注，世界上多家实验室相继开展了鱼类基因转移研究。近 20 年来，中国、美国、加拿大、英国、挪威、日本、韩国等国家广泛开展转基因鱼育种研究，研究对象几乎涵盖所有重要养殖鱼类，研究性状涉及快速生长、高效营养和抗病抗逆。特别在快速生长性状方面，转基因鱼研究取得了一系列重要成果，呈现出巨大的产业前景。最近，美国食品和药物管理局批准了转基因大西洋鲑鱼上市，其成为全球第一例获准进入市场的转基因动物食品，转基因鱼再次成为大众热议的话题。

（1）我国转基因鱼的现状

近 20 年来，在国家多项科技计划的支持下，以我国重要淡水和海水养殖鱼类为对象，包括鲤鱼、鲫鱼、草鱼、团头鲂、罗非鱼、黄颡鱼以及大菱鲆和大黄鱼等，进行了一系列转基因育种研究，并取得了重要研究进展。外源基因除生长激素之外，还包括抗病抗逆和鱼肉品质相关基因。

　　冠鲤的成功研制开启了快速生长转基因鱼的序幕。中国水产科学研究院黑龙江水产研究所利用鲤鱼金属硫蛋白启动子驱动大马哈鱼生长激素基因，通过显微注射方法，培育出转基因黑龙江鲤，其中最大个体的体重超出对照鱼的1倍，外源整合基因可遗传给子代，建立了快速生长转基因黑龙江鲤核心群家系，并开展转基因鱼食用与环境安全的各项评价实验。与此同时，转生长激素基因的蓝太阳鱼、黄颡鱼、白鲫等也有相关的文献报道，外源整合的生长激素基因在不同程度上发挥了促生长作用。

　　抗病抗逆和品质改善的转基因鱼研究也取得重要进展。抗病转基因鱼育种主要从两个方面入手，一方面，通过导入免疫相关基因，以提高鱼体的免疫能力，如抗菌肽基因、溶菌酶基因和转铁蛋白基因等。有研究显示，转入转铁蛋白基因的草鱼抗草鱼出血病病毒和柱状黄杆菌感染的能力显著提高；转基因稀有鮈鲫对草鱼出血病病毒的抵抗力明显提高；转铁调素和抗菌肽的斑马鱼在创伤弧菌和无乳链球菌的感染下存活率明显提高。另一方面，通过干扰和抑制病原体特异基因在鱼体中的表达，提高转基因鱼的抗病能力。例如，针对草鱼出血病病毒VP7基因设计的小发卡RNA表达构建体（shRNA），使转基因稀有鮈鲫获得了抗出血病性状。抗逆转基因鱼研究主要针对温度、盐度和溶氧等鱼类生长的胁迫因子。例如，将透明颤菌血红蛋白（VHb）基因导入到斑马鱼基因组中，显著提高转基因斑马鱼低溶氧耐受能力。在鱼类品质改良方面，水生所的研究者以斑马鱼作为动物模型，将 $\omega-3$ 长链不饱和脂肪酸合成途途径中的两个关键基因（ $\omega-3$ 去饱和酶fat1 和 $\Delta12$ 去饱和酶fat2），采用转基因技术，获得了富含 $\omega-3$ 长链不饱和脂肪酸的转基因斑马鱼。用同样方法培育的转基因黄河鲤，在肌肉和肝脏中检测到了高丰度 $\omega-3$ 长链不饱和脂肪酸（未发表资料）。

　　（2）转基因鱼的生物安全

　　从20世纪90年代开始，转基因产品的生物安全问题受到社会各界的关注，今天，它仍然是公众的热议话题。转基因产品的生物安全涉及食品安全和生态安全。目前，转基因食品的安全评价主要遵循"实质等同"性原则。就转基因鱼而言，食用转基因黄河鲤与食用普通黄河鲤有什么差别？评价内容涵盖营养学、毒理学、致敏性及结合其他资料进行的综合评价。转基因鱼的生态安全评价主要考虑转基因鱼在自然水体中是否可能破坏原有的种群生态平衡，甚至导致某些野生品种的灭亡，威胁物种的遗传多样性；同时，转基因鱼可能与野生近缘种杂交导致"基因逃逸"，造成野生物种的"基因污染"。

　　自20世纪90年代开始，我国先后颁布了《基因工程安全管理办法》、《农业基因工程安全管理实施方法》、《农业转基因生物安全管理条例》、《转基因食品卫生管理办法》、《中华人民共和国食品安全法》等各种政策法规，来保障转基因产品的生物安全。转基因鱼的食品安全评价必须针对携带特定"外源基因"的特定"受体鱼"。以冠鲤为例，它携带的外源基因由两部分组成，鲤鱼的启动子和草鱼的生长激素基因，重组"全鱼"基因的表达产物是草鱼的生长激素蛋白。通俗地讲，吃一条冠鲤就如同在享用黄河鲤的同时还额外获赠了一小碗草鱼汤，基于常识，这对人类的健康不会有任何影响。科学检测的结果证实，摄食转基因鲤鱼对小鼠的生长、血液常规、血生化成分、组织病理和生殖机能及对子一代幼仔的生长和发育均无影响，食用转"全鱼"生长激素基因鲤鱼与食用普通鲤鱼同样安全。

评价转基因鱼生态安全的两个关键适合度参数是生存力和繁殖力。对转"全鱼"生长激素基因鲤鱼的生态安全研究发现，快速生长导致其绝对临界游泳速度和相对临界游泳速度的平均值分别比对照鱼要低22%和24%。游泳能力是影响鱼类的食物获取、寻找配偶、逃避被捕食等行为的关键因素，这些因素决定了鱼类在自然环境中的生存力。另一方面，通过人工模拟湖泊生态系统，比较了转基因鲤鱼和野生鲤鱼在独立的水生态系统中的繁殖力和后代存活力。结果显示，在自然水体中，转"全鱼"生长激素基因鲤鱼与普通鲤鱼具有相同的繁殖竞争力，但其子代幼鱼存活力低下，即使因为偶然事件逃逸到天然水体中，也不可能形成优势种群，进而威胁鲤鱼自然种群遗传多样性，还会因为其低下的后代存活力导致逐渐消亡。

尽管已有的实验证据表明转基因黄河鲤是低风险的，但这些实验证据在时间和空间尺度上都存在局限性和不确定性。从另一个角度看，转基因鱼的繁殖力是生态安全问题的关键，一个不育的转基因鱼品系将不会对生态系统产生深远影响。中科院水生所与湖南师范大学合作，将转基因二倍体鲤鱼与异源四倍体鲫鲤杂交，通过倍间杂交的方法研制出了转基因三倍体鱼——吉鲤（图1-1）。吉鲤不仅保持了普通三倍体鲤鱼不育的特点，而且比普通三倍体鲤鱼生长快，饵料利用率高。不育的转基因三倍体鲤鱼从根本上规避了转基因鱼潜在的生态风险，其大规模的推广养殖不会对生态系统产生任何负面影响，这可能是加快转基因鱼实现产业化的重要途径。

图1-1　不育转基因三倍体鱼（吉鲤）

（3）展望

目前，转基因鱼育种研究主要针对快速生长、抗病抗逆等少数经济性状，经济性状相关基因的发掘是转基因鱼育种研究的根本前提，转基因鱼育种策略的制定同样依赖于对相关功能基因的深刻理解。随着基因组时代的到来，高通量DNA测序技术不断完善，生物信息学日渐成熟，为大规模发掘功能基因、深度解析网络调控机制提供了技术条件。最近，我国重要的经济鱼类如半滑舌鳎、鲤鱼、大黄鱼、草鱼等的基因组测序均已完成，并已完成大量功能基因的注释和基因组框架图的组装，这将为鱼类经济性状相关基因的克隆及其调控机制研究提供重要的基础平台。基于这些平台，可望发掘一批鱼类重要经济性状相关基因，揭示其网络调控机制，为广泛开展转基因鱼育种研究奠定基础。

转基因鱼模型研究揭示，外源基因在受体鱼基因组中的整合具有随机性和嵌合性，提高外源基因的整合效率，建立外源基因的定点整合技术是转基因技术发展的关键。转座子和巨核酸酶介导的基因转移方法，能够明显提高基因转移的效率，并已在鱼类转基因工作中广泛应用。最近几年发展起来的TALENs和CRISPR/Cas9技术，使基因组水平上的定点缺失、插入或单碱基突变成为可能。有研究报道，TALENs 和 CRISPR/Cas9 技术已经开始应用于鱼类的基因功能研究。高效率的外源基因定点整合技术将在鱼类转基因育种研究中发挥重要作用。

三倍体吉鲤模式提供了一种规避转基因鱼生态风险的有效途径，但通过倍间杂交获得不育三倍体只是一个特例，这种策略在其他转基因鱼品系中难以实施。"解铃还须系铃人"。运用转基因技术来解决转基因鱼的育性控制则是一个更具普遍意义的策略。有研究发现，携带反义 GnRH 基因的转基因鲤鱼，其脑区 GnRH 基因表达信号明显减弱，一龄转基因鲤鱼血清促性腺激素平均水平显著下降，部分转基因鲤鱼性腺发育被抑制或完全败育。进一步的研究发现，利用 GAL4/UAS 基因表达调控系统和反义 RNA 技术，研究者在斑马鱼中建立了两个转基因家系，这两个品系的杂交后代丧失生殖能力。随着对鱼类生殖机制和转基因技术的深入研究，将有望建立一套完备的鱼类育性控制系统，杜绝转基因鱼的生态风险，为转基因鱼的产业化铺平道路。

我们不妨回顾一下重组 DNA 技术的发展过程，短短 40 年成功地开启了一个全新的服务于人类社会生活各个方面的现代生物技术产业。可是，它出现之初所面临的是社会对它的疑虑、恐惧甚至声讨和封杀。从这个角度审视今天转基因技术面临的情况，研究者们感到似曾相识而豪情满怀。从根本上解读转基因育种技术，就是以分子生物学为后盾的精准的物种间"分子杂交育种技术"，是人类育种史上的采集、驯化、选育、杂交发展历程的又一新的更高的发展阶段。这一技术不仅可以服务于育种实践，而且能够解决传统育种技术所不能解决的育种难题，更好地服务于人类文明社会发展的需要。

2.2.6 新品种育成

我国水产生物品种育成工作取得较好效果，其中以鲤、鲫的品种育成效果最好，先后育成兴国红鲤、荷包红鲤、建鲤、高寒鲤、颖鲤、荷包红鲤抗寒品系和彭泽鲫、异育银鲫、松浦鲫等 10 个品种及其品系。

2.3 水产生物的引种与移植驯化

我国是世界上引种最多的国家之一。据不完全统计，60 年代以来，已引进鱼类 40 余种、虾类 8 种、贝类 8 种、藻类 10 余种，有的已形成产业化规模。如罗非鱼、斑点叉尾、加州鲈、罗氏沼虾、凡纳对虾（南美白对虾）、海湾扇贝、虾夷扇贝、虾夷马粪海胆等。其中海湾扇贝的养殖，2000 年年产量已达 60 多万吨，形成浅海筏式养殖的重要产业；凡纳对虾也已成为我国海水池塘重要的养殖对象。

水产生物移植驯化工作取得较好效果的有团头鲂、银鲫、银鱼（太湖新银鱼、短吻银鱼、大银鱼）、池沼公鱼，促进了湖泊、水库和池塘养鱼业。

2.4 水产动物营养与饲料

2.4.1 营养需求

开展了主要养殖鱼类、虾蟹类和中华鳖对主要营养物质的营养需要量和饲料中适宜含量的研究。其中草鱼、青鱼、鲤、团头鲂、尼罗罗非鱼、鳗鲡、鳜、真鲷、黑鲷、花鲈、中国对虾、罗氏沼虾、中华鳖对蛋白质与氨基酸、脂肪与脂肪酸、主要维生素和矿物盐的需要量和饲料中适宜含量都基本查明，为研制配合饲料提供了科学依据。

2.4.2 配合饲料营养标准与配方

20 世纪 80 年代起开始进行主要养殖鱼类配合饲料营养标准研制，先后制定了鲤、草鱼、尼罗罗非鱼、中国对虾等配合饲料营养标准，但尚未颁布执行。同时在养殖业和水产饲料工业迅速发展的驱动下，广泛开展了淡水、海水主要养殖鱼类、虾蟹类、中华鳖等饲料配方研究，研制出许多优质配方。

2.4.3 饲料添加剂

随着养殖业与饲料业的发展，相继开展了许多水产养殖动物，特别是名优养殖种类的添加剂研制。目前，鲤、草鱼、尼罗罗非鱼、鳗鲡、鲈、鳜、真鲷等鱼类和中国对虾、罗氏沼虾与中华鳖等维生素、矿物盐添加剂，以及几种肉食性鱼类和虾类的诱食剂与促生长剂都已商品化。

2.5 水产养殖动物病害应用基础理论与防治技术

50 年代开始进行淡水养殖鱼类寄生虫病、细菌性病、真菌性病和非寄生性疾病的调查研究，并相应开展病原生物学、寄生虫学、鱼类免疫学、病毒学、病理学、药理学和肿瘤学等基础理论研究；20 世纪 80 年代以来，随着海水鱼类养殖业发展，开始进行海水养殖动物疾病研究。在应用基础理论研究方面，查明我国鱼病 100 余种、虾病 40 余种、病原体 450 余种和饲养鱼类寄生虫的分类、形态、生活史、致病作用与流行情况，探明大多数寄生虫病的病原与发病机理，查明 30 余种细菌性疾病的病原、病症、发病规律与流行情况；查明草鱼出血病和对虾爆发性流行病的病原（分别为呼肠弧病毒与 WSSV 病毒），基本探明其典型病症、组织病理、致病机理、传播途径与机制等。对蟹类、贝类、两栖与爬行类养殖种类的常见病也进行了研究并取得一定成果。

3. 我国水产养殖业存在的问题与原因分析

3.1 存在的问题

3.1.1 种质问题——缺乏品质优良、抗逆能力强的养殖对象

我国水产养殖的生物基本上都是野生型的，未经过家化过程的遗传改良，因而，除保留了野生型对环境温度、光照等变化适应性较强的优点外，更多地表现为对养殖环境变化的不适应性，如密度变化、营养条件、病原体的侵害和恶化的水环境等。由于海水养殖野生型种类的种质难以适应逐渐恶化的环境，经过长期密集养殖后易发生大规模死亡。如我国北方土著种——栉孔扇贝等。此外，野生型群体经过数代养殖后，其子代性状分离，可能有一部分个体是对某些环境（病原）的敏感型，易发生死亡，并诱发其他个体的死亡。

3.1.2 病害问题——养殖类群单一并长期持续密集养殖，致使病害肆虐

淡水养殖中，由于环境恶化等原因，草鱼等病害严重。在传统海水池塘对虾、滩涂贝类养殖中，养殖种类或类群单一问题由来已久。对虾养殖业进入产业化的长时间内，中国对虾一直是当家种类，只是产业滑坡之后才开始重视生态养殖，强调多元化养殖，继而有了不同种类或类群搭配、不同养殖模式并举的新型养殖技术。目前，我国海水养殖业中在不同生态类型海区的养殖种类结构不合理的现象非常普遍，如某海区适于某种生物养殖，其养殖生物量就会严重超过环境负荷，进行掠夺式养殖。局部海区长期结构单一的密集养殖，使生态系统能量和物质由于超支而贫乏，造成循环过程紊乱和生态失调，致使某些污损、赤潮和病原

生物异常发生。而且由于系统中的生物种群多样性低，食物链短，能量转化率虽高，但是生态系统的稳定性差，极易引发病害的发生和流行。

3.1.3 环境问题——养殖环境恶化，生态系统失衡

据统计，我国每年直接入海的废水量高达80亿吨。另外，大量富含有机质、无机氮和磷及有机农药的农业污水也随泾流进入内陆水体与近海水域，致使养殖水质恶化，严重地影响养殖种类的生存和生长。

除了外源污染物的进入，养殖业本身对养殖水域生态环境的影响也是不容忽视的。大量新增加的养殖设施使养殖区及其毗邻水域流场发生改变，而且，由于养殖设施的屏障效应，使流速降低，影响了营养物质的输入和污物的输出，使陆源污染物得不到及时稀释扩散，滞留在养殖水域。由于堆积了大量生产加工过程的废弃物等有机物并矿化，使海底和池底抬升，水深变浅，既降低了水域的使用功能，也成为二次污染的污染源。此外，植物性种类有机质的溶出，动物性种类养殖过程中的人工残饵及代谢产物的排放等都对水域环境造成危害。

3.2 原因分析

3.2.1 缺乏系统的基础理论和高新技术研究

目前，我国水产养殖理论和技术已经满足不了实际生产的需要，科研滞后于生产的现象已经严重影响我国海水养殖业的发展，出现了"产业浪潮"之后的"滑坡"，如对虾和栉孔扇贝等。其中主要原因就是多年来我国科研工作者在海水养殖理论和技术上缺乏真正的突破；从另外一个侧面反映出国家和有关部门对海水养殖基础理论研究重视和投入经费的不足。因此，要想真正走出困境，增加海水养殖理论研究的经费势在必行。实施海水养殖创新工程，健全激励竞争机制，对有突出贡献的科技人员优先安排科研项目，优先资助科研经费。集中人力、物力和财力，重点突破一些关键的理论问题和技术措施。就浅海养殖面临的困境而言，建议认为有关科研主管部门应尽快立项，重点支持种质及病害和养殖生态学的研究。

3.2.2 缺乏整体开发利用的战略意识

不合理开发加剧人类活动对湖泊、河口和海岸带资源与环境的影响和破坏。海水增养殖业尤为严重，在缺乏系统理论和技术研究的情况下，大规模开发，无论布局还是养殖模式，都缺乏养殖生态学理论和生态调控等技术的指导。近年来，我国滩涂埋栖性贝类资源的严重衰退，除酷捕滥采外，沿岸带不合理开发破坏滩涂埋栖性贝类赖以生存繁衍的栖息地则是最重要的原因。如干旱地区利用昂贵的地表水和地下水养鱼；在潮上带大片兴建虾池，利用地下水养对虾，发展对虾单一种类的养殖，一方面导致其产业滑坡，另一方面也严重破坏了大片滩涂的生态平衡。虽然获得了短期的经济效益，但造成地下水趋向枯竭，导致局部地面下沉，进而导致海水倒灌，后果不堪设想。

4. 新世纪我国水产养殖业发展态势

新世纪我国水产养殖业的发展态势日趋明朗，即朝着生态养殖和工程养殖两个方向发展；其理论基础是运用现代生物学理论和生物与工程技术，协调养殖生物与养殖环境的关系，达到互为友好、持续高效；其总体目标是实现养殖生物良种化、养殖技术生态工程化、养殖产

品优质高值化和养殖环境洁净化，最终实现水产养殖业的可持续发展。

未来的生态养殖，将强调养殖新模式和设施渔业中新材料与新技术的运用，建立动植物复合养殖系统，实施养殖系统的"生物操纵"与"自我修复"，优化已养海域的养殖结构，实现浅海离岸生态设施渔业。

未来的工程养殖，将运用现代生物育种技术、水质处理和调控技术与病害防控技术，设计现代养殖工程设施，实施养殖良种生态工程化，依靠"人工操纵"实现养殖系统的环境修复，有效地控制养殖的自身污染及因养殖活动对海域环境造成的影响。

5. 新世纪水产养殖业的战略构想

5.1 实施生态工程养殖战略，促进水产养殖业的健康发展

世界大多数国家的水产养殖业都有"发展——滑波——调整——持续发展"的经历。"可持续发展"是世界环境与发展委员会提出的人地系统优化的新思路。可持续发展的核心思想是实现经济发展、资源节约与环境保护的和谐和统一。而环境保护与经济发展互相支持的战略目标，可以采取适当的技术、经济等措施控制并解决环境问题。经济增长并不一定带来环境的破坏，关键是采用什么样的经济增长模式。由此可见，困难与机遇并存。一方面，近年来我国对虾和栉孔扇贝大规模死亡、产业滑坡对海水养殖业的发展影响很大，教训深重；另一方面，也为我国水产养殖业的持续发展提供了良好的契机和氛围。

5.2 立足基础研究，强化高新技术的应用

研究和开发的理论和技术包括，新的种质资源的发掘和对现有养殖种类（群体）的种质评价、养殖生物异常大批死亡的病因和防治技术、养殖系统营养动态和自污染的规律、养殖生态系统养殖容量的评估与生态环境调控、新型养殖设施（备）和水质调控技术的研制与开发等。

新型养殖设施或设备是未来工程化养殖和离岸设施渔业发展的重要条件之一。新型的养殖设施或设备至少包括陆上工程养殖系统，即现代化的基础设施，环境控制设备，水处理循环设备，专家管理系统等；离岸深水设施渔业系统，即抗风浪深水网箱、深水平台、自动投饵清污系统及环境监控设备等。

5.3 实施良种工程，不断推出养殖新良种

实现养殖对象的良种化，不断推出养殖新良种，从根本上解决目前因种质衰退而造成的一系列问题，是确保我国苗种生产持续健康发展的根本所在。

选择育种、杂交育种、雌核发育、多倍体育种等都已经取得了一定的突破，如直接诱导三倍体的长牡蛎和通过四倍体与正常二倍体杂交而获得的三倍体长牡蛎都具有一定的生长优势。

基因工程的应用潜力在不远的将来可望给海水养殖业带来巨大的效益和革命性的变化。尽管其技术难度大，经费投入高，但其意义重大。因此，国家应创造条件，积极开展这方面的研究，为实现未来养殖对象的良种化奠定坚实的基础。

5.4 从平衡水域各产业的需求出发，调整现有养殖区养殖结构、规模与布局

目前，我国各地已开始对养殖产业结构进行了调整，在有些海区已经取得一定成效，但仍需进一步调整，合理布局，积极开展生态养殖和工程化养殖，在提高产品档次，增加经济

效益的同时，减轻养殖对水域资源与环境的影响，保护和修复湖泊、海湾等脆弱生态系。

为了实现水域各产业的平衡发展，在基本满足出口和内需的情况下，现有的养殖区将会逐渐缩小，而离岸生态设施渔业、潮上带和陆地工程化养殖的产量将会有较大提高。鉴于目前我国水产养殖的现状，近期内可能有多种养殖模式并存：生态养殖和池塘工程化养殖。

5.5 集成现代生物和工程技术，实施陆地和潮上带工程化养殖

陆地和潮上带工程化养殖主要包括鱼类、虾蟹类以及其它海珍品的生态工程化养殖。其发展前提是现代的养殖设施，生长快、抗逆能力强、肉质好的良种，高效水处理技术和自动化控制系统等。逐步建立大型的"养殖工厂"，大幅度提高养殖单产和经济效益；同时从环境清洁工程的角度出发，有效地控制养殖污染，减轻养殖污染对水域的环境与资源的破坏，进一步提高生态效益。可以预测，陆地和潮上带工程化养殖的前景十分诱人。

5.6 以养殖生态学理论和现代工程技术为基础，大力发展浅海离岸设施渔业

据调查，目前已利用养殖的浅海海区水深均在 15 m 以内，而贝藻类养殖主要利用这类海区，环境优良和经济条件较好的上述海区均得以较早开发，而这些海区也是陆源污染最为集中的海区。为了实现新世纪我国浅海养殖业的可持续发展，减轻贝类等养殖对近岸海区的影响，养殖范围必须向外方发展，实施离岸设施渔业。未来的离岸设施渔业将采取先进的养殖和工程技术与设施，养殖区域将拓展到 20 m 水深的海区，局部可达 30 ~ 40 m 水深的海区（如长岛等）。

必须加强"离岸养殖"工程技术的研究，注重引进技术的消化与吸收。在发挥其生态效益和社会效益的同时，利用"离岸养殖"生产出高质量的产品，提高其本身的经济效益，解决养殖成本过高等问题。

5.7 从改善我国人口营养结构出发，大力发展水产品加工业

近年来，我国海洋药物和天然活性物质的研究和应用得以充分重视，而高品位的海产食品加工业发展势头不足。尚需投入高科技含量，创建品牌产品，扩大销售市场。此外，内陆地区，特别是西部地区，人民的食物营养结构亟待改善，如缺碘等，这一现状不能不引起有关部门和学者的深思。因此，必须立足出口，扩大内需，调整和提高我国海产品加工业的产品质量、产业结构、档次和规模，并由此推动我国水产养殖业业的持续健康发展。

第四节　水产养殖的基本原理

Edwards 等（1988）认为，综合养殖的原理是养殖废物再利用。近些年，西方学者推崇的多营养层次综合养殖（IMTA）的主要原理也是将一种养殖生物排出的废物变为另一种养殖生物的食物（营养）。诚然，利用养殖生物间的营养关系建立的综合养殖模式是最重要的综合养殖类型，但依据其他生态关系和经济目的建立的综合养殖模式在我国也十分普遍且重要。

根据董双林（2011）的研究，我国现行的综合养殖模式所依据的原理包括，通过养殖生物间的营养关系实现养殖废物的资源化利用，利用养殖种类或养殖亚系统间功能互补或偏利作用平衡水质，利用不同养殖生物的合理组合实现养殖水体资源的充分利用，生态防病等。

1. 养殖废物的资源化利用

通过养殖生物间营养关系实现养殖废物的资源化利用是综合养殖依据的最重要原理。我国在 1100 年前出现的稻田养草鱼就是通过水稻和草鱼间的营养关系实现养殖废物资源化利用的范例。近来的研究表明，稻田养鱼系统中存在多种互利关系。

我国传统的草鱼与鲢混养也具有这样的功能。以草喂草鱼，草鱼残饵和粪便肥水养鲢，鲢又通过滤食浮游生物达到控制、改善水质的功能。

李德尚（1986）认为综合养殖的生态学基础之一是生产资料的高效益综合利用。在综合养殖中，投入的生产资料主要是饲料和肥料。例如，在水库综合养殖中，饲料首先为网箱养殖鱼类和鸭群所利用，残饵和鱼、鸭粪便散落水中，又为网箱外的杂食性和滤食性鱼类所利用。最后，残饵和粪便分解后产生的营养盐又起到了施肥作用，进一步加强了滤食性鱼的饵料基础。

在海水养殖方面，1975 年我国大规模开展的海带、贻贝间养也是基于它们间的营养关系。海带的脱落物和分泌物可被贻贝滤食，贻贝的排泄物又可被海带吸收。对虾与缢蛏混养、对虾与文蛤混养等也是依据这样的原理。饲料首先被对虾利用，其后残饵和粪便又部分地被滤食性贝类利用。最后，残饵和粪便分解后产生的营养盐又起到了施肥作用，进一步增加了滤食性贝类的饵料基础。海水池塘对虾 + 青蛤 + 江蓠综合养殖，董贯仓等（2007）更是将养殖生物间的营养关系发挥得更加完美（图 1-2）。当然，如果再加底栖沉积食性的动物后效果也许会更好。

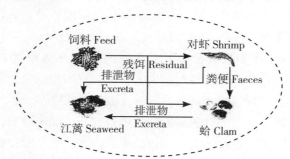

图 1-2　海水池塘对虾、青蛤、江蓠综合养殖概念图

在我国，目前流行的具有废物资源再利用功能的综合养殖模式还有许多种，例如，申玉春等（2007）罗非鱼 + 对虾 + 牡蛎 + 江蓠分池环联养殖系统，鱼 + 鸭、鱼 + 畜、鱼 + 菜等综合养殖系统。

西方国家开展的鱼 + 滤食性贝类 + 大型海藻综合养殖，东南亚一些国家开展的贝 + 虾、鱼 + 虾、藻 + 虾综合养殖等，都具有将其中一种养殖生物的副产物（残饵、粪便等）变为另一生物的输入物质（肥料、食物等）的共同特征。

2. 通过互补机制稳定改善水质

稳定、改善养殖水体的水质也是综合养殖的重要功能。熊邦喜等（1993）的研究表明，配养于养鲤网箱外的鲢可以降低水体的化学需氧量（COD）、总磷、叶绿素、颗粒物含量，减少水中细菌、浮游植物和浮游动物的数量，增加水体的溶解氧和透明度，从而起到提高养殖水体负荷力的作用。

综合养殖中稳定、改善养殖水质的途径有两条：一条是利用养殖生物或养殖亚系统间代谢功能的互补作用，另一条是两亚系统间化学功能的互补作用。

2.1 代谢功能的互补作用

董双林等（1998）依据养殖生态系统运转的代谢类型或驱动因素将水产养殖系统分为两类，即自养型养殖系统和异养型养殖系统。

自养型养殖系统，如海带养殖系统等，主要靠太阳辐射直接提供能源。在养殖生产过程中该系统或生物会产生氧气、消耗 CO_2，从水中吸收无机盐。因此，该类生产活动会延迟水体的富营养化。制约该类养殖系统生产量的主要因子往往是无机盐的多寡。而异养型养殖系统，如网箱养殖吃食性鱼类、对虾池塘养殖等系统，则主要靠人工投饲来提供能源。在养殖生产过程中该系统或生物会消耗氧气、产生 CO_2，向水中释放尿素、氨等。因此，该类生产活动会加速水体的富营养化。制约该类养殖系统生产量的主要因子往往是溶解氧状况、代谢废物积累等。这两类养殖系统在生态学上有很多互补性，它们的复合可提高养殖水体的养殖容量，达到 $1 + 1$ 大于 2 的效果（图 1-3）。

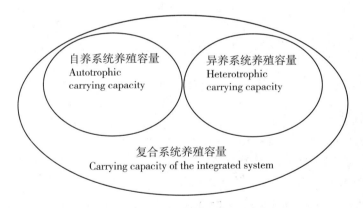

图 1-3　两个互补养殖系统的生态学效应

ChOpin 等（2001）将水产养殖生物分为投喂性养殖种类（Fedspecies，如对虾、大西洋鲑）和获取性养殖种类（Extractivespecies，如牡蛎、海带）两类。这两类生物的混养（综合）可减轻污染、提高资源利用效率。ChOpin 等的这一分类方法在国际上十分流行，但该分类忽略了滤食性贝类具有的动物代谢属性。

滤食性贝类养殖从养殖系统物质收支角度看属于获取性养殖种类，但其代谢类型则属于异养型养殖系统。滤食性贝类养殖可以从水体中净提取氮、磷、碳等物质，但又会因为生物沉积作用（粪便或假粪的沉积）而在养殖区下部形成能量和物质的蓄积，造成养殖区局部自身污染。滤食性贝类在养殖过程中会消耗水中的溶解氧，排出二氧化碳和氨等。与贝类间养的大型藻类可以吸收贝类排出的二氧化碳和氨，并为贝类提供更多的氧气。正因为这些互补作用，贝、藻间养在山东省桑沟湾收到了较好的生产效果。

2.2 化学功能的互补作用

合理利用具有化学互补功能的技术措施也是综合养殖的重要形式。例如，20世纪80年代，在水体中投饲养殖网箱中的鲤，同时施化肥养殖箱外的鲢就属于此情形（李德尚，1986）。综合使用投饲和施化肥可以有效地发挥这两种技术实施后产生的化学互补效应，实现稳定水质、提高养殖产量的目的。

如图1-4所示，人工饲料投入养殖水体后一部分被养殖动物摄食，其余散失在水中，散失的饲料和鱼类粪便的生态学作用相当于有机肥。有机肥分解可使水体的pH、溶解氧（DO）、氧化还原电位（eH）下降，CO_2增加。施化肥的作用恰与有机肥的效果相反。化肥施入养殖水体后pH、DO、eH上升，CO_2减少。

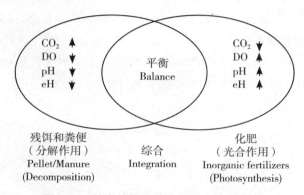

图1-4　综合投饲和施化肥的生态学效果

1988年山东省冶源水库开展了投饲、施化肥培育鲢、鳙种实验，获得了良好效果。该水库养鱼水面688 hm^2，平均水深4.3 m。75个实验网箱（每个56 m^3）分别设置为不投饲不施化肥、不投饲施化肥、投饲加施化肥三个处理。养殖3个月后的结果是：不投饲不施化肥处理的平均鱼产量为1.21 kg/m^3，投饲不施化肥处理的平均产量为1.31 kg/m^3，投饲加施化肥处理的平均产量为2.42 kg/m^3。综合使用投饲和施化肥可以有效地发挥这两种技术的化学互补效应，实现稳定水质、提高养殖产量的目的。

以投饲和施有机肥为主的养殖水域和以施化肥为主的养殖水域，都可能发生水环境失衡情况，但其具体表现则恰巧相反。前者表现为自养生物光合作用过弱，异养生物分解作用过强，易产生缺氧"泛塘"现象。后者则表现为自养生物活动过强，分解作用过弱，时常会因溶氧或pH过高而导致鱼类气泡病或碱病。综合利用施化肥和施有机肥或投饲这两种技术就可以平衡光合作用和分解作用，避免"泛塘"和气泡病或碱病的发生。施有机肥结合化肥养殖罗非鱼可获得较好的养殖效果。

近些年，由于人们对水资源的需求不断增加，人们对大水域作为水源地的保护也越来越重视，因此，在大水域施用化肥应十分慎重。

3. 养殖水体资源的充分利用

养殖水体的资源主要包括饲料、空间和时间等资源。综合养殖是充分利用养殖水体的各种资源、充分发挥养殖水体鱼产潜力的重要举措。

3.1 空间和饵料资源的充分利用

充分利用养殖水体的空间资源就是在一个水体同时放养不同水层的养殖生物，使养殖水体的垂直空间、水平空间得到有效利用，使养殖容量得到很好利用。

我国淡水池塘混养的鱼类主要有鲢、鳙、草鱼、青鱼、鲤、鳊、鲂、鲫等。按照它们的栖息习性，相对地可分为上层、中层和底层鱼。鲢、鳙属上层鱼，草鱼、鳊、鲂为中下层鱼，青鱼、鲮、鲤、鲫为底层鱼。草鱼通常喜欢栖息在近岸水草茂盛的区域。与单养不同，合理地选择栖息于不同水层的鱼类混养在同一池塘中可以增加单位面积的放养量，从而提高池塘鱼产量。

养殖水体中的天然饵料主要有大型水生植物、游泳生物、浮游植物、浮游动物、碎屑及细菌、底栖动物、底栖藻类等。通过养殖不同食性的动物才可充分利用养殖水体的各种天然饵料资源。从食性上看，鲢、鳙是滤食浮游生物的鱼类，草鱼、鳊、鲂主要食草，青鱼吃螺、蚬等底栖动物，鲮大量摄食有机碎屑及底栖藻类，鲤、鲫主要摄食底栖动物及有机碎屑。将这些鱼类混养在同一池塘或放养在同一大水域就可以充分利用水体的各种天然饵料资源，提高养殖水体的鱼产量。

上述鱼类混养在一起，它们既分享了不同水层也分享了不同的饵料资源。同时，有些鱼类间还存在一定的营养关系，如草鱼与鲢的关系。

1984 年山东省长岛县发展了海水"立体养殖"（骆文和王民，1984）。该模式是在上层养殖海带、裙带菜，中层养殖扇贝、贻贝，底层养殖海参、鲍等。大型海藻在上层充分利用光照资源，中层的滤食性贝类利用水体中的浮游生物资源，鲍和海参利用水底的底栖生物和非生命有机物资源。这种养殖模式也是考虑了空间、饵料资源的利用，同时，还利用了种间的营养关系。

400 多年前，我国发明了轮捕轮放这种综合养殖方式，现在该方法仍十分流行。轮捕轮放也是通过在养殖水体中保持稳定、较高的生物量，实现充分利用水体空间和饵料资源的目的。

现在我国许多地方的海水池塘养殖中流行着对虾与梭子蟹轮捕轮放的养殖模式。春季放养虾苗和蟹苗；在夏季对虾长到可以出售的规格且池塘总生物量较高时收获全部或部分对虾，否则就会由于池塘总生物量太高而影响对虾和蟹的生长；虾收获后池塘生物量锐降，蟹生长加速，最后在合适的时间收获蟹（图 1-5）。

如果对虾和蟹养殖时间相同，则会出现早期池塘生物量不足，造成资源浪费，而后期池塘生物量太高，因资源不足而影响虾、蟹的生长。

3.2 时间资源的充分利用

充分利用养殖水体的时间资源就是尽可能地延长一年中养殖水体的利用时间。轮养就是充分利用养殖水体时间资源的一种综合养殖方式。我国目前水产养殖种类有 200 多种，这些养殖种类有些是暖水种类，如凡纳滨对虾、罗非鱼

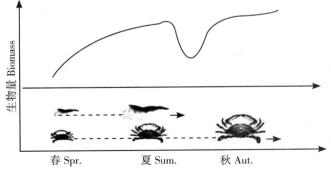

图 1-5 对虾和梭子蟹混养池塘的轮捕轮放

等，有些则是冷水种类，如刺参、海带、皱纹盘鲍等，更多的则是温水种类。如果在我国中、北部的一个池塘单养暖水种类，那么，在漫长的秋末至次年春初该池塘就会闲置。综合养殖中的轮养技术就可解决此类问题。例如，江苏省在高温的5—10月池塘养殖凡纳滨对虾，而在10月至次年5月养殖冬季仍然摄食、生长的鳜。凡纳滨对虾与鳜轮养这一综合养殖方式实现了池塘的全年利用。

4. 关于生态防病方面

除根据上述三个原理建立的综合养殖模式外，在我国，生态防病模式也十分流行。此种方式是将两种动物混养在同一水体，其中一种养殖动物对另一种养殖动物的某种疾病具有预防作用。我国现在流行的对虾与一些肉食性鱼（如河鲀）混养就属此类，该混养方式的主要目的是为对虾防病。河鲀可以摄食感染白斑综合征（WSS）、游泳缓慢的对虾，客观上起到防WSS扩散的效果。如果健康的对虾残食了染病的对虾，可能被感染上WSS，但河鲀摄食染病的对虾后则不会染病。生产实践表明，对虾与河鲀混养的防病效果十分显著。

5. 其他原理

在我国还有一些基于其他原理的综合养殖模式。例如，池塘中套养网箱或网围。养虾池塘中用网隔离混养罗非鱼，既可避免罗非鱼抢食优质的对虾饲料，又可发挥罗非鱼对水质的调控作用，结果对虾、罗非鱼双丰收。另外，养鲤科鱼类的池塘中套网箱养殖泥鳅的经济效益也十分可观。

还有一类流行的综合养殖模式是混养滤食性鱼类。例如，罗非鱼、鲢等滤食性鱼类与虾类混养就是利用滤食性鱼类来调控水质，并达到防病、增产的目的。

还有一类综合养殖模式是吃活饵的鱼类与饵料鱼同池混养。鳜是高档名贵鱼类，其主要摄食活鱼。为此，有些地方在鳜养殖池塘配养小规格鲢、鳙、鲤的鱼苗，供鳜食用。管理上人们仅为配养的鱼苗培育饵料或提供饲料。再如，中国有些地方在家鱼亲鱼培育池中混养凶猛的鳜，以消灭与家鱼亲鱼争饵料的小杂鱼，这也属于此范畴的综合养殖类型。

以上是我国综合养殖依据的主要生态学原理，依据此原理建立的综合养殖模式或类型都具有对投入的资源利用率高、对环境不良影响小、经济效益较高等特点。

一个养殖水体中产量或产值最高的养殖生物常被称为主养生物，综合养殖中与之混养的生物可称为工具生物。有时，一个养殖水体中主养生物可以有若干个。综合水产养殖中的工具生物经常既是经济生物，同时又可起到调控、改善养殖系统水质、底质、减少养殖系统污染物排放，提高养殖效益和生态效益的作用。目前常用工具生物主要包括大型水生植物、沉积食性海参、滤食性鱼类和滤食性贝类等。

第五节　水产养殖中的辩证思维

在我国古代，人们对自然的认识深受老子的影响。老子是我国古代伟大的哲学家，其重要论点包括"反者道之动","祸兮福之所倚，福兮祸之所伏"，即在自然界和人类社会的任何事物，发展到了一个极端，就会走向另一个极端。这是老子哲学的主要论点之一，也是儒家所解释的《易经》的主要论点之一。《易传》记载："寒往则暑来，暑往则寒来。"又记载："日盈则仄，月盈则食。"这个理论也为中庸之道提供了主要论据。中庸之道儒家的人赞成，道家的人也一样赞成。"毋太过"历来是两家的格言。

受这种思维模式的影响，中国在唐昭宗时代（889—904 年）发明了稻田养草鱼这种综合养殖模式。草鱼啃噬禾苗，因此，在西方人看来将草鱼放养在稻田中可能是不可思议的。但殊不知，小草鱼吃不了大禾苗！在稻田养草鱼模式中，水稻与草鱼既对立又统一的关系被发挥得淋漓尽致（图 1-6）。另一个典型的实例就是草鱼与鲢混养（公元 1639），该模式中草鱼残饵和粪便肥水养鲢，鲢通过摄食浮游生物稳定水质。

图 1-6　稻田养鱼和草鱼 – 鲢综合养殖中的对立统一和平衡

综合水产养殖是我国传统哲学思维在生产实践中的应用。综合养殖依据的基本原理是养殖废物的资源化利用、养殖种类或亚系统间功能互补等，其思路传承了我国传统的辩证思维模式，即以对立事物的转化达到两个相反过程的平衡（中庸）。例如，在水产养殖系统中存在投喂型养殖种类与获取型养殖种类、自养型养殖与异养型养殖、施化肥与施有机肥、光合作用与呼吸作用、氧化与还原等似乎对立的事物，将它们以一定的比例配置（综合）就可实现相反过程的平衡，达到高产的目的。

我国传统的辩证思维对现代水产养殖仍然具有指导意义。基于辩证思维的技术路线可以解决水产养殖业面临的高产、低能耗这一矛盾。

第二章　我国水产养殖发展现状

第一节　水产养殖的发展现状与问题

我国水产养殖业历史悠久，技术精湛，是世界上进行水产养殖最早的国家，也是世界上唯一的养殖产量超过捕捞产量的国家，而且水产养殖业仍在继续快速发展中。在为满足世界水产品需求做出巨大贡献的同时，我国的水产养殖业正面临着水环境状况日益恶化、社会舆论的监督、政策与法规的监控及水产品品质要求日益提高等方面的挑战，如何实现水产养殖业可持续健康发展是政府、环境保护者、水产养殖人员以及广大人民群众共同关注的问题。

1. 水产养殖现状分析

1.1 水产养殖的地位

改革开放以来，我国渔业调整了发展重点，确立了以"养"为主的发展方针，水产养殖业获得了迅猛发展，产业布局发生了重大变化，已从沿海地区和长江、珠江流域等传统养殖区扩展到全国各地。养殖品种呈现多样化、优质化的趋势，海水养殖由传统的贝藻类为主向虾类、贝类、鱼类、藻类和海珍品全面发展；淡水养殖打破以"青、草、鲢、鳙"四大家鱼为主的传统格局，鳗鲡、罗非鱼、河蟹等一批名特优水产品已形成规模。目前，我国进行规模化养殖的水产品种类已达50多种，工厂化养殖、深水网箱养殖、生态养殖等发展迅速。水产养殖业已成为我国农业的重要组成部分和当前农村经济的主要增长点之一，对促进农业产业结构调整，发展农村经济，增加农民收入，促进对外贸易以及提高人民生活水平等方面做出了明显的贡献。

1.2 水产养殖的市场潜力

随着人民生活水平的提高以及消费者对水产品营养价值认识的更新，我国内陆水产养殖业有着广阔的发展和市场空间。水产养殖业的功能不仅在于水产品的食用，满足人们日常生活的需求，同时对相关产业的发展也有重要的作用，特别在近年来发展的休闲渔业上具有特殊的功能。据调查，越来越多的人渴望参与到休闲渔业中，进而享受自然，调节身心。

目前，我国参加休闲渔业的人数在不断增加，这将成为内陆水产养殖业经营发展的巨大潜在市场。

1.3 水产养殖造成的不良影响

水产养殖业作为一项对水资源和水环境有特殊要求的产业，其与水环境的关系已经成为国内外研究的重点。我国水产养殖业在快速发展的同时，由于缺乏科学的规划和管理，在一定程度上造成了水环境的污染和退化，包括对沼泽的破坏、大面积水体污染和饮用水水源的盐碱化等。

2. 水产养殖中存在的问题

随着养殖技术、理论的发展和市场需求的不断增长，水产养殖业得到了大力的发展，然而这样的发展是在追求数量和增长速度的前提下，以高成本、低效益换取的，以透支未来的资源和环境为代价取得的，可见我国在进行水产养殖过程中存在着许多问题。

2.1 水产养殖依旧采用粗放式的养殖模式

水产养殖的发展在追求数量和增长速度的过程中，是以占有和消耗大量资源为代价取得的。粗放式的养殖模式导致生态失衡和环境恶化等问题日益突出，同时细菌、病毒等大量滋生和有害物质的积累，给水产养殖业自身带来了极大的风险和困难，威胁着水产养殖业的生存和发展。

2.2 水产养殖水域开发与规划欠科学

近年来，沿海地区都对浅海滩涂和养殖水域进行了功能区划。应该说，这种区划从整体上看是科学和可行的，但在具体生产操作中存在着不少问题。养殖区域过度扩张，影响了自然资源的繁衍和生长。众所周知，自然资源的产生、生长和消亡都有一定的规律。从海洋渔业资源的角度说，任何水域若经过较大的人工改造，必然打乱固有的自然生物生长环境，使传统的地方名产变态变性，甚至灭绝。另外，不少地方在规划养殖区时，忽视了鱼类洄游与索饵通道，严重影响了各种自然水生物的生长，导致自然生物的变态与减少。

养殖品种和养殖方式较混乱，造成相互干扰。虽然各地都按照各自的实际情况对海域的使用进行了基本的功能区划，但在实际操作中还是养殖户自己说了算的较多，这样一来，由于养殖品种差别较大，不管是清池引水，还是投饵施药，都容易造成相互抵触，相互污染。

2.3 养殖用药过量，养殖品种体内毒素富集严重

水产养殖用药缺乏严格的监督管理，不但因用药过量而造成水域污染，而且还使养殖品种因有害元素富集体内严重超标，影响消费者的健康。《中国海洋报》曾刊登过这样一篇报道，南方某地一位养鱼专业户从事水产养殖10多年，自己却从来没吃过一条自己养的鱼。其原因不是舍不得吃，而是由于他自己很清楚用的药太多，不敢吃。据了解，目前大部分水产养殖人员采用大量的药物来维持养殖品种的正常生长，使得养殖用药越来越重，养殖品种的毒素富集越来越高，对水环境和人体健康都造成了危害。

3. 水产养殖业的发展对策

3.1 正确处理自然资源与发展水产养殖的关系，搞好因地制宜

注重对自然资源的保护，在规划和开发水产养殖区域时，要对当地自然条件和原有水产自然资源进行全面考察，既要充分利用当地的自然资源优势，大力发展水产养殖，又要注重保护当地固有的资源环境。对已经开发利用的水域，如果实践证明不利于当地自然资源保护

和发展的，就要立刻停止开发，以便使自然资源得以恢复。要避免不顾自然条件一哄而上，无限度开发的现象发生，那样将会造成生态破坏和水资源的污染。在规划与确定水产养殖区时，要坚决避免在鱼类洄游通道进行养殖，更不能在通道处建池筑坝，对已在鱼虾主要洄游通道中设置养殖区的要坚决拆除。同时，要严禁私自扩张养殖区，对影响船舶的区域，必须在养殖区边界设置明显标志；要加强对引进水产养殖品种的把关，若要进行人工养殖，就应该注重养殖品种的档次与质量。

在引进各种苗种过程中，有关部门要严格把关，尤其要严格防止携带病害和对我国水域或生物产生灾害的苗种的引进。

3.2 加强对饵、肥、药的监管力度，严防水体污染

要明确管理职责，解决那种想管的无权管，能管的不负责任的局面。要明确管理机构，授以专管权，使之对饵、肥、药的购买与使用都做到监督与管理，避免那种产的不管卖的，卖的不管用的，最终造成乱投滥用，导致交叉污染。要加强对饵料制造的严格把关。要坚决取缔未经审批的地下饵料加工厂，并对登记在册的厂家产品进行定期检验，防止有害物质超标，杜绝人为污染源的侵入。要加快推进鱼药产业的立法，规范水产养殖业的生产经营行为，同时，要加快科研开发，加快水产养殖业步伐，研制生产出适合各种养殖品种的低毒高效药物；鼓励有条件的地区开展无公害生态养殖，尽量减少药物使用，从而降低养殖品种的毒物富集程度，提高对水资源的保护利用。

3.3 把好养殖户的责权关，提高养殖区的长期使用效益

目前，养殖区域基本都采取租赁或承包的方式，主管部门在发放养殖证时，一定要明确养殖户的权利和责任，特别是因施肥或用药造成水域污染或连带损失的，必须追究当事人的责任。另外，要大力提倡进行名优水产品的养殖和加快养殖品种的更新换代步伐，实行轮养，对于发病率高、效益低、危害大的品种，要坚持予以淘汰，从而选出适合生产的优良品种，进行大力推广，提高水产养殖的长期效益。

随着渔业资源的不断发展，水产养殖业前景无限。在发展水产养殖的同时，要充分考虑对自然资源的保护，努力实现环境友好型的养殖模式，积极探索水产养殖的可持续发展，这对改变我国水产养殖现状、提升我国水产养殖技术水平、促进我国水产养殖可持续发展起到积极的作用。这一切都需要环境工作者和养殖工作者一起，在政府的引导下，从政策的制定，科学的规划，技术的革新等环节进行系统的研究，并在实践中进行推广，使我国水产养殖健康发展。

第二节　水产养殖业发展的趋势与面临的挑战

1. 我国水产养殖业的发展趋势

近三十年来，我国大陆的水产养殖业发展十分迅速，其产量从 1980 年的 178 万吨，提高到 2011 年的 4 023 万吨，增加了 22 倍（农业部渔业局，2012）。1988 年我国实现了养殖产量超过捕

捞产量的飞跃，2006年海水养殖产量又超过了海洋捕捞产量（图2-1）。由于内陆渔业资源有限和近海渔业资源的衰退，我国在未来一段时间内的渔业增长还将会主要源于水产养殖业的发展。

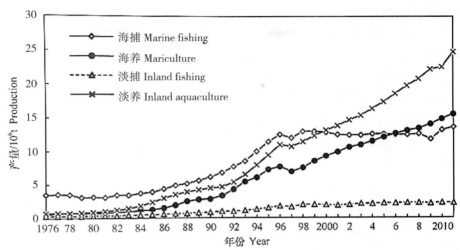

图 2-1　中国大陆渔业产量的变化

目前，我国水产养殖产量主要出自池塘、浅海、湖泊、水库等水域的养殖，网箱和工厂化养殖产量在海水占3.4%，在淡水也仅占7.2%。

然而，近些年我国水产养殖发展的总趋势是集约化程度迅速提高。渔业统计数据表明，我国水产养殖的种类迅速增加，养殖种类的生态学营养层次总体上也在快速提高。养殖种类的迅速增加是我国水产养殖集约化水平迅速提高的一个重要原因。水产养殖产品的价格受到养殖成本、供求关系和饮食文化等的共同影响。我国水产品供给已由总量短缺转变为结构性过剩，并伴有地域性和季节性的供求不平衡性。由于水产品市场趋于结构性饱和，大众化养殖种类的价格趋于稳定，人们对养殖"名、特、优、新"种类和海水养殖产品的需求已成为中国水产养殖业发展的重要驱动因素。

由于劳动力、电费、鱼粉等的价格一直呈现增加的趋势，导致了养殖成本持续增加。由于规模化养殖产品价格比较稳定，因此，养殖产品的利润空间也被逐渐压缩。一个新的养殖种类在开始上市时具有显著的价格优势和较大的利润空间，因此，我国各地都热衷于开发新品种或从国外（外地）引进新品种。据不完全统计，仅山东省"十五"期间新引进或开发的水产养殖种类就有29种，2007年其养殖种类增加到70余种。我国的水

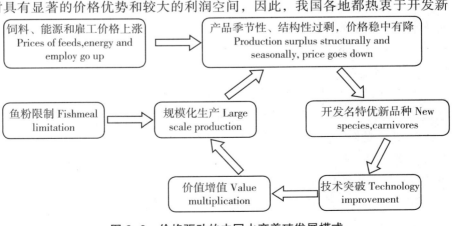

图 2-2　价格驱动的中国水产养殖发展模式

产养殖业也因此走上了发展"名特优新"的驱动模式（图2-2）。

尽管在市场上一个新开发的品种具有价格优势，然而一旦其养殖技术趋于成熟并具一定养殖规模之后，其价格也将回落。其养殖成本会随鱼粉、能源价格、劳动力成本等走高而走高，其利润空间也将会变小。之后，人们又去寻找新的养殖种类。

1999—2008年的10年间我国海水养殖种类中需投饲养殖的鱼、虾和蟹类从占海水养殖总产量的6.2%升至12.6%，与此同时，内陆水产养殖中滤食性的鲢、鳙（不需投饲）产量却从占内陆养殖总产量的33.5%降至26.5%。由此可见，无论是海水养殖还是内陆水产养殖，我国利用饲料（饵料）养殖的水产动物的比例都在快速增加。

2008年我国海水养殖产量为1 340万吨，其中需要投饲养殖的鱼类和甲壳动物占12.7%。由于淡水养殖的罗非鱼和草鱼已被广泛地实行池塘投饲料养殖，因此，粗略估计中国内陆水域养殖产量中靠投饲养殖的产量约占59%。就整体而言，我国水产养殖中有约41%的产量靠投饲养殖获得。投饲养殖产量比例的增加表明水产养殖集约化程度在提升。

2016年全球对鱼粉的需求量为492万吨，比上年增长1.3%。全球鱼粉需求量的增长主要来自中国。据估计，2016年中国国内对鱼粉需求量已经达到140万吨，比2015年增长近11%，占2016年全球鱼粉需求量的28%。首先，我们来看一下欧盟市场的情况。值得注意的是，丹麦、英国和波兰的鱼粉需求量达到52.7万吨，同比增长7%。

欧盟国家一半的鱼粉产自"边角料"，即在加工过程中从养殖的或野生捕获的鱼身上切下的鱼肉片。西班牙、意大利、法国和德国等国的鱼粉生产，完全依赖于这种"边角料鱼肉"。

土耳其2016年鱼粉消费量急剧上升，估计增长10万吨，这是由于土耳其养殖海鲈鱼和海鲷鱼产量的上升。加拿大鱼粉消费量也出现大幅增长，这主要是因为养殖三文鱼产量在增长。

当然，也有很多地区鱼粉需求量下降。"其中，智利2016年消费鱼粉13.7万吨，同比下降25%，这是由于智利三文鱼养殖产量下降；日本消费鱼粉36.8万吨，下降14%；美国9万吨，下降20%；挪威26.6万吨，下降6%，这可能是挪威饲料企业采取替代鱼粉配方，减少三文鱼养殖饲料中鱼粉和鱼油使用比例导致的。泰国在2016年的鱼粉产量有所下降，估计不足40万吨，而其国内鱼粉消费量略有增加，略超过30万吨。

泰国的鱼粉主要用于虾养殖业。随着虾养殖业从白斑病和早期死亡综合征（EMS）等病害中渐渐恢复过来，泰国鱼粉销量也渐渐回升。

近年来，泰国的鱼粉出口量大幅增长，2015年达到17.2万吨，预计2016年将进一步增加，泰国鱼粉主要出口到中国。

2017年鳀鱼等捕捞配额增加，鱼粉高价将有望回落。2017年鱼粉的价格和供应，将取决于秘鲁、智利和斯堪的纳维亚等主要中上层鱼类捕捞国的配额高低。

2015年是斯堪的纳维亚捕捞配额的好年景，2016年的配额则减少，2017年的价格将取决于斯堪的纳维亚的配额状况，其他主要鱼粉生产国也是如此。在大多数亚洲国家，捕捞量不依赖于总可捕量[TAC]水平，因为其并未实行配额制度。

2017年鱼粉价格可能在1 200美元（约合人民币8 340元）~ 1 600美元/吨（约合人民币11 120元）之间波动。该银行表示，虽然秘鲁2017年的鱼粉需求有所增加，不过预计其鳀鱼捕获率高，因此 2017 年秘鲁鱼粉可能依然会降价。

2. 我国水产养殖业发展面临的挑战

我国水产养殖业面临着一些专家经常提到的疾病流行、良种匮乏、产品品质堪忧等诸多困难。但影响我国水产养殖中长期目标实现和可持续发展的问题则是水资源短缺、养殖污染和产业对能源、鱼粉不断增大的需求。

我国是一个水资源十分短缺的国家，人均水资源量仅为世界人均水平的 1/4，是世界上 13 个缺水最严重的国家之一。尽管我国农业需要在连续多年丰收的基础上继续增产，以满足 2020 年我国对 6 亿吨粮食的需求，但从国家水安全战略考虑，未来 30 年我国农业用水只能维持零增长或负增长，水利部已将此作为一项重要工作目标。基于我国淡水资源的利用形势和国家坚守 1.2 亿公顷耕地红线的决心，我国内陆水域养殖产业的发展会受到越来越大的资源性制约。

我国海水养殖业对近海水域的污染已经到了不可忽视的程度。据崔毅等（2005）估算，2002 年我国黄海渤海沿岸的海水养殖污水排放达 $119.8 \times 10^8 \, m^3$，其中含氮 6 010 吨、磷 924 吨、COD29 016 吨。水产养殖的氮和磷排放量分别占该区域陆源排放量的 2.8% 和 5.3%。另据推算，我国海水网箱养殖和池塘养殖的氮排放量分别达 3.7 万吨和 45 万吨（而我国每年城镇生活污水排放氨氮总量仅 90 多万吨）。这些养殖污染物不仅会造成养殖自身污染，引发养殖生物疾病、影响生长等，还会引发更严重的海洋环境问题。

集约化养殖具有高碳排放特点或许将会影响其未来的发展。据徐皓等（2010）的报道，我国当前池塘、工厂化和网箱养殖的单位产品耗电量分别为 0.37 kWh/kg、8.66 kWh/kg 和 3.16 kWh/kg。Muir（2005）对多种养殖系统的研究也得出类似的结果。耗电多意味着间接排放 CO_2 也多（1 kWh 电产生 0.997 kgCO_2）。随着水产养殖业规模的扩大和向集约化、高营养层次化的发展，该产业对能源的依赖性会越来越大，生产过程中产生的 CO_2 也将会越来越多。

大气中温室气体浓度的持续升高已成为 21 世纪社会经济可持续发展最为严峻的挑战。我国政府已决定，到 2020 年单位国内生产总值 CO_2 排放将比 2005 年下降 40% ~ 45%。在此大背景下，简单的集约化和高营养层次化的发展方向有悖于国家减排目标。

世界有限的鱼粉供给将会影响我国水产养殖业的发展模式。1995—2007 年国际鱼类养殖的鱼粉比例已从 1.04 降至 0.63。但是，与国际的发展趋势相反，我国 1999—2009 年水产动物养殖的鱼粉比例却从 0.23 上升到 0.36。这意味着，照此模式发展下去，随着我国水产养殖业集约化程度的提高，水产养殖业对鱼粉或鲜杂鱼的需求量也将越来越大。

据专家估计，2020 年我国水产品的需求将增加到 6 170 万吨，到 2030 年将达到 7 260 万吨（FAO，2002）。如前所述，我国渔业产量的增加将主要来自水产养殖业的发展。也就是说，以 2009 年我国渔业总产量为 5 116 万吨为基点，到 2020 年和 2030 年我国需要增加 1 054 万吨和 2 154 万吨水产养殖产量。如简单地仍然按照目前的养殖结构和养殖技术水平计算，那时我国新增鱼粉消耗将会达 61.6 万吨和 128.7 万吨。到 2030 年仅我国水产养殖消耗鱼粉量就将达到 338 万吨。国际鱼粉生产能力在 500 ~ 700 万吨 / 年，其产量主要受海洋现象（如厄尔尼诺等）影响而波动。目前世界水产养殖业已利用了约 68% 的世界鱼粉生产量。按照现在的模式发展，如饲料和鱼粉替代物研发没有重大突破，鱼粉供求矛盾将成为我国水产养殖业发展的巨大障碍。

如上所述，我国的水产养殖业发展迅猛，但其面临着水资源匮乏、养殖污染、能耗增大、鱼粉制约等问题的挑战。我国的人口还在增长，预计到 21 世纪中叶前我国人口峰值将会接近 15 亿，这近 15 亿人口的食品安全是一个必须严肃对待的问题。水产养殖业对化解我国食品安全问题和提高人民生活质量具有义不容辞的责任。

第三节　水产养殖的可持续发展探索研究

"可持续"是全球渔业发展的主题词。中国作为渔业生产和贸易大国，政府高度重视渔业可持续发展，致力于发展环境友好型的水产养殖业和资源养护型的渔业捕捞业，中国愿意和国际社会分享渔业可持续管理经验，为世界渔业的持续健康发展做出更大的贡献。

1. 可持续发展的现实问题

中国水产养殖业在中国国民经济乃至整个社会发展中都具有非常重要的地位。它对促进整个农业产业结构调整，发展农村经济，增加农民收入，增加水产品的供给，保障食物安全，优化居民的膳食结构，提高人民的生活水平，促进对外贸易，增加出口创汇等都做出了明显的贡献。中国水产养殖对人类食用型水产品的贡献在 2014 年就超过了渔业捕捞，未来 10 年的渔业增长来自水产养殖业，到 2025 年，水产养殖对人类食用型水产品的贡献占到近 60%。人类对水产品的消费在最近 10 年有非常大的增长，发展中国家水产品出口量占 80%，中国是世界上唯一一个养殖产量超过捕捞产量的国家，中国水产品出口量排名第一，这种特殊产业结构形式也就决定了在今后很长的一段时间里中国渔业的生产要素和科技资源的配置方向将以水产养殖为主。

中国现阶段还处在发展中国家。中国的海洋捕捞能力和水产养殖业人口、复合性渔场的特征以及持续增加的人口压力等客观条件都决定了中国的水产养殖业仍然需要被关注鼓励和扶持。同时，在水产环境方面也存在危机，水产养殖作为一项对水资源、水环境有特殊要求的产业，其对环境的影响也日益受到各界的关注。中国的水产养殖业在快速发展的同时，因为缺乏科学的规划和管理，造成了一定程度上的环境污染和退化，并导致社会冲突，包括对沼泽的破坏、大面积的水体污染和饮用水源的盐碱化等问题。水体是水产养殖的基础，是水产养殖的第一生产要素。水体环境是当前养殖者较难实施有效控制的，它是养殖风险最大的来源，是水产养殖可持续发展的关键。同时，全球海洋生物多样性也面临很大的危机，全球海洋生命力指数值（LPI）在 1970 年至 2010 年间下降 40%，其中可利用鱼类下降 50%。随着全球人口的增长（2050 年将达到 90 亿人口），全球水产品的需求持续增加，然而全球的渔业资源却不断衰退。有 90% 的全球渔业资源被过度开发或充分利用，约 30% 的鱼种群存在过度捕捞，由于自然资源退化，海洋正在失去它为数亿人提供食物和生计的能力，全球海洋资源和野生鱼类的种类在不断减少。

除上述问题之外，我国水产业还存在其他一系列的问题：一是可持续性管理的基础薄弱。实现可持续性管理是指通过技术和制度的完善实现中国水产养殖可持续性发展的管理模式，基于种种原因，中国实现可持续性管理的基础还是比较薄弱的。中国现有养殖品种中 90% 以上的养殖产量来源于传统的养殖方式。养殖生产单位小而且分散，组织化程度不，给区域化布局、规模化生产等现代生产方式的实施带来了诸多的困难；二是缺乏科学规划的制定和有效的规划实施机制。缺乏规划主要表现在 90% 以上的养殖规划的制定都是流于形式的，100% 的规划没有进行必要的环境评估。制定的规划缺乏科学性，在此基础上进行的实施也缺乏必要的监督；三是产业支撑体系的基础薄弱。产业支撑体系的基础薄弱主要表现在苗种繁育、病害防治、资源养护以及管理等技术支撑体系不健全。渔业资源和环境的常规检测与调查缺乏标准和制度，渔业科技的基础研究也严重滞后和缺乏。

2. 水产品可持续发展的实现探索

鉴于我国水产养殖业发展中遇到的诸多问题，我们已经逐渐认识到水产养殖业应该改变其以往的发展模式，从数量增长型向质量效益型转变，走可持续发展之路。水产养殖业可持续发展就是平衡水产养殖系统的诸项基本功能，实现综合、长期效益的最大化。水产养殖业发展中出现的种种问题多是片面追求经济利益所致。

很多人认为，水产养殖应该走集约化、标准化发展之路，但集约化、标准化不等于简单化。我国著名水产养殖学家廖一久不无哲理地分析了东西方在制作蛋炒饭与汉堡包上的理念差异，并延伸分析了东西方在养虾理念上的差异所导致的结果。他认为，西方人制作汉堡包非常讲究标准化，而中国人做蛋炒饭则是"先以科学看待，后以艺术着手"。在养虾理念方面，因虾种的生物特性、对科学技术与艺术工艺的认同与认知、文化与环境条件等的不同，东西方有很大不同。然而在不到十年之间，西方的太平洋白虾（凡纳滨对虾）竟能跨越浩瀚的太平洋，从西方被引进到东方国家，并席卷了可能近乎 1/3 的东方养虾区域，且有持续扩大的趋势。令人诧异的是，在东方不管是业者、学者、官方竟也能在很短的时间内全面接受此外来种的养殖。原本陌生的西方白虾养殖高科技到东方不但很快地被掌握，且与东方既有的养虾科技与经营方式充分融合，展现出超过西方的高单位面积生产力，这对于信奉百分之百科学的西方，又是一大讽刺。这些都值得寻思探究。

西方传入的封闭循环水养殖系统的确由于高技术的应用可以实现零排污，但其是以高能耗为代价的事实也是非常清楚的。在发展模式的选择上，集约化水平的综合养殖才是正确的选择。中国人传统的综合养殖艺术与封闭循环水养殖模式的结合定会震惊西方。我国各区域气象、水文等环境差异很大，主养种类有所不同，饮食习惯也有些不同，经济和科技发展水平也有差异，因此，在国内也应该因地制宜地选择恰当的养殖模式。

另一个需要转变的观念就是恒定最佳环境控制思维。谢菲尔德耐受性定律认为，动物对各种环境因子的适应都有一个最佳适宜点，在此处动物可获得最大的生存率和生长率等。受此观念的影响，对于养殖的水生动物，人们总试图通过实验找到该养殖动物的最佳环境因子控制点，并设法在此条件下养殖该动物，以获得最高产量。我们的研究业已证明，作为变温水生动物的对虾其生长经常不存在环境因子的最佳因子"点"，而是一个最佳变化范围，节律性调节环境因子甚或饲料营养水平可以显著促进水生生物的生长。例如，适宜的温度、盐度、饲料蛋白水平、投喂节律等变化可显著促进对虾的生长。刺参、大型海藻等水生物也有类似的现象。因此，改变封闭循环水养殖系统中恒定"最佳"因子控制方式，建立环境因子甚或饲料营养水平节律性调节模式也是提高养殖效益的重要途径。

除改进水养殖方式及观念以外，消费市场的变化对可持续发展也产生了一定的影响。受互联网的影响，消费方式、渠道在变化，水产品选择依据有网上推广和评价、朋友介绍和推荐、营养需要、口感追求。消费转变的同时，产品形式也在发生改变，标示、认证和品牌可提高产品的认知度，可持续发展的观念更容易推广。同时，在可持续转型导向方面，需要做的工作包括鼓励水产养殖业到"一带一路"沿线国家投资、产品回运国内；十八届五中全会提出关于创新发展、协调发展、绿色发展、开放发展、共享发展"五大理念"，可以看出国家在政策上给予了大力支持；中国渔业更大范围地走出去，充实"一带一路"的内容，捕捞生产型渔业向资源管理型渔业转型，以资源确定产能。可持续水产品生产方面，国际上没有统一的模式，但理念是一致的，每个国家应根据资源、渔业生产的实际情况去探索并完善。建立渔业生产和生态可持续利用协调发展，是我们共同的出发点。各国之间的渔业合作与交流、管理经验的分享有利于可持续发展。中国将在渔业可持续发展的进程中，发挥积极的作用。

水产业实现可持续发展首先要考虑对环境满足的要求，这就要求我们充分考虑政策、经济、社会价值等，同时也要强调人与人之间、人与社会之间的发展和分配有限资源等。就水域而言，它是一种有限的无可替代的供人类赖以生存的基本资源，在人口、资源、环境和经济发展的关系中是其他资源无法替代的。在水产养殖规划中，应特别重视各种不合理的利用和规划对水环境带来的问题，以确保水环境质量对下一代的使用不造成威胁。

水产业可持续发展首先要依靠健全的政策法规保障，现如今虽有相关法律政策出台并规定，从事养殖生产应当保护水域生态环境，不得造成水域的环境污染，并明确规定了几种污染物的排放要求。但是，有些地区水产养殖的排污并没有得到有效监管。相关法律执行不力不仅会加大养殖活动的环境风险，也会使应该纳入养殖成本中的污水处理费用添加在了"收益"中。虚高的"利润"会助推市场上对高污染养殖方式有利的不公平竞争。提高水产养殖从业者的法律意识，加强政府对养殖排污的监管是水产养殖业健康发展的法律保障。尽管现在我国有些地方还没有强制性限制养殖排污，但对排污实行强制性约束将成为严厉的国家行为；尽管现在还没有法律强制实行低碳养殖，但低碳养殖将会成为不可逆的国际准则。在上述两个约束条件下，发展高效低碳低排污的综合水产养殖是我国水产业发展的必由之路。

第三章　现代水产养殖模式创新研究

世界各地的水产养殖模式多种多样，各不相同，没有统一的标准。如根据水的管理方式，可分为开放系统、半封闭系统、全封闭系统。若根据养殖密度，可分为粗养模式、半精养模式、精养模式。而根据养殖场所处地理位置，可以分为海上养殖、滩涂养殖、港湾养殖、池塘养殖、水库和湖泊养殖以及室内工厂化养殖等。本章将以水的管理方式来分别介绍养殖系统和模式。

第一节　现代水产养殖开放系统

开放式养殖是一种最原始的养殖方式，直接利用水域环境（海区、湖泊、水库）进行养殖。港湾纳苗、滩涂贝类、浮筏牡蛎、网箱鱼类养殖都属于这种方式。这种养殖方式最主要的特点是养殖过程中不需要抽水、排水，因此这种养殖方式优缺点都很明显。其优点是：① 不需要在养殖海区、湖泊中抽、排水；② 无需购买土地，一般租用即可，成本较低；③ 一般不需要投饵，节约费用；④ 水域内养殖密度低，接近自然状态，疾病少；⑤ 管理人员少，对管理技术要求较低。

但开放式养殖也有其不可忽视的不足：① 敌害生物或捕食者和偷猎者较多，不易控制；② 水质条件受环境因素影响较大（如污染、风暴），人为难以调控；③ 养殖密度较低，因而产量较低，且不稳定（网箱养殖因人工投饵除外）。

1. 网箱养殖

网箱养殖可能来源于最初在港湾、湖泊、浅海滩涂上打桩，四周用绳索围栏的方式，这种简单原始的养殖方式至今仍有人用来养殖一些鱼类。现代网箱养殖业就是受这种养殖方法的启发，他们使固定在底部的网箱浮起来，走向深水区，并逐步发展流行，尤其在北美、欧洲、中国、日本等沿海国家或地区。欧洲主要养殖鲑、鳟鱼类，北美以养殖鲶鱼为主，而中国和日本等东亚国家养殖种类较多，一般多以名贵鱼类为主，如大黄鱼、鲷鱼、石斑鱼等。中国内陆湖泊、水库网箱养殖也很盛行，养殖种类有草鱼、鲤鱼、黄鳝等淡水鱼类。网箱同样可以养殖无脊椎动物，如蟹类、贝类等。中国沿海盛行的扇贝笼养其实也是一种小型网箱养殖。

网箱形状多为圆形（图3-1），或者是矩

图3-1　海上网箱养殖（圆形）

形（图 3-2），网箱大小根据养殖种类，企业自身发展要求和管理能力而各不相同，小的几立方米，大的可达几百立方米，比较常见的规格在 20 ～ 40 m^3，如中国福建大黄鱼的网箱规格多为 3.3 m×3.3 m×4 m。大网箱造价较低，但管理和养殖风险也较高，一旦网箱破损，鱼类逃跑，损失巨大。有的网箱表面加盖儿可以防止鸟类侵袭。一般网箱养殖需要租用较大的养殖水面。

图 3-2　海上网箱养殖（矩形）

虽然网箱的成本较高，使用期限也不长（一般不超过 5 年），经常需要修补，管理技术要求也相对较高，但优点也很突出。首先，网箱养殖最适宜那些运动性能强的游泳生物养殖，而且捕获十分方便，即需即取。几乎可以 100% 的收获。其次，养殖密度比池塘高得多，只要网箱内水流交换畅通，就可以大幅度提高养殖密度，如日本、韩国的黄尾鲕养殖，密度可达 20 kg/m^3。

网箱由三部分构成。

（1）箱体：有框架和网片。

（2）浮子：使网箱悬浮于水中。

（3）锚：固定网箱不使其被水流冲走。

网片由结实的尼龙纤维（聚乙烯、聚丙烯）材料编织而成。网目大小依据养殖对象的个体大小设定。一般网箱为单层网，有的网箱加设材料更为结实的外层网，既保护内网破损，又防止捕食者侵袭。网箱的顶部通常加盖木板，或直接拟盖网片，两者都需设置投饵区。颗粒饵料在水中下沉很快，如果不及时被鱼摄食，就会从底部或边网流走。因此投饵区不要设在紧贴边网处。

网箱养殖最易遇到的问题有以下几点：

（1）各种海洋污损生物容易附着在网箱上，增加网箱的重量，同时降低网箱内外水的交流，影响水质。

（2）海水对网箱金属框架的腐蚀损坏。

（3）紫外线对塑料材质的腐蚀损坏。

（4）海浪或海冰对网箱的破坏。

为解决上述问题，材料上现多改用玻璃钢框架加铜镍网，造价可能贵些，一次性投资较大，但耐腐蚀，不易损坏，寿命长，长远看比较经济合算。

制作浮子的常用材料是泡沫聚苯乙烯，这种材料既轻又便宜，而且经久耐用，不易被海水腐蚀。一般小网箱的浮子用塑料球即可，而大网箱则需较大的浮筒，有的甚至用充气的不锈钢筒。

一些特别大的网箱上设有悬浮式走道，便于管理者投饵和捕获。

网箱的底部必须与水底有足够的距离，防止鱼类直接接触水底部沉积的残饵、粪便等废弃物，因此网箱养殖一定要选择有足够水深的区域。网箱的顶部宜稍微露出水面为宜，不能太多，否则降低了网箱的有效使用率。

网箱通过锚固定在某一区域，根据风浪、底质等不同情况来选择锚的重量。要充分估计风浪对网箱的冲击力量，以不致网箱被轻易冲走。有条件时网箱也可以几个一组，直接用缆绳固定在码头、陆地某个坚固物体上。通常网箱在水面上成排设置，便于小船管理操作。网箱成排设置一般不能过多，否则，水流不畅，影响溶解氧和废水交换，降低养殖区域内的水质。淡水湖泊、水库中水流、风浪较小，网箱更不能设置太密。

多数网箱养殖集中在海湾、近海，主要是因为管理方便，网箱容易固定。但海湾、近海水域往往也是交通繁忙、人类活动频繁、水质污染较严重的地方。因此网箱养殖的发展方向是向远海深水区发展，这里水质稳定，污染小，鱼类生活好，成活率高。当然远海深水养殖管理要求高，风浪冲击危险大。

2. 筏式养殖

除了大型海藻海带外，筏式养殖主要对象是贝类，尤其是双壳类（图3-3和图3-4）。贝类原先栖息在底层，现移至中上层。滤食性贝类的主要食物是浮游植物，而它们主要分布在水的中上层，筏式养殖使贝类最大程度地接触浮游植物，十分有利于其摄食，而且成功逃避了敌害生物的侵袭。同时增加了水体利用率，从原有的二维空间变为三维空间，筏式养殖的收获也比较方便。筏式养殖因为养殖种类不同可分为长绳式、盘式、袋式、笼式等，因此其基本组成如下。

（1）筏：可以是泡沫、塑料、木板、玻璃钢筒等。

（2）绳：尼龙绳，长短粗细不一，根据需要设置。

（3）盘、袋、笼：用聚乙烯网片等材料制成，垂直悬挂在水中。

笼式主要用于扇贝养殖，人工培育或海上自然采

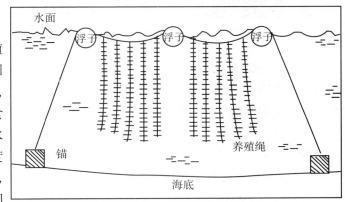

图3-3 筏式养殖结构示意图（一）

资料来源：M.Landau,1991

图3-4 筏式养殖结构示意图（二）

资料来源：M.Landau,1991

集的幼苗长到 1 ～ 3 cm 后，置于笼中悬挂养殖，养殖中期根据贝类生长情况还可再次分笼（图 3-5）。绳式或袋式较多用于牡蛎、贻贝养殖，或者扇贝幼体采苗（图 3-6）。与绳式类似，袋式是将一些尼龙丝编织成的小袋固定在绳上，主要是为了增加贝类幼体的附着面积。许多贝类的繁殖时间和区域比较固定，可以根据这一特点，提前将绳、袋悬挂在水中自然纳苗。采苗结束后，视情况可以将浮筏移动至养殖条件更好的海区。

图 3-5　扇贝笼式养殖　　　　图 3-6　海上浮筏绳式养殖

绳式、袋式等贝类养殖到后期，由于养殖生物个体长大，重量增加，容易使养殖绳下垂，直接接触底部，甚至拉垮整个筏架，这就需要养殖前考虑筏架的承重程度以及水的深度。一种排架式筏式养殖可避免筏架垮塌。在海区打桩，在桩与桩间连接浮绳，贝类可以在桩和绳上附着生长。

盘式养殖类似笼式养殖，可根据养殖生物的大小不断调整，底部可以是网片，也可以是板块，根据需要甚至可以在盘底铺设沙子，以利于一些具埋栖习性的贝类等生长。

3. 开放式养殖的管理

开放式养殖因借助了天然水域的水和饵料，管理成本较低，但并非不用管理，任其自由生长。管理方法得当与否，效果差异极其显著。网箱养殖不用说，其管理难度甚至超过半开放模式。筏式养殖、滩涂养殖同样需要科学、精心的管理。如筏、架的设计、安装、固定，苗种的采集、培育，生长中期笼、绳的迁移，养殖动物密度调整以及网、笼污损生物的清除等对于养殖的成功都是至关重要的。

4. 敌害生物清除

对于偷猎者的行为和防治超出了本书内容范围，本书只想讨论一下在开放式养殖系统中如何防治捕食者。首先，可以考虑离开地底，如牡蛎、贻贝、扇贝、鲍等，利用浮筏、笼子将养殖生物脱离底层，可以有效避免同样是底栖生活的海星、海胆、螺类等敌害生物的捕食侵害。其次，可以设置"陷阱"，如在养殖水域预先投置水泥、石块，吸引藤壶附着、繁殖，让螺类等敌害生物转而捕食它们更喜欢的藤壶，也可有效提高牡蛎、鲍的存活率。在一些底栖贝类如蛤、蚶养殖地周围建拦网，可有效防止蟹类、鱼类的捕食侵害。海星是许多贝类的天敌，在一些较浅的海区，可以人工捕捉。杀灭海星可以用干燥或热水浸泡方法，千万不能用剪刀剪成几瓣后又扔进海里。海星的再生功能很强，仅有 3 ~ 4 条腿的海星也同样可以捕食贝类。在深水区海星密集的地方，则可以用一些特制的拖把式捞网捞取海星，并用饱和盐水或热水杀死。

有些贝类捕食者如蓝蟹、青蟹、梭子蟹以及一些肉食性螺类本身就是价值很高的水产品，因此可以通过人工捕获，既保护养殖贝类，又收获水产品，一举两得。

生石灰（CaO）对海星的杀灭效果很强，只需少量就可致死，但使用时要注意水流，因为海浪、水流可以轻易冲走它。利用化学药品控制捕食者需要相当谨慎，只能在局部区域使用，否则弊大于利，捕食者未控制，而生态环境遭破坏，其他生物先遭难。

池塘中鱼类常见的敌害生物有藻类和水生昆虫。当鱼池中大量存在藻类时，不仅直接危害鱼苗和早期的鱼种，也消耗了池水中的养料，使池水变瘦，造成鱼苗所需的浮游生物不能大量繁殖，影响鱼苗生长；当鱼池中大量存在水生昆虫时，它们会捕食和残害鱼苗，影响鱼苗的出池率。

下面简要介绍清除藻类、水生昆虫及综合治疗的方法。

4.1 清除藻类的方法

4.1.1 用生石灰清塘。

4.1.2 未放养鱼的池塘，可以每亩（1 亩 ≈ 666.7 平方米）用 50 千克草木灰撒在藻类上面，使藻类得不到阳光而死亡。

4.1.3 用 0.7 克 / 立方米浓度的硫酸铜遍洒全池。

4.1.4 水深 1 米，每亩用枫树叶 30 千克，加水 100 千克煮 20—30 分钟后全池泼洒，2 天后藻体开始死亡。

4.2 清除水生昆虫的方法

4.2.1 用生石灰清塘。

4.2.2 用晶体敌百虫 0.3—0.5 克 / 立方米全池泼洒，能有效杀灭水生昆虫。

4.2.3 结合拉网锻炼鱼苗时，将鱼苗密集在池中，加入少量煤油，使水生昆虫触到煤油而死亡。

4.3 寄生虫的综合治疗

4.3.1 化学药物治疗

常用药物主要有硫酸铜、硫酸亚铁、碘、高锰酸钾、敌百虫和硫双二氯酚等。推荐使用的药物有优马林和鱼虫杀星。优马林可治疗小瓜虫、斜管虫、车轮虫等寄生虫病，并具有抗菌消毒作用，属于高效、无公害的治疗寄生虫病药物。鱼虫杀星主治由车轮虫、指环虫、小瓜虫、中华鳋、锚头鳋、水蜈蚣等寄生虫引起的鱼病，用量少，见效快，对水体无污染，对鱼体无毒副作用，可广泛使用于各种淡水鱼类。在药物防治时，一要掌握规律，根据寄生虫的流行发病季节，结合投喂，有计划地投放内服药物或全塘遍洒驱虫剂、杀虫药物等。二要根据不同寄生虫的机体结构选用合适的药物。对单细胞原生动物寄生虫，可用硫酸铜、硫酸亚铁、碘、高锰酸钾和甲醛等杀灭；对大型后生动物寄生虫可用敌百虫和硫酸二氯酚等杀灭。三要注意化学药物的使用方法和剂量。

（1）高锰酸钾。药浴法：以 10 mg/L 浓度浸洗病鱼 1.0 ~ 1.5 h, 可杀死锚头鳋和鱼体表面的几种孢子虫；以 20 mg/L 浓度浸洗病鱼 15 ~ 30 min, 可治疗指环虫病和三代虫病。泼洒法：以 0.7 mg/L 浓度遍洒全池可预防车轮虫、斜管虫、口丝虫等，也可杀死藻类等，在该浓度下与硫酸亚铁以 5：2 比例配合，可杀死复口吸虫、甲壳类等。挂袋法：可单用，也可和硫酸亚铁以 5：2 的比例配合使用。

（2）硫酸亚铁。不具杀毒作用，不单独使用，多与硫酸铜、敌百虫合用。

（3）硫酸铜。对病原体有较强的杀伤力，特别是对原虫杀伤力更强，但不能用于治疗小瓜虫病。

（4）碘。为强氧化剂，有强大的杀菌、杀病毒、杀霉菌及杀原虫等作用，用药饵投喂法治疗球虫病，用外涂法治疗嗜子宫线虫病。

（5）硫酸二氯酚（别丁）。对吸虫和绦虫有明显的驱虫效果。通过拌饵投喂治疗头槽绦虫病。

4.3.2 中草药治疗。

由于传统杀虫剂高频率的广泛使用，寄生虫产生了抗药性，降低了药物疗效，对水质造成不可逆转性的破坏，且对鱼类的毒副作用较大，残留期太长，直接影响水产品的品质，损害消费者身体健康。中草药是一种理想的天然环保型绿色药物，具有高效、毒副作用小、安全性高、残留少等诸多优点，且来源广、成本低，具有广阔的发展前景。目前使用的中草药有苦楝皮、青蒿、槟榔、大蒜、百部、南瓜子、苦参、大黄和黄芩等，可制成方剂投喂或汤剂遍洒等达到良好的治疗效果。

第二节 现代水产养殖半封闭系统

半封闭系统是最常见的养殖模式，是近几十年来国内外最普遍、最流行的养殖模式，是欧美、东南亚各国以及我国水产养殖所采用的主要模式，适合大多数水产动物的养殖。养殖水源取自海区、湖泊、河流、水库以及水井等。多数养殖用水从外界直接引入，直接排出，有的部分经过一些理化或生态处理重新回到养殖池，循环利用。比起开放式养殖系统，半封闭模式人工调控能力大大增强，因此养殖产量也比开放式模式高得多，而且稳定。其主要特点是：① 水温部分可控；② 人工投喂饲料，提高养殖密度；③ 水质、水量基本可控；④ 可增添增氧设施；⑤ 发生疾病在某种程度上可用药物治疗，敌害生物可设法排除；⑥ 投资较高，管理要求和难度较大；⑦ 养殖密度大，动物经常处于应激状态，容易诱发疾病，防治难度大。

1. 施肥

施肥是通过在养殖水体中人工添加营养盐（氮、磷）来繁殖浮游植物，增加水体初级生产力。对于一些直接滤食浮游生物的贝类和鱼类来说，等于投饵。即使养殖生物不能直接摄食浮游植物，通过浮游植物的繁殖，也可以转而促进浮游动物和底栖生物的繁殖，从而起到间接投饵的作用。施肥的另一效果是可以在一定程度上改善水质和水色。如果水体透明度太大，显示浮游生物密度低，营养盐不足。在水产养殖过程中，水色是一个十分重要的指标，它与透明度有关，但不完全，水色还反映了水中浮游生物的种类组成。一般以绿藻或硅藻为主的水色呈黄绿色或黄褐色，容易保持水环境稳定，而以蓝藻或甲藻为主的水色呈蓝绿色、深褐色，水质不稳定，极易发生水质剧变，影响养殖生物。

在一些开放性养殖系统中也可以适当施肥，如海带养殖，但由于水体流动性大，施肥效果较差。

肥料的来源可分为有机肥和无机肥。有机肥可以是鸡粪、牛粪、植物发酵甚至生活废水。有机肥的特点是成本低，废物利用，既能肥水，又解决部分污染物利用问题，而且有机肥的肥力持久，影响缓慢。但有机肥用量大，效果慢，需细菌、真菌等发酵，使用过程中有可能带来病毒、细菌等病原体；由于微生物分解会导致水中生物耗氧量（BOD）剧增，影响水质；另外，有机肥的使用会导致某些养殖产品口味变差。

无机肥通常有尿素、$NaNO_3$、CaH_2O_4、$(NH4)_2CO_3$、NH_4HCO_3 等。无机肥使用量小，效果快，适宜在生产上急于改变水质、水色，提升水的肥力所用。无机肥没有上述有机肥的一些缺点，但也有自身的不足。首先，是无机肥能迅速促使水中浮游植物的繁殖，如果使用不当，会导致浮游植物短期内大量繁殖，以致夜晚的 BOD 水平急剧上升至危险等级，因此无机肥的使用需要少量多次，视水质情况谨慎使用。其次，无机肥在费用上比有机肥要高些。

2　换水

池塘养殖的另一特点是需要换水，通过换水使养殖水体更新，提升水质。换水的主要作用是提高溶解氧水平；降低水中病原微生物的浓度；另外，根据池塘内外水质的差异，也可以部分调节池水温度、盐度、pH 值等。

换水方法通常是先排后进，也可以边排边进。如果是后者，则换水可以按如下公式计算：

$$T = -\ln(1-F) \times (V/R)$$

式中，T 为换水时间；F 为所换新水占总水体的比例；V 为养殖总水体；R 为进水速率（进水量 / 单位时间）。

此公式表示换取一定比例的水所需时间。若要表示在一定时间内换取一定比例的水，则进水流速为：

$$R = -\ln(1-F) \times (V/T)$$

3. 地址选择

半封闭系统养殖的场地选择取决于，养殖什么生物？如何进行养殖？根据地形地貌的不同，养殖池塘建设通常有筑坝式、挖掘式和跑道式（水道式、流水式）等。

场地选择首先考虑的是水源，包括水质和水量。如果水源不能持续供应，则应该有适当的措施，如蓄水池等。总之，水源相对紧缺的地区开展水产养殖，要综合考虑养殖用水对其他行业和居民生活的影响；而水源过于充足的地区同样会带来不利影响，如暴雨、洪水、融冰等都应加以考虑。对于半封闭养殖系统来说，排水也是一个十分重要的问题，尤其是处于水污染趋势越来越严重的今天。各地政府对于水产养殖排水都有不同的要求和政策，因此在开展生产之前，必须全面细致了解当地的有关政策条例，以便未来的生产能顺利进行。

场地选择另一个需要考虑的是养殖场所处的位置。交通、生活是否便利，能否顺利招收就业工人，该行业在当地的受重视程度，当地对水产养殖产品销售的税收政策，甚至养殖场的安全等，都能直接或间接影响水产养殖的正常开展。

池塘养殖的底质十分关键，应该是以泥为主，确保养殖池能存水，池水不会从堤坝或池底渗漏。因此在养殖池建设之前需要经过有经验的土壤分析师检测。另外，还应考虑土壤是否受到过污染，其析出物对养殖生物是否有害。当然考察当地自然栖息的水生生物也是评价是否适合水产养殖的直观、有效的方法。

鸟类等捕食者的侵害也是选址需要考虑的因素之一。有的地方（如海边），海鸥等鸟类常常成群盘旋在养殖池塘上空，一旦发现有食可捕，即会招来更多的同类。一些生物虽不会直接捕食养殖生物，却间接影响生产，如蛇、蟹类打洞，破坏堤坝，蛙类、龟类与养殖生物竞争池塘鱼类的养殖空间、氧气和食物。

4. 跑道式流水养殖模式

跑道式流水养殖是20世纪末欧美国家首先兴起的一种半封闭系统养殖模式。其特点是养殖池为矩形，宽度较窄，而长度较长，通常水深较浅，水在养殖池中快速通过，水从一端流进，从另一端流出。由于在该系统中的水流交换远高于普通池塘养殖，因此其单位产量也可以相对提高。但在这种流水式环境中，密度增加也是有限的，一旦生物在高密度养殖环境中，维持运动消耗的能量超过了用于其自身的增长，产量增长就达极限了。跑道式流水模式最初用于养殖鲑、鳟鱼类等对水质要求较高的鱼类，以后也普遍用于鲶鱼等其他品种，也可以养虾。流水系统的关键是流速，而流速取决于水温、养殖密度、投饵率等。理想状态是整个养殖系统通过水的不断流动能够自身保持洁净，但实际操作起来还是有困难的，因为过大的流速需要消耗大量电能，而且也会导致养殖生物处于应激状态。因此水流速度应该调整到水从养殖池一端流向另一端时，水质能基本稳定，尤其是到末端时，仍能达标。

流水式养殖优点还是很明显的，一是密度大，产量高；二是因为养殖面积较小，所以投喂、收获等管理较方便；三是池水浅，水流快，水质明显比池塘好，出现问题容易被发现和处理。

这一模式的缺点也很突出，就是维持又大又快的水流所导致的能耗费用。为解决水泵耗能问题，降低费用，设计了一种阶梯式流水养殖模式（图3-7）。将几个养殖池设计排成系列，形成阶梯式（瀑布式）落差，水从最高位池子进，利用重力作用，自然流到第二、第三及后面的池中。各个池子间的高度差取决于流水的速度以及养殖生物对水质的要求。落差越大，流速越快，但建设难度和成本也

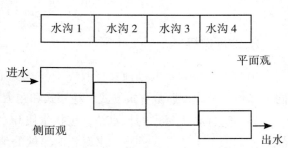

图3-7 阶梯式流水养殖模式示意图

资料来源：M.Landau,1991

越高。这种模式的主要弊端是水流经过一系列养殖池，越到后面的池子，水质越差。养殖密度越高，问题越严重，除非流速足够。另外，一旦一个养殖池发生疾病，整个系列池子都被波及，无法隔离。

与阶梯式流水模式不同的是平行式流水模式。所有跑道式养殖池平行排列，各自从同一进水管进水，排出的水又汇总至同一条排水管（图 3-8）。虽然进水总管的进水量相当大，但可以有效避免阶梯式流水模式的弊端。

还有一种称为圆形流水模式。它与上述两种模式的不同之处是水从养殖池流出后并不直接排出系统。而是在系统中循环较长一段时间。这种模式与圆形水槽相似，所不同的是流水式模式水较浅而已。它适宜养殖藻类，因为光合作用的需要，浅而且流水更适宜单细胞藻类的大规模养殖。这类养殖池的池壁通常用涂料刷成白色，更有利于池底部反光，增加水中光强。

图 3-8　平行式流水模式水产养殖池

跑道式流水养殖池一般用水泥建筑，也有用土构建的，但由于水流速度较大，池壁容易冲垮，因此如果用土构筑，最好用石块等加固池壁。木板、塑料、玻璃钢等材料也可以用，但规模较小，适宜在室内及实验室科学研究用。

还有一种流水式养殖模式称为垂直流水模式，在垂直置立的跑道式养殖池中间设置一根垂直进水管，水从顶部压入，接近底部时，从水管的筛网中溢出，带动池水从底部往上层运动，并从接近池顶部的水槽溢出。

5. 池塘养殖

池塘养殖是半封闭模式使用最广泛的一种。与跑道流水式养殖模式相比，池塘养殖换水要少得多，一般也较少循环使用。由于换水量小，缺少流动，容易导致缺氧。而且池塘水较深，在夏季养殖池塘水体可能分层，更容易造成底部缺氧，为此，池塘养殖一般需配备增氧机。

养殖池可以直接在平地挖掘修建，但更多的是筑坝建设。养殖池形状没有规定，任何形状的池塘都可以进行养殖。但一般都是建成长方形，长宽比例一般为（2 ~ 4）:1。长方形池塘建筑方便，不浪费土地。有些大型养殖池依地势而建，如某些海湾、山谷，只需筑 1 ~ 2 面坝就成了（类似于水库），可以降低建池费用。理想的养殖池，进水和排水都能利用水位差的重力作用自然进行，但在实际生产中，往往既充分利用重力作用，也配备水泵以弥补不足。多数是进水利用水泵，而排水则利用水位差自然排放。

养殖池深度各地相差较大，一般不低于 1.5 m，多数有效水深为 1.5 ~ 2 m，北方寒冷地区越冬池水深需要 2.5 m 以上。坝体主要由土、水泥、石块砌成。如果是土坝，则坝体须有（2 ~ 4）:1 的倾斜度（坡度），具体坡度依据土质结构稳定性来确定。若用石块、水泥建堤坝，则坝体可以垂直，以获得最大限度的养殖空间。池底也应有一定的倾斜度，以利于排水时，能将池中水排净。但倾斜度不宜过大，否则排水时，会因水流太急，冲走池底泥土。有的养殖池在排水口设有一个下凹的水槽，以利于在排水时收集鱼类等水产品。水槽不能太小，否则会导致过多的鱼虾集中在水槽中遭遇挤压或缺氧死亡。较大的养殖池底部一般会设置几条横直交叉、相互贯通的沟渠，也称底沟，以便于池水的最后阶段排干，以及排水后池底能迅速干燥，方便进行底部淤泥污染物清理整治。

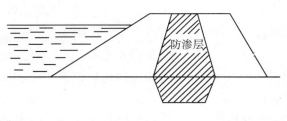

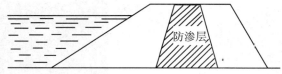

池坝高度一般不超过 4 ~ 5 m。池坝最重要的是牢固，能够承受池水对坝的压力，同时坝体要致密不渗水，因此建坝所用的泥土十分关键，最好采用具有较好黏性的土壤，而含砂石多的、富有有机质的泥土尽量不用。如果当地无法提供足够的黏性土壤，则必须在坝的中间部分建一个 15 ~ 20 cm 的防渗隔层（图

图 3-9　池塘堤坝防渗隔层示意图

资料来源：M.Landau,1991

3-9），以防止池水从池内渗透，甚至导致溃坝。防渗隔层常用水泥建筑。

如果养殖池较小，也可以直接在池坝内层和底部铺设塑料薄膜（复合聚乙烯塑胶地膜）（图3-10）。沿海一些沙滩区域由于缺少黏性泥土，常用此方法解决渗漏问题。但由于紫外线等原因，塑料薄膜的使用寿命较短，一般 2 ~ 3 年就需更换，加重了养殖成本。

坝体外层适宜植草覆盖，而不宜种树，以免树根生长破坏坝体。内层自然生长的水生植物一般对堤坝没有特别的影响，而对养殖生物则有一定的作用，如直接作为食物或作为隐蔽场所。但养殖池内水生植物过于茂盛就不利于养殖，影响产量，也不利于捕获，需要人工适当清除。池塘进排水的部位易受水的冲击，通常有护坡设施，如水泥预制板，砖石块，直接混凝土浇制，或者铺设防渗膜等，但护坡多少会影响池塘的自净功能，因此只要池塘不渗漏，护坡面积不应过大。

图 3-10　养殖池塘地膜铺设防渗漏

坝顶的宽度以养殖作业方便舒适为标准，一般要能允许卡车通行。坝顶的宽度与坝高也有关系，通常坝高 3 m 以内，坝顶宽 2.5 m 为宜，若坝高达 5 m，坝顶宽则需 3.5 m 以上。

一般池塘设有两个闸门，设置在池塘两端，一为进水，另一为排水。闸门的大小结构与池塘大小相关，池塘越大，闸门也越大（图 3-11）。开关进排水闸门可以达到利用水位

差进排水的目的。有的小型养殖池仅有一个排水口，用于排水和收获水产品。进水主要靠水泵。

图 3-11　进排水闸门

池塘整体布局根据地形不同，常有非字形、围字形等。与池塘整体布局相关的是进排水渠道的规划设计。应做到进排水渠道独立，进排水不会相互交叉污染（图 3-12）。养殖池规模大，根据需要进水渠可分进水总渠、干渠、支渠。进水渠道有明渠和暗渠之分。明渠一般为梯形结构，用石块、水泥预制板护坡。暗渠多用水泥管。渠道断面设计应充分考虑总体水流量和流速。渠道的坡度一般为：支渠 1/（500 ～ 1 000），干渠 1/（1 000 ～ 2 000），总渠 1/（2 000 ～ 3 000）。

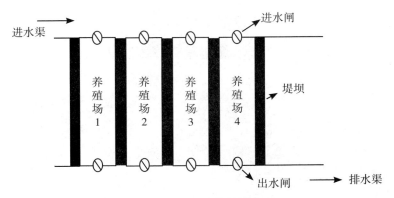

图 3-12　养殖池塘整体布局

排水渠道一般是明渠，也多采用水泥板等护坡，排水渠道要做到不积水，不冲蚀，排水畅通。因此，排水渠要设在养殖场的最低处，低于池底 30 cm 以上。

第三节 现代水产养殖全封闭系统

全封闭系统是指系统内养殖用水很少交换甚至不交换，而要进行不间断完全处理的养殖模式。这种模式的主要特点是：① 只要管理得当，养殖密度可以非常高。② 温度可以人工调节，这在半封闭系统中很难做到。③ 投饵及药物使用效率高。④ 捕食者和寄生虫可以完全防治，微生物疾病也大大减轻。⑤ 由于用水量很小，不受环境条件的影响，企业可以在任何其希望的地区一年四季开展生产，而且对周边生态环境影响极小。⑥ 由于能提供最佳生长环境，养殖动物生长速度快，个体整齐。⑦ 收获方便。

但是，这种模式的弊端也十分显著。首先，封闭系统的养殖用水需要循环重复使用，而且养殖密度极高，这就需要水处理系统功能十分强大、稳定，管理技术要求相当高，而且需要水泵使系统的水以较高速度运转循环；其次，是整个系统为养殖生物提供了一个最佳生活状态，但同时对于病原体来说，也同样获得最佳生活条件，一旦有病原体漏网，进入系统，就会迅速繁殖，形成危害而来不及救治；另外，整个系统依赖机械系统处理水，其设备投资和管理费用也相当昂贵（图3-13和图3-14）。所以尽管全封闭养殖模式理论上看很好，但实际应用受限非常大，不容易为中小企业所接受，更多地被一些不以追求经济效益为目的的科研院校实验室所使用。20世纪主要在欧美国家试行，并未得到真正生产意义上的应用。

图 3-13 封闭式养殖系统示意图

图 3-14 封闭式养殖系统

进入21世纪，我国北方沿海城市进行鲆鲽类养殖，由于养殖种类的生态习性的适应性及工程技术和管理技术的进步，这种全封闭系统才得到广泛普及，产生了很好的经济效益。当然很多企业的水处理系统仍跟不上要求，只好通过增加换水量来弥补，与严格意义上的全封闭系统尚有一定距离，但从环境和经济效益综合考虑，这又是比较合理的一种选择（图3-15和图3-16）。

图3-15　工厂化室内养殖系统（矩形水槽）　图3-16　工厂化室内养殖系统（圆形水槽）

全封闭系统的核心是水处理，如德国一个 50 m³ 的系统，真正用于养殖的水槽只有 6 m³，而其余 44 m³ 用于处理循环水，水在系统中的流速是 25 m³/s。6 m³ 养殖水槽可容纳 1.5 吨的鱼，半年内，可将 10 g 的鲤鱼养到 500 g，年产量可达 8～9 吨。上海海洋大学一个 50 m³ 的系统养殖多宝鱼，一年可养殖两茬，产量可达 10～20 吨。山东省大菱鲆的养殖密度可达 40 kg/m²，一般幼鱼放养 80～150 尾/m²，成鱼放养 20～30 尾/m²，生长速度一年达 1 kg。

全封闭系统是在水槽中进行的，无论是养殖还是水处理。水槽通常用水泥、塑料或木头制造。每一种材料都有各自的优缺点。

1. 水泥：坚固耐用，可以建成各种大小、形状，表面很容易处理光滑。缺点是不易搬动，一般只能固定在某一位置。

2. 木头：木质水槽操作方便，体轻容易搬动，但不够坚固，抗水压能力差，体积越大，越容易损坏，一般需要在外层用铁圈加固。由于常年处在潮湿环境，木头容易腐烂，因此需要用环氧树脂、纤维玻璃树脂等涂刷，以增加牢固性，防止出现裂缝渗漏。

3. 塑料：一般用的是高分子聚合物，如纤维玻璃、有机玻璃、聚乙烯、聚丙烯等材料。这些材料制成的水槽轻便、牢固，所以被广泛采用（图3-17）。

图3-17　塑料养殖水槽

水槽的形状一般多为圆柱形（水泥槽/池多为长方形），也有的是圆锥形。平底水槽使用较多，可以随意放置在平地上，而圆锥形水槽需要有架子安放。锥形水槽的优点是，养殖时产生的废物会集中在底部很小区域，便于清理。圆形水槽中水的流速、循环和混合都比长方形的好。圆形水槽另一个优点是鱼类（尤其是刚放养的）不会聚集在某一个区域，造成挤压或导致局部缺氧。而长方形水槽的优点是比较容易建造，且安放时比较节约地方。因此，水泥水槽大多建成长方形或圆形。

封闭系统的进排水系统基本都采用塑料管，通常进水管在水槽上方，排水管在下方，也可以根据整体安放需要都安置在下方或上方，每个水槽进水都通过独立水阀调节。有的在水槽中央设置一根垂直水管，水从顶部进入，到中部或底部通过小孔溢出，有助于水的充分混合。

第四节　非传统养殖系统

除上述三种养殖系统外，在实际生产过程中，根据不同地理环境、气候因素以及投资状况会有许多改进和创新。这些创新和改进往往能够带来意想不到的养殖效果和经济效益。

1. 暖房

暖房的主要功能是为生产者在室内提供充足的光线和温度，尤其在高纬度地区。早期暖房主要用于农业栽培，后被广泛应用于水产养殖。我国最早用于水产养殖的暖房是20世纪50年代在青岛设计建造的，用于海带育苗。以后在虾、扇贝和鱼类育苗中迅速推广使用，除培育动物幼体外，暖房的另一重要功能是培养单细胞藻类，由于暖房内光线充足，且不是直射光，特别适合培养藻类。对于鱼、虾、贝类（尤其是后者）育苗过程中需要培养单细胞藻类的厂家，暖房是必不可少的（图3-18和图3-19）。近年来暖房也逐步用于对水产动物的成体养殖，鱼、虾、蟹类都有。这种暖房的利用更多的是保温和防止外界风雨的干扰，采光还在其次。有的厂家把暖房的水产养殖与农业结合起来，利用水产养殖废水来培育蔬菜水果（生菜、西红柿、草莓等），降低水中氨氮和硝酸氮的含量，成为一种小环境的生态养殖。

图3-18　水产养殖暖房（一）　　图3-19　水产养殖暖房（二）

暖房的设计一般为东西走向，这样在冬天太阳偏低的情况下可以尽可能接受更多、更均匀的光照。但如果在一个面积有限的厂区内建设好几个暖房，则应该采取南北走向，以避免相邻的暖房相互遮光。有的厂家根据需要仅建半边暖房，这样就必须是东西走向，采光区朝南，而且屋顶倾斜度需要大一些，有助于冬天太阳较低时，光线能够垂直照射到采光区，因为太阳光在垂直照射时穿透率最大。

早期农业暖房的采光材料是玻璃，而水产养殖对此进行了较大改进，逐步使用塑料膜覆盖整个暖房屋顶。塑料膜成分有聚酯薄膜、维尼龙、聚乙烯等，尤其以聚乙稀使用最广。它的优点就是价格便宜，安装方便，容易替换，但是聚乙烯材料使用寿命较短，长时间被太阳照射后透光率降低，容易发脆，破裂。

为了暖房牢固，增强保温效果，顶部塑料膜可以盖两层，这样两层薄膜之间会形成一个空气隔离层。隔离层可以通过低压空气压缩机将空气充入形成。空气隔离层的厚度可在1.5 ~ 7 cm，太薄则隔离效果差，太厚会在空气层内部形成气流，同样降低效果。

用硬透明瓦覆盖也是普遍使用的暖房，它比塑料薄膜覆盖更牢固，使用寿命也较长。适用于沿海风大的地区，且长期生产的厂家。透明瓦的材料有丙烯酸酯、PVC、聚碳酸酯等，用得最多的还是纤维玻璃加固塑料（Fiberglass Reinforce Plastic，FRP）。FRP可以用于框架式建筑上，比塑料薄膜和玻璃都要牢固，透光性能也很好，抗紫外线，使用寿命在5 ~ 20年。缺点是易受腐蚀，表面粗糙，积灰尘，降低透光率。

有些暖房尤其是低纬度地区的暖房，仅利用太阳能来加热养殖用水，或者在室内存储一大池子水作为热源。但很多高纬度地区的养殖一般都有专门的加热系统，或者低压水暖，或高压气暖。当阳光过于强烈，暖房也可能变得太热，要适当降温，一般采取的比较简单的方法就是安装风扇加强室内外空气流通。另外，可以在室内屋顶下加盖一层水平黑布帘，阻挡太阳光的照射。暖房内还需要具备额外的光源，以便在晚间、阴天等时段可以提供必要的光照。

2. 热废水利用

水产动物都有一个最佳生长温度，在此温度条件下，动物可以将从外界获取的能量最大限度地用于组织生长。对于冷血动物，温度尤为重要，因为其机体内部缺少调节体内温度的机制，温度低于适宜条件，生长就减缓或停止；温度超过适宜条件，生长同样受限，甚至停止生命活动，包括摄食。只有在环境、水温接近最佳温度条件，水产动物才能生长得既快又好。

要想始终保持养殖水体温度在最佳状态，需要有一个不断工作的加温系统，消耗大量能源，所需费用也相当高，而热废水利用恰好可以提供免费能源。

热电厂因为需要冷却设备通常会产出大量热废水，这类热废水经过一些转换装置就可以用于加热养殖用水。据估算，占美国全国所消耗能源总量的3%是以热废水形式给排放了。另外，有些地区存在的地质热泉也可以用于水产养殖，延长养殖季节。需要注意的是，热废水来源有时不够稳定，常常是夏季养殖系统不需要额外热源的时候，热废水产生的最多，而需要量大的时候，又不足。地质热泉相对稳定些。

热废水的利用方式通常有如下两种。

（1）将网箱或浮筏直接安置在热废水流经的水域。如美国长岛湾利用热电厂排出的热废水养殖牡蛎，其成熟时间比周围地区快了1.5 ~ 2.5年，该养殖区域的水温比周围正常海区高了近11℃。

（2）将热废水以一定的速率泵入养殖池、水槽、流水式跑道，维持适宜的养殖水温。在美国特拉华河附近的养殖场，利用火力发电厂排出的热废水，在冬季 6 个月可以把 40 g 左右的鲑鱼养到约 300 g，成活率达 80%。

热废水利用在北欧如芬兰、挪威等国家更显经济效益，因为这些国家的冬天漫长，太阳能的利用受限。如芬兰一家核电厂附近的养殖场，利用核电厂排出的热废水养殖大西洋鲑的稚幼鱼，可以提前一年将稚鱼养殖到放流规格的幼鱼，从而缩短了养殖期，提高了回捕率。

3. 植物、动物和人类生活废物利用

对一些植物、动物和人类废弃物加以综合利用，对于农业和水产养殖也是一种共赢，在当今倡导低碳社会、节约资源的氛围中，尤其值得大力提倡。能被水产养殖所利用的所谓废弃物主要指有机废物，如砍割的草木，猪、牛、羊粪便，人类生活污水等。这些物质通常含有很高的氮、磷以及其他营养物质，如维生素等。世界各地的城市每天都在产出大量的有机废物。如印度的城市，每天产出有机废物 4.4×10^4 吨，如果加以循环利用，每年可以产出 8.4×10^4 吨氮，3.5×10^4 吨磷。

如果有机废物经过自然界细菌和真菌的分解，转化为营养物质流入环境中，被植物吸收，而生长的植物被用于投喂水产动物，则既可以降低水产养殖成本，又能改善环境，是一种持续性发展思路。其中最有前景的是人类生活污水的利用。即利用生活污水来培养藻类，然后养殖一些过滤性贝类如牡蛎、贻贝，既处理了生活污水，又获得了水产品。有实验表明，用人工配制的营养盐培养的藻类和用生活污水培养的藻类去投喂三种贝类，结果发现彼此生长没有明显区别。结果看似简单也很诱人，其实这中间存在着许多科学的、经济的以及社会问题。比如我国，养殖场的规模都很小，而城市污水排量又如此巨大，彼此不匹配。尽管如此，相关研究仍在进行，人们对此仍抱有期望。

利用废弃物尤其是人类生活废弃物，主要问题还在于它们的富营养性不是水产养殖所能吸收消化的。这些物质中或多或少地带有有机或无机污染成分，甚至一些病原体，直接危害养殖生物或间接影响消费者。有实验证明，将颗粒饵料中混入活化的淤泥并投喂鲑鱼，发现鲑鱼各组织中的重金属成分显著增加。虽然无机或有机污染物在水产品中的累积部位主要是脂质器官和血液，这些部位一般在吃之前都已去除了，但是对于污染保持高度警惕还是必须的。

水产养殖对于废弃物的利用其终极目的不仅局限于为人类提供食品，另一重要作用是可以通过水生生物消除城市生活污水中富含的营养物质，从而防止沿海、湖泊的富营养化现象的发生。美国伍兹霍尔海洋研究所曾设计了一个利用水产养殖进行污水净化的系统，首先让生活废水与海水混合培养浮游植物，再将浮游植物投喂牡蛎，然后用牡蛎养殖区的海水养殖一种海藻角叉菜，结果是：95% 的无机氮被浮游植物消耗，85% 的浮游植物被牡蛎摄食。牡蛎虽然也产生一定量的氮回到系统中，但最后全部被海藻利用。该系统对氮的去除率达 95%，磷的去除率为 45% ～ 60%。美国佛罗里达滨海海洋研究所也做了类似的实验，只是最后一步所用的是另外两种海藻：江蓠，提取琼脂的原料；沙菜，富含卡拉胶。结果每天收获的海藻可以提取琼脂和卡拉胶干品 12 ～ 17 g。

　　开放式养殖系统是最古老但至今仍应用最广泛的养殖模式之一。开放系统一般位于近海沿岸、海湾、湖泊等地，依靠自然水流带来溶解氧和饵料，并带走养殖废物。牡蛎、贻贝等双壳贝类可以通过围网防止捕食者而提高产量，也可以将其悬挂在水中脱离地面而躲避捕食者侵袭，同时还充分立体利用养殖水体。悬挂式养殖有筏式、绳式、架式、笼式、网箱式等，既可以养殖贝类，也可以养殖大型海藻、鱼类、甲壳类等水生生物。其中，网箱养殖需要人工投饵，投资和管理水平要求高，产量也高。

　　半封闭养殖系统是主要水产养殖模式，可分为池塘养殖和跑道流水式养殖。水从外界引入系统后又被排出。流水养殖池一般由水泥建筑而成，池形窄而长，池水浅，水的流速快，交换量大。池塘养殖池一般由土修建，多数高于地面，其水交换量比流水式小得多，因此需要建筑高质量的土坝贮水，不使其渗漏干塘，建筑所用泥土以及建筑方法都需有专业人参与。半封闭养殖放养密度比开放式高得多，部分养殖条件人工可控，因此产量也高得多，稳定得多，但投资和管理技术要求也相对提高。池塘养殖有时可以通过施肥提高产量。

　　全封闭系统的养殖特点是水始终处于交换流动过程中，水质条件基本处于完全人工控制状态，所以养殖密度极高。全封闭系统的建设投资很高，系统运行管理要求精心细致。目前这种养殖模式还不是水产养殖的主流。

　　非传统养殖模式因地制宜而建，因此养殖效益很好。暖房可以为水产动物苗种培育提供阳光和热量。工厂废热水和地质热泉可以为养殖设施提供廉价或免费的热能，加快水产动物生长发育。一些有机废弃物和生活污水可以通过水产养殖环节使氮、磷得到有效利用，降低对环境的污染。

第四章　现代水产苗种培育设施创新研究

第一节　水产苗种场的选址及规划设计研究

1. 水产苗种场的选址

为了实现稳定、高效、大规模地进行苗种培育，在选择繁育场址时，应首先对候选地点的各种条件进行充分的调查。育苗场址的选择非常重要。总的原则是要利于大规模生产，易于建设，节约投资。因此，在选择繁育场址时，应考虑到以下方面。

1.1 地理条件。靠近江河湖海、地势相对平坦，最好在避风内湾有一定高度的地方，便于取水和排水，方向宜坐北朝南。

1.2 水质状况。能够抽取到水质良好的海水或淡水，水质无污染，无工厂废水排入，远离码头、密集生活区，水质符合渔业用水标准。若是海水种类的苗种培育场，周年盐度相对稳定，受江河水流影响小，悬浊物少等；同时要有充足的淡水水源，以解决生活用水、苗种淡化等用水。

1.3 交通运输。交通要方便，不仅有利于建场时的材料运输，而且有利于建场后苗种生产中饵料、材料的运进及苗种的进出等。

1.4 电力设备。必须有充足和持续的电力供应，除有配电供应外，还需自备发电设备，以备停电时应急使用。

1.5 其他。需考虑周边人力资源、贸易状况、人文、治安环境等因素。

2. 育苗场的规划设计

育苗场选好建场地址后，要做一个规划或方案设计。首先要确定生产规模，也就是需要确定育苗水体。以对虾育苗场为例，一般培育 1 cm 以上虾苗的实际水体平均密度为（5~10）$/10^4$。育苗场可依此标准，根据计划育苗量计算虾苗培育池总水体，再根据拟定的育苗池水深计算出池子的面积，由这个面积数，按照对虾育苗室建筑面积利用率 80% 左右的比例，可以计算出育苗室总建筑面积。至于饵料培养室的水体、面积，可以根据育苗池的情况相应地按比例进行匹配，育苗池、动物性饵料池、植物性饵料池水体比以 1 ： 0.1 ： 0.2 为宜。一般育苗场的设计规模分大、中、小三类，育苗水体在 2 000 m^3 以上的为大型，1 000 ~ 2 000 m^3 为中型，500 ~ 1 000 m^3 为小型。因育苗的种类、育苗企业的经济实力的不同，育苗场的设施及布局也有差异，应尽可能结合当地的具体情况，设计出效率高、造价低的育苗场。在设计生产规模时，一定要考虑多品种生产的兼容性。

育苗场的设计配套合理与否，将直接影响将来苗种的生产能力以及建场后的经济效益。因此，育苗场的总体布局，要根据场地的实际地形、地质等客观因素来确定。总体布局要尽量合理适宜，应符合生产工艺要求，需考虑包括水、饵、苗、电、热、气等几大系统，流程要尽量利用高差自流，各类水、电、气、热、饵等管线要力争布局简捷。总体布局要一次规划，但可分期实施，绝不能边建边想逐年扩建，导致破坏总体布局的合理性，使操作工序烦琐。设计育苗场各建筑物和构筑物的平面布局主要原则如下。

2.1 育苗室与动、植物饵料培育室相邻布置；水质分析及生物监测室应与育苗室设在一起，并应设在当地育苗季节最大频率风向的上风侧。

2.2 锅炉房及鼓风机房适当远离育苗室，并处于最大频率风向的下风侧。

2.3 变配电室应单独布置，并尽量靠近用电负荷最大的设备。

2.4 水泵房、蓄水池和沉淀池相邻布置在取水口附近。

2.5 需要设预热池时，应靠近锅炉房及育苗室。

2.6 各建筑物、构筑物之间的间距应符合防火间距要求，即根据建筑物的耐火等级，按照《工业与民用建筑防火规范》的有关规定执行。

2.7 场区交通间距应符合规定，即各建筑物之间的间距应大于 6 m，分开建设的育苗室和饵料培育室的间距应大于 8 m，育苗室四周应留出 5 吨卡车的通行空间。

2.8 育苗场应利用地形高差，从高到低按沉淀池、饵料培育室、育苗室的顺序布置，以形成自流式的供水系统，育苗室最低排污口的标高应高于当地育苗期间最高潮位 0.5 m。

根据水产苗种生产的工艺流程，苗种生产的主要设施应包括供水系统、供电系统、供气系统、供热系统、育苗车间及其他附属设施和器具等。图 4-1 和图 4-2 分别显示了两个对虾苗种培育场的整体布局。其他如蟹类或贝类育苗场基本布局与此大同小异，可以相互参考。

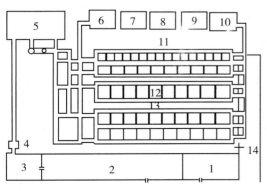

图 4-1 对虾苗种培育场的整体布局

资料来源：王克行，2008

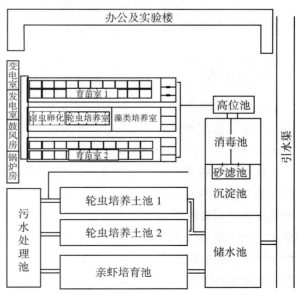

图 4-2 对虾苗种培育场的整体布局

资料来源：王克行，2008

第二节 现代水产养殖供水系统

供水系统是水产苗种培育场最重要的系统之一。一般来讲，完整的供水系统包括取水口、蓄水池、沉淀池、砂滤池、高位池（水塔）、水泵和管道及排水设施等。

1. 取水口

苗种场取水口的设置有讲究。对于淡水水源，一般设在江河的上游或湖泊的上风口端；对于海水水源，则根据地形和潮汐流向，设置在潮流的上游端。而将育苗场的排水口设置在下游端或下风口端。由于陆地径流及降雨潮汐的影响，取水口一般离岸边有一定的距离，且最好在水体中层取水。对于海水水源，取水口的位置应设在最低低潮线下 3 ~ 6 m 为宜。如果底质是砂质，最好用埋管取水的方法（图 4-3），或是在高潮线附近挖井，用水泵从井中抽水，这样不仅能获得清新优质的海水，而且还有过滤作用，这样可以节省后续过滤设施的规模。若中高潮线淤泥较多，则可用栈桥式方法取水（图 4-4）。

图 4-3　埋管式取水　　　　图 4-4　栈桥式取水

2. 蓄水池

在水源水质易波动或长时间大量取水有困难的育苗场，一般应建一个大的蓄水池，起蓄水和初步沉淀两大作用，可以防止在育苗期因某种原因短期无法从水源地获得足够优良水质的困境出现。

蓄水池一般为土池，且要求有效水位深，最好在 2.5 m 以上，且塘底淤泥少。蓄水池在使用前要进行清池消毒，清池消毒一般在冬季进行。消毒的药物最好采用生石灰和漂白粉，剂量通常比常规池塘消毒的浓度要大一些。采用干法清塘时，生石灰的用量为 1 500 kg/hm²，带水清塘时生石灰用量为 2 000 ~ 3 000 kg/（hm²·m）。蓄水池在清塘消毒后最好在开春前蓄纳冬水，因为寒冬腊月时节，水温低，水体中浮游生物及微生物少，蓄水后水质不容易老。在春季水温回暖后，浮游植物和微生物容易滋生。此时水产动物苗种培育场的淡水蓄水池可以在池塘近岸移栽一些金鱼藻、伊乐藻等沉水植物及菖蒲等水生维管束植物，而海水蓄水池中可以栽培少量江蓠等大型海藻，以净化水质。研究表明，通常沉水植物（湿重）可脱 80 g 氮，

21 g 磷。其中尤以伊乐藻的去氮能力强，但需要指出的是，伊乐藻在水温达到 30℃后，藻体会枯萎，此时若育苗场还在生产，蓄水池若还起蓄水作用，则应在其枯萎前移去。

蓄水池的容量不应小于育苗场日最大用水量的 10 ~ 20 倍。确无条件或因投资太大可不设蓄水池，但需要加大沉淀池的容量。

3. 沉淀池

标准的育苗场应设沉淀池，数量不能少于两个。当高差可利用时，沉淀池应建在地势高的位置，并可替代高位水池。沉淀池的容水量一般应为育苗总水体日最大用水量的 2 ~ 3 倍，池壁应坚固，石砌或钢筋混凝土结构；池顶加盖，使池内暗光；池底设排污口，接近顶盖处设溢水口。海水经 24 h 暗沉淀后用水泵提入砂滤池或高位池。

4. 砂滤池

对于贝类育苗生产，砂滤池是非常重要的水处理设施。对于一些蓄水池或沉淀池体积相对不足甚至缺失的苗场，砂滤池也是非常重要的水处理设施。砂滤池的作用是除去水体中悬浮颗粒和微小生物。砂滤池由若干层大小不同的沙和砾石组成，水借助重力作用通过砂滤池。砂滤池的大小、规格各育苗场很不一致，其中以长、宽为 1 ~ 5 m，高 1.5 ~ 2 m，2 ~ 6 个池平行排列组成一套的设计较为理想。砂滤池底部有出水管，其上为一块 5 cm 厚的木质或水泥筛板，筛板上密布孔径大小为 2 cm 的筛孔。筛板上铺一层网目为 1 ~ 2 mm 的胶丝网布，上铺大小为 2.5 ~ 3.5 cm 的碎石，层厚 5 ~ 8 cm。碎石层上铺一层网目为 1 mm 的胶丝网布，上铺 8 ~ 10 cm 层厚、3 ~ 4 mm 直径的粗砂。粗砂层上铺 2 ~ 3 层网目小于 100 μm 的筛绢，上铺直径为 0.1 mm 的细砂，层厚 60 ~ 80 cm。砂滤池是靠水自身的重力通过砂滤层的，当砂滤池表面杂物较多，过滤能力下降时过滤速度慢，必须经常更换带有生物或碎块的表层细砂。带有反冲系统的砂滤池可开启开关进行反冲洗，使过滤池恢复过滤功能。图 4-5 为某育苗场的反冲式过滤塔结构。

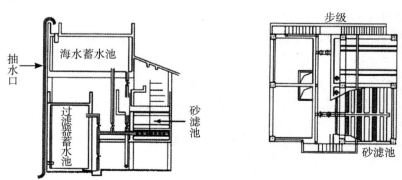

图 4-5　反冲式海水过滤塔剖面及平面结构

由于砂滤池占地面积大，结构笨重，现在市场上已有多种型号、规格的压力滤器销售，育苗场可根据用水需要选购，压力滤器主要有砂滤罐和陶瓷过滤罐。

砂滤罐由钢板焊接或钢筋混凝土筑成，内部过滤层次与砂滤池基本一致。自筛板向上依次为卵石（$\Phi5$ cm）、石子（$\Phi2 \sim 3$ cm）、小石子（$\Phi0.5 \sim 1$ cm）、砂粒（$\Phi3 \sim 4$ mm）、粗砂（$\Phi1 \sim 2$ mm）、细砂（$\Phi0.5$ mm）和细面砂（$\Phi0.25$ mm）。其中细砂和细面砂层的厚度为 $20 \sim 30$ cm，其余各层的厚度为 5 cm。砂滤罐属封闭型系统，水在较大的压力下过滤，效率较高，每平方米的过滤面积每小时流量约 20 m^3，还可以用反冲法清洗砂层而无须经常更换细砂。国外也有采用砂真空过滤，或硅藻土过滤。

砂滤装置中因细砂间的空隙较大，一般 15 μm 以下的微生物无法除去，还不符合海藻育苗及微藻培养用水的要求，必须用陶瓷过滤罐进行第二次过滤。陶瓷过滤罐是用硅藻土烧制而成的空心陶制滤棒过滤的，能滤除原生动物和细菌，其工作压力为 $1 \sim 2$ kg/cm^2，因此需要有 10 m 以上的高位水槽向过滤罐供水，或者用水泵加压过滤。过滤罐使用一段时间水流不太畅通时，要拆开清洗，把过滤棒拆下，换上备用的过滤棒。把换下来的过滤棒放在水中，用细水砂纸把黏附在棒上的浮泥、杂质擦洗掉，用水冲净，晒干，供下次更换使用。使用时应注意防止过滤棒破裂，安装不严、拆洗时过滤棒及罐内部冲洗消毒不彻底均会造成污染。在正常情况下，经陶瓷过滤罐过滤的水符合微藻培养用水的要求。

5. 高位池（水塔）

高位水池可作为水塔使用，利用水位差自动供水，使进入育苗池的水流稳定、操作方便，又可使海水进一步起到沉淀的作用。有条件建造大容量高位水池的，高位池的容积应为育苗总水体的 1/4 左右，可分几个池轮流使用，每个池约 50 m^3，深为 $2 \sim 3$ m，既能更好地发挥沉淀作用，又便于清刷。

6. 水泵及管道

根据吸程和扬程及供水流量大小合理选用水泵，从水源中最先取水的一级水泵，其流量以中等为宜，其数量不少于两台，需要建水泵房的可选用离心泵；由沉淀池或砂滤池向高位池提水的水泵可以使用潜水泵，从而省去建泵房的费用。输水管道严禁使用镀锌钢管，宜使用无毒聚氯乙烯硬管、钢管、铸铁管、水泥管或其他无毒耐腐蚀管材。水泵、阀门等部件若含铝、锌等重金属或其他有毒物质，一律不能使用。管道一般采用聚氯乙烯、聚乙烯管，管道口径根据用水量确定，管道用法兰盘连接，以便维修。对抽水扬程较高的育苗场，水泵的出水管道直径最好是进水管道直径的 2 倍，以减少出水阻力，保证水泵功率更好地发挥。

7. 排水设施

排水系统要按照地形高程统一规划，进水有保证，排水能通畅。要特别注意总排水渠底高程这一基准，防止出现苗池排水不尽，排水渠水倒灌的现象。排水设施有明沟或埋设水泥管道两种形式。生产及生活用水的管道应分开设置，生活用水用市政自来水或自建水源。厂区排水系统的布置应符合以下要求。

7.1 育苗池排水应与厂区雨水、污水排水管（沟）分开设置。

7.2 目前大多育苗场是直排，没有经过水处理。为了减少自身污染，特别是防止病原体的扩散，育苗场应该建设废水处理设施，排出水的水质应符合国家有关部门规定的排放要求，达不到要求的要经处理达标后才能排放。

7.3 场区排水口应设在远离进水口的涨潮潮流的下方。

上述供水系统中，某些水处理模块可依据生产实际进行适当的调增和删减。如对于对虾育苗场，在自然海区的浮游植物种类组成适于做对虾幼体饵料的地区，经 150 ~ 200 目筛绢网滤入沉淀池的海水即可作为育苗用水。在敌害生物较多、水质较混浊的地区，以及采用单细胞培养工艺的育苗厂可设置砂滤池、砂滤井、砂滤罐等，海水经沉淀、砂滤后再入育苗池。培养植物饵料用水需用药物进行消毒处理，需要建两个消毒池，两池总容水量可为植物饵料培养池水体的 1/3。为杀灭水源中的病原微生物，也可通过臭氧器或紫外线消毒设备氧化或杀死水中的细菌和其他病原体，达到消毒的目的。对于一些不在河口地区的罗氏沼虾育苗场，其水处理系统中还需有配水池，内地罗氏沼虾育苗场还需配有盐卤贮存池等。

第三节　现代水产养殖供电系统

大型育苗场需要同时供应 220 V 的民用电和 380 V 的动力用电。供电与照明设施变配电室应设在全场的负荷中心。由于育苗场系季节性生产，应做到合理用电，减少损耗，宜采用两台节能变压器，根据用电负荷的大小分别投入运行。在电网供电无绝对把握情况下，必须自备发电机组，其功率大小根据重点用电设备的容量确定，备用发电机组应单独设置，发电机组的配电屏与低压总配电屏必须设有连锁装置，并有明显的离合表示。生产和生活用电应分别装表计量。由于厂房内比较潮湿，所以电器设备均应采用防水、防潮式。

发电机组成本较高，对于一些电源供应基本稳定，但有可能短时间（1 ~ 2 小时）临时或突然断电的地区，为保证高密度生物的氧气供应，也可通过备用柴油发动机，紧急情况时带动鼓风机运转来应急。

照明和采光一般用瓷防水灯具或密封式荧光灯具。育苗室及动物性饵料室配备一般照明条件即可；植物性饵料室要提供补充光源，可采用密封式荧光灯具，也可采用碘钨灯，但室内通风要良好。

第四节　现代水产养殖供气系统

育苗期间，为了提高培育密度，充分利用水体，亲体培育池、育苗池和动植物饵料池等均需设充气设备。供气系统应包括充气机、送气管道、散气石或散气管。

1. 充气机

供气系统的主要充气设备为鼓风机或充气机。鼓风机供气能力每分钟达到育苗总水体的 1.5% ~ 2.5%。为灵活调节送气量，可选用不同风量的鼓风机组成鼓风机组，分别或同时充气。同一鼓风机组的鼓风机，风压必须一致。

鼓风机的型号可选用定容式低噪声鼓风机、罗茨鼓风机或离心鼓风机。罗茨鼓风机风量大，风压稳定，气体不含油污，适合育苗场使用，但噪声较大。在选用鼓风机时要注意风压与池水深度之间的关系，一般水深在 1.5 ~ 1.8 m 的水池，风压应为 3 500 ~ 5 000 mm 水柱；水深在 1.0 ~ 1.4 m 水池，风压应为 3 000 ~ 3 500 mm 水柱。鼓风机的容量可按下列公式计算：

$$V_Q=0.02（V_z+V_b）+0.015V_{zh}$$

式中：X_Q 为鼓风机的容量（m^3/min）；V_z 为育苗池有效水体总容积（m^3）；V_b 为动物饵料培养池有效水体总容积（m^3）；V_{zh} 为植物饵料培养池有效水体总容积（m^3）。

若使用噪声较大的罗茨鼓风机，吸风口和出风口均应设置消音装置。应以钢管（加铸铁阀门）连接鼓风机与集气管。集气管最好为圆柱形，水平放置，必须能承受 24.5 N 的压力。集气管上应安装压力表和安全阀，管体外应包减震、吸音材料。

2. 送气管道

与风机集气管相连的为主送气管道。主送气管道进入育苗车间后分成几路充气分管。充气主管及充气分管应采用无毒聚氯乙烯硬管。充气分管又可分为一级充气分管和二级充气分管。一级充气分管负责多个池子的供气；二级充气分管只负责一个池子的供气。通向育苗池内的充气支管为塑料软管。主送气管的常用口径为 12 ~ 18 cm，一级充气分管常用口径为 6 ~ 9 cm，二级充气管的常用口径为 3 ~ 5 cm。充气支管的口径为 0.6 ~ 1.0 cm。

3. 散气石或散气管

通向育苗池的充气管为塑料软管，管的末端装散气石，每支充气管最好有阀门调节气量；散气石呈圆筒状，多用200 ~ 400号金刚砂制成的砂轮气石，长为 5 ~ 10 cm，直径为 2 ~ 3 cm。等深的育苗池所用散气石型号必须一致，以使出气均匀，每平方米池底可设散气石 1.5 ~ 2.0 个。另一种散气装置为散气排管，是在无毒聚氯乙烯硬管上钻孔径为 0.5 ~ 0.8 mm 的许多小孔而制成的，管径为 1.0 ~ 1.5 cm，管两侧每隔 5 ~ 10 cm 交叉钻孔，各散气管间距约为 0.5 ~ 0.8m，全部小孔的截面积应小于鼓风机出气管截面积的 20%。

第五节　现代水产养殖供热系统

工厂化育苗的关键技术之一就是育苗期水温的调控，使之在育苗动物繁殖期最适宜的温度范围内。因此，供热系统是必不可少的。

加温的方式可分为 3 种：① 在各池中设置加热管道，直接加热池内水；② 向预热池集中加热水，各池中加热管只起保温或辅助加热作用；③ 利用预热池和配水装置将池水调至需要温度。目前，多数育苗场采用第一种增温方式。

根据各地区气候及能源状况的不同，应因地制宜选择增温的热源。一般使用锅炉蒸汽为增温热源，也可利用其他热源，如电热、工厂预热、地热水或太阳能等。利用锅炉蒸汽增温，每 1 000 m³ 水体用蒸发量为 1t/h 的锅炉，蒸汽经过水池中加热钢管（严禁使用镀锌管）使水温上升。蒸汽锅炉具有加热快、管道省的优点，但缺点是价格高、要求安全性强、压力高、煤耗大等。因此，有些育苗场用热水锅炉增温，具有投资省、技术要求容易达到、管道系统好处理、升温时间易控制、保温性能好并且节约能源等优点。小型育苗设施或电价较低的地方用电热器加热，每立方水体约需容量 0.5 kw。有条件的单位可以利用太阳能作为补充热源。

用锅炉蒸汽作为热源，是将蒸汽通入池中安装的钢管从而加热水，大约每立方水体配 0.16 m² 的钢管表面积，每小时可升温 1℃ ~ 5℃。钢管的材质及安装要求如下。

1. 加热钢管应采用无缝钢管、焊接钢管，严禁使用镀锌钢管。

2. 加热钢管室外部分宜铺设在地沟内，管外壁应设保温层，管直段较长时应按《供暖通风设计手册》设置伸缩器。

3. 加热钢管在入池前及出池后均应设阀门控制汽量。

4. 加热钢管在池内宜环形布置，离开池壁和池底 30 cm。

5. 为保证供汽，必须正确安装回水装置，及时排放冷凝水并防止蒸汽外溢。

6. 为防止海水腐蚀加热钢管，应对管表面进行防腐处理，可在管表面涂上防腐能力强、传热性能好、耐高温、不散发对幼体有毒害物质的防腐涂料。如在管表面涂上 F-3 涂料，防腐效果及耐温性好，对生物无毒害，可在水产生产上使用。

向各池输送蒸汽的管道宜置于走道盖板下的排水沟内，把汽管、水管埋于池壁之中再通入各池，这样池内空间无架空穿串的管道，观感舒畅。

第六节　其他辅助设施

规范的育苗场除了上述提及的系统外，一般还需要有如下一些辅助设施。

1. 育苗工具

育苗工具多种多样，有运送亲本的帆布桶、饲养亲本的暂养箱、供亲本产卵孵化的网箱和网箱架、检查幼体的取样器、换水用的滤水网和虹吸管、水泵及各种水管，还有塑料桶、水勺、抄网以及清污用的板刷、竹扫帚等，都是日常管理中不可缺少的用具。育苗工具使用时也不能疏忽大意。用前不清洗消毒，使用中互相串池，用后又乱丢乱放，是育苗池产生污染，导致病害发生和蔓延的原因之一。

育苗工具并非新的都比旧的好，新的未经处理，有时反而有害，尤其是木制的（如网箱架）

和橡胶用品（橡皮管），如在使用之前不经过长时间浸泡就会对幼体产生毒害。为清除一切可能引起水质污染和产生毒害的因素，在使用时应注意以下几点。

1.1 新制的橡胶管、PVC制品和木质网箱架等，在未经彻底浸泡前不要轻易地与育苗池水接触。

1.2 金属制作的工具，特别是铜、锌和镀铬制品，入海水后会有大量有毒离子渗析出来，易造成幼体快速死亡或畸形，必须禁用。

1.3 任何工具在使用前都必须清洗消毒，可设置专用消毒水缸，用 250×10^{-6} 的福尔马林消毒，工具用后要立即冲洗。

1.4 有条件者，工具要专池专用，特别是取样器，最容易成为疾病传播媒介，要严禁串池。

2. 化验室

水质分析及生物监测室能随时掌握育苗过程中水质状态及幼体发育情况，育苗场必须建有水质分析室及生物监测实验室，并配备必要的测试仪器。实验室内设置实验台与工作台，台高为 90 cm、宽为 70 cm，长按房间大小及安放位置而定，一般为 2 ~ 3 m。台面下为一排横向抽屉，抽屉下为橱柜，以放置药品及化验器具。实验室内要配有必要的照明设备、电源插座、自来水管及水槽等。

化验室通常配备如下实验仪器及工具：

2.1 实验仪器。光学显微镜、解剖镜、海水比重计、pH 值计、温度计、天平、量筒、烧杯、载玻片、雪球计数板等。

2.2 常用的工具。换水网、集卵网、换水塑料软管、豆浆机、塑料桶、盆、舀子等。

2.3 常用的消毒或营养药品。漂白粉、漂粉精、高锰酸钾、甲醛、硫代硫酸钠、EDTA–钠盐、氟哌酸、克霉灵、复合维生素、维生素 C、硝酸钠、磷酸二氢钾、柠檬酸铁、硅酸钠以及光合细菌、益生菌等。

3. 苗种打包间

育苗场生产出的大量苗种在运输到各地时，需要计数并打包安装（图 4-6）。苗种的打包安装间一般设在育苗车间的出口，从育苗池收集的种在苗种打包间经计数、分装、充氧打包后可运送出场。苗种打包间需要配备氧气瓶、打包机等设备。

图 4-6　苗种出场前的充氧打包

4.基本生活设施

由于处于苗种生产季节，苗种场 24 h 不能离人，因此，配套基本的生活设施是保障育苗生产顺利进行的必备条件。育苗场要保证生活用电、用水以及主要的基本生活设施如食堂、办公室、寝室、厕所及其辅助设施等。

5.室外土池

有条件的育苗场配备一定数量的室外土池是非常必要的。育苗场的室外土池主要有 3 个功能：① 在苗种销路不畅时，可将苗种从水泥池转移到室外土池中暂养，以提高成活率；② 可以培养大规格苗种；③ 可以用作动物性生物饵料的培养池，以补充室内动物性饵料生产的不足。

水产种苗场的选址应考虑地理条件、水质状况、交通运输、电力供应、人力资源及治安环境等因素。育苗场选好建厂地址后，应先做整体规划和设计，确定育苗水体及育苗室建筑面积，然后配套其他附属设施。在设计生产规模时，一定要考虑多品种生产的兼容性。育苗场的总体布局，要根据场地的实际地形、地质等客观因素来确定。苗种生产的主要设施应包括供水系统、供电系统、供气系统、供热系统、育苗车间及其他附属设施和器具等。育苗车间是苗种培育场的核心生产区。一般包括苗种培育设施、饵料培育设施、亲本培育设施、催产孵化设施等。繁育不同水产生物苗种的育苗车间有所差异。育苗场在工艺设计上要能满足多功能育苗要求，育苗设施的设计强调统筹兼顾，强调设备的配套，增大设备容量。供水系统是水产苗种培育场最重要的系统之一。完整的供水系统由取水口、蓄水池、沉淀池、砂滤池、高位池（水塔）、水泵、管道及排水设施等组成。大型育苗场需要同时供应 220 V 的民用电和 380 V 的动力用电，并自备发电机组。为了提高培育密度，充分利用水体，亲体培育池、育苗池和动植物饵料池等均需设充气设备。供气系统应包括充气机、送气管道、散气石或散气管。供热系统也是工厂化育苗的关键辅助系统，根据各地区气候及能源状况的不同，应因地制宜选择增温的热源。规范的育苗场应配套有完善的育苗工具、化验室、基本生活设施和室外土池等。

第五章 现代水产养殖技术创新研究

第一节 现代鱼类养殖技术创新研究

鱼类是最古老的脊椎动物，它们几乎栖居于地球上所有的水生环境——从淡水的湖泊、河流到咸水的盐湖和海洋。鱼类终年生活在水中，用鳃呼吸，用鳍辅助身体平衡与运动。根据已故加拿大学者 NelsOn l994 年统计，全球现生鱼类共有 24 618 种，占已命名脊椎动物一半以上，且新种鱼类不断被发现，平均每年以约 150 种计，十多年应已增加超过 1 500 种，目前全球已命名的鱼种约在 32 100 种。据调查，我国淡水鱼有 1 000 余种，著名的"四大家鱼"青鱼、草鱼、鲢鱼、鳙鱼，另外如鲤鱼、鲫鱼、团头鲂、翘嘴红鲌、暗纹东方鲀等 50 余种都是我国主要的优良淡水养殖鱼类；我国的海洋鱼类已知的有 2 000 余种，其中约有 30 种是经济养殖种类，主要有大黄鱼、褐牙鲆、大菱鲆、半滑舌鳎、鲻鱼、尖吻鲈、花鲈、赤点石斑鱼、斜带石斑鱼、卵形鲳鲹、军曹鱼、红鳍东方鲀、眼斑拟石首鱼、真鲷、花尾胡椒鲷等种类。目前，鱼类养殖是我国水产养殖最重要的产业。

1. 鱼类生物学概念

1.1 鱼类的基本生物学特征

鱼，分类地位属动物界，脊索动物门（ChOrdata），脊椎动物亚门（Vertebrata）。可分为有颌类和无颌类，有颌类具有上下颌，多数具胸鳍和腹鳍；内骨骼发达，成体脊索退化，具脊椎，很少具骨质外骨骼；内耳具 3 个半规管；鳃由外胚层组织形成。由盾皮鱼纲、软骨鱼纲、棘鱼纲及硬骨鱼纲组成。其中盾皮鱼纲和棘鱼纲只有化石种类。现存种类分属板鳃亚纲和全头亚纲。板鳃亚纲 600 余种，全头亚纲有 3 科 6 属 30 余种。硬骨鱼纲可分为总鳍亚纲、肺鱼亚纲和辐鳍亚纲 3 亚纲。无颌类脊椎呈圆柱状，终身存在，无上下颌。起源于内胚层的鳃呈囊状，故又名囊鳃类；脑发达，一般具 10 对脑神经；有成对的视觉器和听觉器。内耳具 1 个或两个半规管。有心脏，血液红色；表皮由多层细胞组成。偶鳍发育不全，有的古生骨甲鱼类具胸鳍。对无颌类的分类不一。一般将其分为盲鳗纲、头甲鱼纲、七鳃鳗纲、鳍甲鱼纲等。

1.1.1 鱼类的体型

鱼类的体型可分如下几类。

（1）纺锤型。也称基本型（流线型）。是一般鱼类的体形，适于在水中游泳，整个身体呈纺锤形而稍扁。在 3 个体轴中，头尾轴最长，背腹轴次之，左右轴最短，使整个身体呈流线型或稍侧扁。

（2）平扁型。这类鱼的 3 个体轴中，左右轴特别长，背腹轴很短，使体型呈上下扁平，行动迟缓，多营底栖生活。

（3）棍棒型。又称鳗鱼型，这类鱼头尾轴特别长，而左右轴和腹轴几乎相等，都很短，使整个体型呈棍棒状。

（4）侧扁型。这类鱼的 3 个体轴中，左右轴最短，头尾轴和背腹轴的比例差不太多，形成左右两侧对称的扁平形，使整个体型显扁宽。

1.1.2 鱼鳍、皮肤和鱼鳞

鱼类的附肢为鳍，鳍由支鳍担骨和鳍条组成，鳍条分为两种类型：一种是角鳍条，不分节，也不分枝，由表皮发生，见于软骨鱼类；另一种是鳞质鳍条或称骨质鳍条，由鳞片衍生而来，有分节、分枝或不分枝，见于硬骨鱼类，鳍条间以薄的鳍条相连。骨质鳍条分鳍棘和软条两种类型，鳍棘由一种鳍条变形形成，是既不分枝也不分节的硬棘，为高等鱼类所具有。软条柔软有节，其远端分枝（叫分枝鳍条）或不分枝（叫不分枝鳍条），都由左右两半合并而成。鱼鳍分为奇鳍和偶鳍两类。偶鳍为成对的鳍，包括胸鳍和腹鳍各 1 对，相当于陆生脊椎动物的前后肢；奇鳍为不成对的鳍，包括背鳍、尾鳍和臀鳍（肛鳍）。

软骨鱼的鳞片称盾鳞。硬鳞与骨鳞通常由真皮产生而来。现存鱼类的鱼鳞，根据外形、构造和发生特点，可分为楯鳞、硬鳞、侧线鳞 3 种类型。

鱼类的鳍条和鳞片是鱼类分类的重要依据。

鱼类的皮肤由表皮和真皮组成，表皮甚薄，由数层上皮细胞和生发层组成；表皮下是真皮层，内部除分布有丰富的血管、神经、皮肤感受器和结缔组织外，真皮深层和鳞片中还有色素细胞、光彩细胞以及脂肪细胞。

1.1.3 鱼类的生长特点

鱼类的生长包括体长的增长和体重的增加，各种鱼类有不同的生长特性。

（1）鱼类生长的阶段性

生命在不同时期表现出不同的生长速度，即生长的阶段性。鱼类的发育周期主要包括胚胎期、仔鱼期、稚鱼期、幼鱼期和成鱼期。一般来说，鱼类首次性成熟之前的阶段，生长最快，性成熟后生长速度明显缓慢，并且在若干年内变化不明显。通常凡是性成熟越早的鱼类，个体越小；而性成熟晚的鱼类，个体则大。此外，雌性性成熟的年龄也因种类而异。对于存在性逆转的鱼类，其个体大小显然与性别相关。对于不存在性逆转的鱼类，通常雄鱼比雌鱼先成熟，鲤科鱼类的雄鱼大约比雌鱼早成熟 1 年。因此，雄鱼的生长速度提早下降，造成多数鱼类同年龄的雄鱼个体比雌鱼小一些。

（2）鱼类生长的季节性

生长与环境密切相关。鱼类栖息的水体环境、水温、光照、营养、盐度、水质等均影响鱼类的生长，尤以水温与饵料对鱼类生长速度影响最大。不同季节，水温差异很大，而饵料的丰歉又与季节有密切关系。因此鱼类的生长通常以 1 年为一个周期。从鱼类生长的适温范围看，鱼类可以分为冷水性鱼类（如虹鳟）、温水性鱼类（如青、草、鲢、鳙等）和暖水性鱼类（如军曹鱼）。此外，不同季节光照时间的长短差异很大。光通过视觉器官刺激中枢神经系统而影响甲状腺等内分泌腺体的分泌。现有的研究发现，光照周期在一定程度上也影响鱼类的生长。

（3）鱼类生长的群体性

鱼类常有集群行为。试验表明，多种鱼混养时其生长与摄食状况均优于单一饲养。将鲻鱼与肉食性鱼类混养，发现混养组的摄食频率增加，生长较快。以不同密度养殖鱼类，发现过低的放养密度并不能获得最大的生长率。鱼类的群居有利于群体中的每一尾鱼的生长，并有相互促进的作用，即所谓鱼类生长具有"群体效益"。当然，过高的密度对生长也不利。

1.2 鱼类的摄食特性及消化生理

1.2.1 主要养殖鱼类的食性

不同种类的鱼类，其食性不尽相同，但在育苗阶段的食性基本相似。各种鱼苗从鱼卵中孵出时，都以卵黄囊中的卵黄为营养。仔鱼刚开始摄食时，卵黄囊还没有完全消失，肠管已经形成，此时仔鱼均摄食小型浮游动物，如轮虫、原生动物等；随着鱼体的生长，食性开始分化，至稚鱼阶段，食性有明显分化；至幼鱼阶段，其食性与成鱼食性相似或逐步趋近于成鱼食性。不同种类的鱼类，其取食器官构造有明显差异，食性也不一样。鱼类的食性通常可以划分为如下几种类型。

（1）滤食性鱼类。如鲢鱼、鳙鱼等。滤食性鱼类的口一般较大，鳃耙细长密集，其作用好比浮游生物的筛网，用来滤取水中的浮游生物。

（2）草食性鱼类。如草鱼、团头鲂等，均能摄食大量水草或幼嫩饲草。

（3）杂食性鱼类。如鲤鱼、鲫鱼等。其食谱范围广而杂，有植物性成分也有动物性成分，它们除了摄食水体底栖生物和水生昆虫外，也能摄食水草、丝状藻类、浮游动物及腐屑等。

（4）肉食性鱼类。在天然水域中，有能凶猛捕食其他鱼类为食物的鱼类，如鳜鱼、石斑鱼、乌鳢等。也有性格温和，以无脊椎动物为食的鱼类，如青鱼、黄颡鱼等。

一般来说，大多数鱼类通过人工驯化，均喜欢摄食高质量的人工配合饲料，这就为鱼类的人工饲养提供了良好的条件。

1.2.2 鱼类消化系统的组成

鱼类的消化系统由口腔、食道、前肠或胃（亦有无胃者）、中肠、后肠、肛门以及消化腺构成。口腔是摄食器官，内生味蕾、齿、舌等辅助构造，具有食物选择、破损、吞咽等功能。鱼类鳃耙的有无及形态与食性有关。鱼类的食道短而宽，是食物由口腔进入胃肠的管道，也是由横纹肌到平滑肌的转变区。

胃的形态变化很大，很多研究者曾按照其形态进行分类。胃除了暂存食物外，更重要的是其消化功能及其他功能。胃的黏膜上皮有3类细胞：泌酸细胞、内分泌细胞和黏液细胞。泌酸细胞分泌胃蛋白酶原和盐酸；内分泌细胞也有3种，分别是促胃酸激素、生长激素抑制素和胰多肽的分泌细胞。黏液细胞也可能有3种，分别是唾液黏蛋白、硫黏蛋白和中性黏物质的分泌细胞。胃体常分为前后两部，前部称贲门胃，后部称为幽门胃。幽门胃之后便是中肠。有幽门垂的鱼，幽门垂总是出现在中肠之前。在无胃鱼中，食道与中肠连接。胆管总是进入中肠，且大多数紧靠幽门胃。有些无胃鱼（如金鱼）有一个看起来像胃的肠球，胆管常可进入肠球。肠球壁相对较薄，也不分泌蛋白酶和盐酸。有砂囊的鱼类（如遮目鱼），砂囊总是与胃相连，而不与肠球相连。

中肠也有特殊的上皮细胞、吸收细胞和分泌细胞。肠上皮有很深的皱褶，呈锯齿状或网状，或有与高等动物的胃绒毛相似的构造，中肠是食物消化吸收的重要场所。中肠与后肠之间的分界有的很明显，如斑点叉尾鮰有回肠瓣，其后肠肠壁开始增厚。鲑科鱼类的中肠与后肠的差异难以由肉眼辨别，但组织学显示一个由柱状分泌吸收上皮到扁平黏液分泌上皮的突然变化，这反映了一个由消化吸收到成粪排泄的功能变化过程。然而，消化道短的鱼类其后肠比消化道长的鱼类有更多的黏膜褶皱，这有增加食物停留时间和吸收的作用。后肠可能存在蛋白质等大分子的胞饮活动。

肝脏是动物的一个重要代谢器官。但就消化功能而言，它的最大作用就是分泌胆汁。胆汁是一种复杂的混合物。主要由胆固醇和血红蛋白的代谢产物——胆红素、胆绿素及其一些衍生物组成。它既含脂肪消化的乳化剂，又含有一些废物，如污染物，甚至毒素等。通常当食物进入中肠上部时，胆囊收缩，胆管括约肌松弛，向肠内释放胆汁。

鱼类的消化酶主要有蛋白质分解酶、脂肪分解酶和糖类分解酶。鱼类的蛋白分解酶主要由胃、肝脏及肠道等部位分泌或产生，个别鱼类（如遮目鱼）的食道有很强的蛋白P活性。鱼类肠道消化酶的来源十分复杂，包括胰脏、肠壁、食物和肠内微生物等，但肠道中的蛋白质分解酶大都来自胰脏。

胰脏是脂肪酶和酯酶的主要分泌器官，但也有组织学证据表明胃、肠黏膜及肝胰脏也能分泌脂肪酶。肉食性鱼类胃黏膜上的脂肪酶、酯酶活性很高，表明胃黏膜存在胞饮活动。对7种海水鱼的脂肪酶、酯酶活性研究表明，脂肪酶的活性皆以幽门垂最高，而酯酶只在蓝石首鱼和褐舌鳎的幽门垂最高。脂肪酶几乎存在于所有被检查的组织中，且其活性与鱼类食物中脂肪含量呈正相关关系。

鱼类的消化道有多种糖类分解酶。草食性和杂食性鱼类比肉食性鱼类具有更高的糖酶活性，而且糖酶对草食性和杂食性鱼类具有更重要的意义。糖酶主要有淀粉酶和麦芽糖酶，还有少量蔗糖酶、β-半乳糖甘酶和β-葡萄糖甘酶等。消化道的不同部位糖酶活力也不同，例如鲤的淀粉酶、麦芽糖酶活性在肠的后部较高，而蔗糖酶活性以肠的中部为最高。此外，肠内微生物区系在消化过程中可能起着重要作用，尤其是大多数动物本身难以消化纤维素、木聚糖、果胶和几丁质等。胃酸和胆汁虽不是消化酶，但在消化过程中起着非常重要的作用。

1.2.3 影响鱼类消化吸收能力的因素

消化吸收是指所摄入的饲料经消化系统的机械处理和酶的消化分解，逐步达到可吸收状态而被消化道上皮吸收。鱼类吸收营养物质的主要方式有扩散、过滤、主动运输和胞饮四种。鱼类对营养物质的吸收能力，除了与鱼的种类和发育阶段有关外，更重要的是与食物的消化程度和消化速度有关。消化速度及消化率是衡量鱼类消化吸收能力的重要指标。而了解影响鱼、虾消化速度的因素，对养殖中投饲策略的制定具有指导意义。消化速度常指胃或整个消化道排空所需要的时间。单指胃时，叫胃排空时间；指整个消化道时，称总消化时间。确切地说，是食物通过消化道的时间。消化率是动物从食物中所消化吸收的部分占总摄入量的百分比。影响消化速度和消化率的因素众多而复杂，主要有鱼类的食性及发育阶段、水温、饲料性状及加工工艺、投饲频度和应激反应等。

1.3 鱼类性腺发育及其人工调控

1.3.1 鱼类性腺发育的基本规律

鱼类的性腺是由体腔背部两个生殖褶发育而成。生殖褶由上皮细胞转化成为原始性细胞，随后进一步发育分化成卵原细胞及精原细胞，最终发育成卵子或精子。鱼类性腺发育的进程主要由卵子和精子的发生过程决定。

（1）鱼类卵细胞的发育与成熟

卵原细胞发育到成熟的卵子，需要依次经过三个阶段。

① 卵原细胞分裂期。此阶段卵原细胞反复进行有丝分裂，细胞数目增加。分裂到一定程度，卵原细胞停止分裂，开始生长，向初级卵母细胞过渡。这个阶段的细胞为第 I 时相卵原细胞，以第 I 时相卵原细胞为主的卵巢称为第 I 期卵巢。

② 卵母细胞生长期。此阶段可分为卵母细胞的染色体交会期、小生长期和大生长期三个阶段。

处于小生长期的卵母细胞，由于细胞核及细胞质的增长，引起卵母细胞体积增大。开始时，卵细胞膜很薄，外面散布着许多长形的由结缔组织所形成的核状物，细胞质呈微粒状，细胞核卵形，很大，占据卵母细胞的大部分，核内壁四周排列着许多核仁，中央为粒状的染色质，偶尔细胞质中可以出现卵黄核。卵母细胞进一步发育，在卵膜之外又长出了一层由单层上皮细胞组成的滤泡膜。小生长期发育到单层滤泡为止，此时的卵母细胞称为卵母细胞成熟的第 II 时相，以第 II 时相卵母细胞为主的卵巢称为 II 期卵巢。性未成熟的鱼类，其卵巢在相当时间内停留在 II 期。

大生长期是卵母细胞营养物质积累阶段。此时由于卵黄及脂肪的蓄积而使卵母细胞的体积大大增加，其边缘出现空泡，这是营养物质积累的预兆。卵黄颗粒沉积可以分为卵黄开始沉积和卵黄充塞两个阶段。在卵黄开始沉积阶段，卵膜变厚，出现放射形纹（此时卵膜也称为放射膜），且滤泡膜的上皮细胞分裂为两层，内层细胞具有卵形的大核，外层则为扁平的长形细胞。卵黄颗粒之间的细胞质成为网状结构。卵黄开始沉积阶段的卵母细胞称为成熟的第 III 时相，以第 III 时相卵母细胞为主的卵巢称为 III 期卵巢。卵黄充塞阶段的滤泡膜仍由两层细胞组成，但滤泡膜和卵膜之间新增一层漏斗管状细胞。卵黄颗粒沉积并充塞几乎全部的细胞质部分，只有靠近卵膜很薄的一层没有卵黄，卵黄颗粒的形状不一。在此时期的一些浮性卵中，也出现了形状和大小不一的油球。当卵黄充满整个卵母细胞时，营养生长即告结束。这时的卵母细胞已达到成熟的第 IV 时相，以第 IV 时相卵母细胞为主的卵巢称为 IV 期卵巢。一般春季产卵的鱼类在前一年的冬季即可进入本期。

③ 成熟期。指卵子完成营养积累并进行核成熟变化的时期。完成营养积累的卵母细胞在成熟期内依次进行了两次成熟分裂（减数分裂和均等分裂）。成熟变化开始时，卵黄颗粒彼此融合连成一片，油球集中为一个，核及其周围的细胞质向卵膜孔附近移动，出现极化现象。与此同时，小核从边缘向中央集中，并溶解于核浆内。此后，核膜溶解，染色体进行第一次

成熟分裂（减数分裂），释放 1 个只含有微量原生质的第一极体，这时的卵膜细胞由原来的初级卵母细胞变为次级卵母细胞。紧接着，开始第二次分裂，此时的次级卵母细胞就变成成熟的卵细胞。与此同时，产生第二极体。鱼类卵母细胞的第一次成熟分裂和第二次成熟分裂的初期是在体内进行的，由母体产出到受精以前正处于分裂中期，到精子入卵才排出第二极体完成第二次成熟分裂。在卵母细胞成熟的同时，滤泡上皮细胞分泌一种物质把滤泡膜和卵膜间的组织溶解并吸收，于是成熟的卵就排出滤泡之外，成为卵巢内流动的成熟卵，这个过程称为排卵。当成熟卵成为流动状态时，称为成熟的第 V 时相，此时，前面提到的放射膜成为正式的卵膜。这个阶段的卵巢属第 V 期。在适合的条件下，已经完成成熟且已排卵，处于游离状态的卵子从鱼体内自动产出的过程，称为产卵。

进行鱼类人工繁殖，关键是掌握小生长期、大生长期和成熟期的发育规律。卵母细胞从 IV 期到 V 期的成熟过程是很快的，往往在数小时或数十小时内完成。如果滤泡过早排出卵子，而卵子尚未成熟则影响受精率。反之，滤泡未能及时排放成熟的卵子或卵子未能产出体外，则导致卵子过熟，同样影响受精率或卵细胞退化并被吸收。因此，在人工繁殖时要力争准确把握卵的成熟时机，及时开展授精。生产中，亲鱼成熟通常指亲鱼的性腺发育到 IV 期，可注射激素进行催产；而卵子成熟是指卵子处于 V 期。

（2）鱼类精子的发生与成熟

鱼类精子的发生分为四个时期：繁殖期、生长期、成熟期和精子形成期。

① 繁殖期。细胞相对较大的初级精原细胞进行多次有丝分裂形成大量相对较小的次级精原细胞。精原细胞的核形不规则，胞质内具有不少微管。

② 生长期。次级精原细胞的体积增大，转变成初级精母细胞。初级精母细胞的核内染色体为线状，核呈椭圆形。在生长期的后阶段，初级精母细胞开始进入成熟分裂的前期，DNA加倍。

③ 成熟期。初级精母细胞体积增大后，进行两次成熟分裂。第一次为减数分裂，产生两个体积较小的次级精母细胞，次级精母细胞染色体的数目减少了一半。第二次为有丝分裂，次级精母细胞产生两个体积更小的精细胞。故一个初级精母细胞可以生成四个精细胞。

④ 精子形成期。这是雄性生殖细胞发育中特有的时期，过程很复杂，结果使精细胞成为前有顶器，后有尾部，能够运动的精子。

1.3.2 卵巢和精巢的形态结构及分期

（1）卵巢分期

根据卵巢的体积、颜色、卵子成熟与否等标准，一般将鱼类卵巢发育过程分为六个时期。

① 期卵巢：卵巢紧贴在鱼鳔下两侧的体腔膜上，呈透明细线状，肉眼不能分辨雌雄，看不到卵粒，表面无血管或甚细弱。

② 期卵巢：为性腺正发育中的性未成熟或产后恢复阶段的鱼所具有。卵巢多呈扁带状，有细血管分布其中，肉眼尚看不清卵粒。

③ 期卵巢：卵巢体积增大，肉眼可以看清卵粒，但卵粒不能从卵巢隔膜上分离剥落下来。卵母细胞开始沉积卵黄，卵母细胞直径不断扩大，卵质中尚未完全充塞卵黄，卵膜变厚，有

些种类原生质中出现油球。

④ 期卵巢：整个卵巢体积很大，占据腹腔的大部分，卵巢颜色为淡黄色或深黄色，结缔组织和血管很发达。卵膜具有弹性，卵粒内充满卵黄，大而饱满。Ⅳ期卵巢依发育进程又可细分为Ⅳ 1、Ⅳ 2 和Ⅳ 3 三个小期。生产实践表明，卵母细胞处于Ⅳ 1 期时，用人工催情不能得到成熟的卵粒，只有发育到Ⅳ 2 和Ⅳ 3，细胞核处于偏心或极化时，人工催情才能获得成熟的卵粒，从而使催情成功。

⑤ 期卵巢：性腺完全成熟，卵巢松软，卵已排入卵巢腔中，提起亲鱼时，卵子从生殖孔自动流出，或轻压腹部即有成熟卵子流出。海水鱼类Ⅴ期卵子通常是透明的。

⑥ 期卵巢：是刚产完卵以后的卵巢。可以分为一次产卵和分批产卵两种类型。一次产卵类型的卵巢体积大大缩小，组织松软，卵巢内剩余Ⅱ期卵母细胞及已排出卵的滤泡膜。分批产卵类型的Ⅵ期卵巢，已产卵的卵巢中有不同时相的Ⅲ期、Ⅳ期卵母细胞，空滤泡膜并不多。

测定卵巢的成熟度，除了卵巢发育分期外，生产上常选用成熟系数这一指标衡量。成熟系数（GSI）= 性腺重 / 去内脏后体重 × 100%。一般来讲，对于同一种鱼类，成熟系数越高，性腺发育越好。

（2）精巢分期

同卵巢一样，精巢的发育也可分为六期。

① 期精巢：生殖腺很不发达，呈细线状，紧贴在鱼鳔下两侧的体腔膜上，肉眼不能分辨雌雄。

② 期精巢：呈线状或细带状，半透明或不透明，血管不显著。

③ 期精巢：呈圆杆状，挤压雄鱼腹部或剪开精巢都没有精液流出。

④ 期精巢：呈乳白色，表面有血管分布。早期阶段挤压雄鱼腹部也不能流出精液，但在晚期则能挤出白色的精液。

⑤ 期精巢：提起雄鱼头部或轻压腹部时，有大量较稠的乳白色精液从泄殖孔涌出。

⑥ 期精巢：体积大大缩小，一般退回到第Ⅲ期，然后重新发育。

精巢也可使用成熟系数来表达其成熟度。

1.3.3 精子和卵子的生物学特征

（1）精子的生物学特征

雄鱼精巢发育成熟后，精巢和输精管中含有大量的液状物称为精液。精液对精子有营养和利于输送的作用，精液中的各种氨基酸和矿物质含量及组成与精子的运动和寿命密切相关。精液中精子密度很高，缺乏氧气和水分，精子在精液中是不运动的，但是，精子遇水后，即开始剧烈运动，随之也很快死亡。精子在水中寿命短的主要原因是其本身含有的原生质量非常少，缺乏足够的能备以支撑精子的运动及渗透压调节耗能。精子在水中活动时，只有部分能量消耗在运动方面，大部分能量是消耗在渗透压调节上。因此，盐度（渗透压）是影响鱼类精子活动和寿命的最主要因素。例如黄鳍鲷精子在盐度为 10 的水体中的涡动时间仅为 1 S，在盐度为 21 的水体中的涡动时间可达 15 S。此外，水温、pH 值、氧气和二氧化碳、光线等因素也影响精子的活动和寿命。一般而言，各种鱼类的精子都要求一定的适宜温度，水温过高或过低都不利于精子存活；鱼类精子在弱碱性水中活动力最强，寿命也最长；精子在缺氧条件下比在有氧条件下存活的时间长；二氧化碳对精子有抑制作用，在缺氧和高二氧化碳浓度下精子保持不活动；紫外线和红外线对精子有较大的危害作用，白天散射光对精子无不良影响。

了解了鱼类精子的生物学特点，不仅能科学地进行人工授精，准确分析受精效果，还能利用精子在低温和原液条件下代谢水平低、寿命长的特点，长期保存精液。从而解决亲本不足或性成熟不同步问题，也可很好地满足育种需要。鱼类精液的保存有低温（0℃左右）保存和超低温（-196℃）液氮保存两种。

（2）卵子的生物学特征

成熟卵子的形态一般为圆球形、扁圆形或椭圆形。少数鱼类的卵则呈圆锥形、螺旋形或四角形。卵子比精子大得多，通常肉眼可见。卵子大小在不同物种中可以相差很大，但与亲本个体的大小没有关系，可能与亲本的营养状态及卵子在卵巢中的分布位置有关。

成熟的卵子有一定的极性，动物极在上半球，植物极在下半球。动物极的原生质较多，有核和极体存在。植物极中含量有较多的卵黄。此外，大多数鱼卵在原生质膜内有外周卵质。

从渗透压平衡的原理来看，淡水鱼卵在盐度为0.5的淡水中发育，处于低渗环境，水会向卵内渗入；含盐量为7～8的海水鱼卵在含盐为30～35的海水中发育，处于高渗环境，水要从卵渗出。但是，淡水鱼卵在淡水中发育并未因吸水而胀坏，海水鱼卵在海水中发育也未因失水而致死。这是因为卵黄外包着一薄层能够调节渗透压的原生质。该原生质层是胶质。当卵内水分过多时，它会把水排掉，缺水时则会吸水。但是，原生质层调节渗透压的能力是有一定限度的。淡水鱼卵只有防止外界水进入卵中的能力，而没有防止卵失水的能力。所以，只能在低渗环境中正常发育，而不能在高渗环境中发育。海水鱼卵只有防止卵失水的能力，而没有防止水进入卵中的能力。因此，海水鱼只能在高渗的海水中发育，而不能在低渗的淡水中正常发育。但是，洄游鱼类如溯河洄游的海水鱼类（大马哈鱼等）和降海洄游的淡水鱼类（鳗鲡等）例外，它们具有在不同发育阶段调节渗透压的能力。

鱼类成熟卵产到水中后，卵膜很快吸水膨大、使受精孔封闭而失去受精能力，如鲢卵在水中仅1分钟绝大部分即失去受精能力。但是，鱼卵在原卵液中或在等渗液中寿命则大为延长。鲢成熟卵置于原卵液中40分钟以内，有半数以上的卵仍有受精力，140分钟后仍有卵具有受精能力。

1.3.4　受精

卵子和精子的结合叫受精。受精作用是精子通过卵膜和卵的表层原生质与卵核结合的一系列过程。受精的结果是形成一个有双倍染色体的新细胞，即受精卵或称合子。受精作用是精、卵相互作用的新陈代谢过程。

主要养殖鱼类的受精过程依次可大体分为受精膜的形成、卵子的排泄、雄性原核和精子星光形成、卵排出第二极体、胚盘形成和第一次有丝分裂出现等现象。

（1）受精膜形成。精、卵接触后3～5分钟，卵表面的放射膜向外隆起，形成一层透明膜叫受精膜。受精膜在卵子入卵处先举起，并迅速扩展到全卵。受精膜和质膜之间的腔隙叫围卵腔或卵黄间隙。随着受精膜向外扩展，围卵腔逐渐增大，直到受精卵分裂成 8 ~ 16 个细胞时期才完全定型。不同鱼类的围卵腔大小不同，卵吸水后受精膜向外扩展的程度也不尽相同，因而卵径各异。受精膜扩展膨大的速度是鉴别卵质量的标准之一，一般来说，质量好的卵膨胀快而大，质量差的卵膨胀慢而小。

（2）卵子排泄阶段。卵子在发育过程中积累了大量的营养物质，也积存了不少代谢废物。精子入卵后，卵子受到刺激，排泄动作十分迅速，如鳊鱼卵在受精后 15 分钟，排泄结束，在卵周隙中可以见到一些排出的小颗粒状物。

（3）雄性原核和精子星光形成。精卵结合后，只有精子头部深入卵内，头部渐自膨大，趋向核化，精子星光形成。受精后 10 ~ 15 分钟，精子头部完全核化，形成雄性原核，一个星光发展成双星光。

（4）卵排出第二极体。卵子形成雌原核。

（5）胚盘形成阶段。精子入卵后（水温 24℃ ~ 26℃，25 ~ 30 分钟）两性原核向胚盘动物、植物极的中轴线靠近，细胞原生质向动物极流动而集中成较透明的小盘状，称作"胚盘"，胚盘是未来胚胎的基础，但未受精卵入水受到刺激后也会形成胚盘。

（6）第一次有丝分裂出现。受精后 40 ~ 50 分钟，两性原核形成的合子核膜消失，第一次有丝分裂出现。第一次有丝分裂出现标志受精成功。

鱼类精卵受精效果受内因和外因的影响。内因指卵子和精子的质量，从雄性生殖孔挤出的精液，呈乳白色，遇水迅速扩散，质量是上乘的精液，用来与"生理成熟"的卵子受精，一般受精率可达 90% 以上。外因主要有 pH 值、水温、光照、渗透压、无机盐类作用等，外界环境因子种类繁多。变化复杂，对受精影响各不相同。

1.3.5 鱼类性腺发育的内分泌和神经调节

非生物环境因子对性腺发育的作用，往往是通过神经及内分泌调节来实现的。鱼脑神经中枢接受外界刺激后，首先释放出一类小分子神经介质（如多巴胺、去甲肾上腺素、羟色胺等）传递至性上位神经中枢——下丘脑，特别是位于视束交叉前部的视束前核和接近脑垂体柄的下丘脑隆起部的外侧核，是两个重要的神经分泌核，它们受刺激后分泌一种神经激素，称为性腺激素释放激素（GnRH），或促黄体激素释放激素（LRH），然后传递至脑垂体，触发脑垂体分泌储存的促性腺激素（GTH）（图 5-1）。

目前，已知对鱼类性腺发育有调节作用的内分泌腺体主要有脑垂体的腺垂体部分、性腺内分泌腺和甲状腺。

鱼类的脑垂体位于间脑的腹而的蝶骨鞍里，用刀削去鱼的头盖骨，把鱼脑翻过来，即可看到乳白色的脑垂体。脑垂体借脑组织

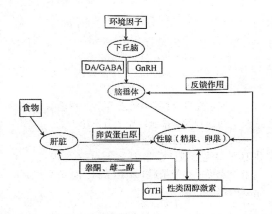

图 5-1 鱼类性腺发育成熟的神经内分泌调节示意图

资料来源：仿麦贤杰等，2005

构成的柄与下丘脑相接，它是最重要的内分泌腺体之一。它分泌的激素不仅作用于身体各种组织，而且能调节其他内分泌腺体的活动。鱼类的脑垂体包括腺垂体和神经垂体量部分，腺垂体由前腺垂体、中腺垂体和后腺垂体组成，腺垂体能分泌多种激素，如促肾上腺激素、催乳素、促甲状腺激素、促生长激素、促性腺激素等，对鱼类的生长、性腺发育、甲状腺和背上腺的发育及体色方面都有重要作用。

促性腺激素作用于性腺，使性腺内分泌腺合成多种激素，再由这些性激素调节和控制精子和卵子的发生和成熟。

促性腺激素作用于卵巢，可诱导卵巢的滤泡膜上的鞘膜细胞和颗粒细胞合成孕激素（包括孕酮、17a-羟孕酮）、雄激素（如脱氢表雄酮、雄烯二酮和睾酮）、雌激素（如雌二醇、雌酮）和皮质类固醇（如11-脱氧皮质类固醇）。上述性激素的化学本质是类固醇。各种性激素的机能是不同的，但主要有三方面的作用：一是刺激性腺成熟和发育；二是刺激第二性征的发育和性行为的发生；三是对垂体促性腺激素具有负反馈作用，从而维持性激素的正常调节功能。

促性腺激素作用于精巢，使精巢小叶的间质细胞、小叶界细胞和足细胞合成脱氢表雄酮、11-氧睾酮等雄激素。11-氧睾酮对性未成熟的鱼类具有促进脑垂体促性腺激素分泌细胞发育并积累促性腺激素的作用；对于性成熟鱼类则具有促进精子形成、刺激排精等生殖行为的作用。

鱼类甲状腺由许多球形腺泡组成，散布在腹侧主动脉和鳃区主动脉的间隙组织、基鳃骨及胸舌骨附近。甲状腺激素的主要作用是增强鱼类代谢，促进生长和发育成熟，也与鱼类性腺发育和成熟关系密切。鱼类在性腺发育成熟和繁殖季节时，甲状腺分泌活跃，血清中甲状腺素含量高。

对鱼类性腺发育具有调节作用的神经组织主要有下丘脑神经分泌组织和下丘脑—垂体—性腺轴。

下丘脑位于丘脑下部，含有具内分泌机能的神经细胞，这些细胞除了具有神经元的结构和功能外，还能接受来自脑的信号刺激，并释放化学递质（神经激素），这些神经激素运送到脑垂体的腺垂体部分后，调节腺垂体分泌细胞的功能。目前发现下丘脑神经激素至少有9种，其中有些是释放激素，有些是抑制激素。与养殖鱼类繁殖关系最密切的是促性腺激素释放激素（GnRH）和促性腺激素抑制激素（GRIH）。

下丘脑—垂体—性腺轴在调节鱼类性腺发育过程中既相互联系又相互制约，形成严密的调控模式。生殖细胞的生长、成熟和排放，除要受到性腺分泌的类固醇激素的调节外，还受到脑垂体间叶细胞分泌的促性腺激素的调节。促性腺激素（如促滤泡激素FSH和黄体生成素LH）又受到下丘脑分泌的黄体生成素释放激素（LRH）控制。在雌性鱼类中，FSH能促进滤泡的生长发育和成熟，还可刺激卵巢产生雌激素并提高鱼卵对其他激素的敏感性。对于雄性亲鱼，FSH能促进精巢的发育和成熟，诱导精巢产生雄激素。LH的主要功能是促使生殖腺中成熟生殖细胞的释放，但必须要在FSH作用之后并在其他激素的协助下才能发挥作用。总之，垂体分泌的FSH通过血液循环达到性腺，刺激性腺生殖细胞的发育和成熟，也促进生殖腺分泌类固醇激素。如果FSH过多，将信号反馈到下丘脑和垂体，暂时抑制FSH的分泌，同时又刺激下丘脑释放和分泌LH，LH再通过一系列作用引起排精和产卵。

1.3.6 环境因素对性腺发育的影响

鱼类性腺发育既受内在生理调节，也受外部环境条件的影响。影响鱼类性腺发育的外部环境因素主要有如下几方面。

（1）营养。鱼类性腺发育与营养的关系非常紧密。在鱼类性腺发育、成熟和产卵过程中，营养物质对卵母细胞的生长、卵黄发生和积累具有决定性的作用。在鱼类性腺发育后期，卵巢和精巢的性腺成熟系数显著增加，表明有大量的营养物质转移并贮存在卵巢和精巢中。由于卵母细胞大生长期主要积累卵黄蛋白。卵黄蛋白的主要成分是卵黄磷脂蛋白，因此，蛋白和脂肪是影响鱼类性腺发育最重要的营养物质。蛋白在卵巢中的形成，主要是在雌激素的刺激下，在肝脏内合成血浆特异性蛋白质，释放到血液后，作为卵黄的前身物质被卵母细胞吸收。同时肝脏也起着积极的脂质转移作用，在性腺发育过程中，脂质从正常蓄积组织及部位以中性脂肪和游离脂肪酸的形式释放到血液中，进入肝脏参与卵黄磷脂蛋白的合成。此外，肝脏也能将碳水化合物和蛋白转化成脂质，进而参与卵黄磷脂蛋白的合成。需要指出的是，鱼类卵巢中的脂肪和蛋白的蓄积程度和比例与卵巢的发育阶段和产卵类型有关。

（2）温度。温度是影响鱼类成熟和产卵的重要因素。鱼类是变温动物，水温的变化直接导致鱼体的代谢发生变化，从而加速或抑制性腺的发育和成熟过程。因此鱼类的性成熟年龄与水温（总积温）有关。对于达到性成熟年龄的鱼类，水温越高，性腺成熟所需的时间越短，利用这一特性，生产上可通过人工加温来促进某些鱼类的性腺发育速度，从而实现提早开展鱼类人工繁殖。

温度与鱼类的排卵、产卵也密切相关。即使鱼的性腺已发育成熟，但如果温度达不到产卵或排精的阈值，也不能完成生殖活动。对于正处于产卵的温水性鱼类或热带鱼类，如果遭遇寒流水温下降，则往往会发生停产现象，水温回升后又重新开始产卵。相反，冷水性鱼类在产卵季节出现水温上升则会导致停止产卵。

（3）盐度。固定生活在淡水或海水中的鱼类，它们在繁殖时仍需要与生长相近的盐度。而溯河性或降海性鱼类，在性腺成熟过程中，盐度是重要的刺激因子。大马哈鱼的性腺发育成熟和繁殖必须在盐度低于0.5的淡水中进行；而日本鳗鲡的性腺发育和繁殖则必须在高盐的海水中进行；有些栖息于河口和半咸水中的鱼类，如梭鱼，则只能在盐度高于3的水体中才能达到性成熟。

（4）光照。光照对鱼类的生殖活动具有相当大的影响力，且影响的生理机制复杂。一般认为，光周期、光照强度和光的波长对鱼类的性腺发育均有影响。有学者将鱼类按照性腺成熟与光照的关系分为长光照型鱼类和短光照型鱼类。长光照型鱼类一般指从春天到夏天这一长光照时间产卵的鱼类，若提前增加光照时间，则可以使长光照型鱼类提早成熟或产卵；而短光照型鱼类一般在秋、冬季产卵，这类鱼正好相反，提前将光照时间缩短，方能提早成熟和产卵。

（5）水流。水流对溯河性鱼类和产半浮性卵鱼类的生殖腺成熟和产卵非常重要。一些溯河性鱼类在溯河过程中才能产生高能量的代谢水平，使性腺完成发育成熟并产卵。产半浮性卵的鱼类，如"四大家鱼"，性腺发育到Ⅳ期后，若无水流刺激，性腺则不能过渡到第Ⅴ期，也不能产卵。因此，在人工养殖"四大家鱼"亲鱼的培育过程中，一定要给予流水刺激，以促进性腺发育成熟。

1.4 鱼类早期发育过程

鱼类的早期发育过程一般包括胚胎发育阶段和仔稚鱼发育阶段两部分。

1.4.1 鱼类胚胎发育进程

鱼类胚胎发育是指从卵子受精之后在卵膜内发育至仔鱼孵化出膜这一过程。按发育的顺序，这一阶段可以分为受精卵、卵裂期、囊胚期、原肠胚期、神经胚期、器官形成期和出膜期等发育期。

（1）受精卵。当精子入卵，受精膜形成直至第一次有丝分裂出现的阶段。

（2）卵裂期。这是胚体发育的初期，受精卵完成一系列的细胞分裂，一般指分裂成128 ~ 256 个细胞、早期囊胚形成之前的发育阶段。

（3）囊胚期。卵裂之后分裂球增加到一定数量成为细胞团并形成特定结构时即进入囊胚期。随着细胞增多，胚盘下腔也同时发生变化，逐渐扩大发展成为囊胚腔。囊胚腔形成后，腔上方的分裂球已堆积数层呈帽状，此时的胚胎称为囊胚。一般鱼类的囊胚可分为囊胚早期、囊胚中期和囊胚后期。

（4）原肠胚期。囊胚的一部分细胞通过不同方式迁移到囊胚内部，形成原肠，这时期的胚胎称为原肠胚。此时，细胞开始分化，形成了具有不同结构特点和发育潜能的三胚层，在外面的称为外胚层，在内部的有中胚层和内胚层。胚层的分化使个体具有更多更复杂的组织并出现器官分化，从而具备了更丰富、更特殊的生理功能。

（5）神经胚期。在原肠胚期之后开始胚体的形成和神经管的形成，随后即出现体节，并开始中轴器官的早期发生，这一时期的胚胎称为神经胚，发育期称为神经胚期。这一发育期主要包括神经管形成、脊索和内胚层的分化、体节的形成及分化等过程。畸形多产生于这一时期，这是由于卵本身质量不好或外界因素影响所致。从胚胎器官发生上来看，畸形的原因是原肠胚细胞内卷运动秩序或破坏，诱导作用被扰乱，致使神经胚时期中轴器官不能正常形成。

（6）器官形成期。在这一时期，各胚层分化、发育形成神经系统、循环系统、消化系统和感觉器官等。

（7）出膜期。心脏跳动，尾部伸直胚体收缩能力增强，使胚体左右摆动，沿膜内缘不停地转动。胚胎头部出现的泡状单细胞腺体叫孵化腺，孵化腺分泌的孵化酶对卵膜有溶解作用，使胚胎能顺利地从卵中孵化出来。如果水温不正常，腺体分泌受阻，胚胎不能破膜而出，导致其死于膜中。

1.4.2 环境因子对鱼类胚胎发育的影响

评价一种环境因子对鱼类胚胎发育影响的生物学指标包括：孵化期、培育周期、孵化周期、总孵化率、正常仔鱼孵化率等。其中，培育周期是指采自同一尾亲鱼同时受精的一批卵子中有 50% 孵化出膜时所用的时间；孵化周期是指采自同一尾亲鱼同时受精的一批鱼卵从第一尾仔鱼孵化出膜至最后一尾仔鱼孵化出膜的时间间隔；总孵化率是指孵化出的初孵仔鱼的数量占卵子总数量的百分比；正常仔鱼孵化率是指初孵仔鱼中形态和行为正常的仔鱼占卵子总数量的百分比。

海水鱼类的胚胎发育都在海水环境中进行，其胚胎发育及卵子孵化过程直接受海水环境的影响。常见的影响海水鱼类胚胎发育的环境因子有盐度、温度、酸碱度（pH 值）、光照强度、溶氧量等。

（1）盐度。根据对盐度变化的适应能力，可以将海水鱼类成鱼分为广盐性和狭盐性两类。一般地说，它们的胚胎对盐度变化的适应能力与成鱼相一致或略低。研究表明，盐度影响海水鱼类及半咸水鱼类的胚胎孵化期、孵化率；盐度还对初孵仔鱼大小和卵黄体积有影响。

（2）温度。鱼类是变温动物，它们的体温几乎完全随着环境温度的变化而相应地变化，多数鱼类的体温与其周围的水温相差不超过 1℃。任何一种鱼类的胚胎发育都需要在适宜的温度条件下进行。在适宜的温度条件下，胚胎能够以较低的能量消耗和较快的速度正常发育，获得较高的孵化率。但是，不同的鱼种所要求的温度条件不同，对温度的适应范围也有很大差异。一般来说，鱼类在整个胚胎发育期间温度的变动不能超出该种鱼类产卵期自然水域的水温变化范围。在这一温度范围内温度上升时，胚胎发育速度会加快。在这一温度范围之外的过高或过低的温度，都会不同程度地破坏胚胎的正常发育，甚至导致胚胎死亡。

（3）酸碱度（pH 值）。pH 值除指示水体中的 H^+ 离子浓度外，还间接反映水、CO_2、溶解氧及溶解盐类等水质状况。大多数海水鱼类的养殖品种适应于中性或偏弱碱性的水环境，pH 值在 7 ~ 8.5 范围内为宜，一般不能低于 6。各种鱼类胚胎发育期对海水环境中 pH 值的要求基本上与其成体相同。pH 值对胚胎细胞的影响主要表现为对细胞代谢功能的影响、对细胞呼吸作用的影响及对细胞膜可能造成的破坏作用。水环境中不适的 pH 值可降低或抑制细胞内各种酶的活性，从而导致代谢活动的紊乱；可以抑制线粒体呼吸链的氧传递，破坏细胞呼吸功能；还能对细胞膜产生严重损伤，改变细胞膜的结构及通透性。若不及时调节 pH 值使之恢复正常，可导致胚胎死亡。

（4）光照强度。海水鱼类的胚胎发育要求一定的光照条件。在不适宜的光照条件下孵化卵子，则胚胎的新陈代谢作用将出现失调。有的鱼类整个胚胎发育过程可以在无光照的条件下进行，光线的存在反而会延缓其发育甚至产生致死的破坏作用。一般来说，浮性卵都需要充足的光照条件才能正常发育，若光照条件不足则会延缓发育，使胚胎发育不正常，孵化率降低。对于多数需要光照孵化的鱼卵来说，适当增强光照，会加快胚胎的发育进程，缩短孵化所需时间，而不影响胚胎的正常发育。

（5）溶解氧。海水鱼类胚胎的发育过程是一个需氧过程，只有水环境中溶解氧达到一定的浓度时，才能通过胚膜传递至胚胎内，供发育需要。通常，鱼类胚胎随着自身的发育，其需氧量逐渐增加。当外界环境温度升高时，其需氧量也会相应增加。

1.4.3 鱼类胚后发育阶段的划分

（1）仔鱼期。仔鱼期的主要特征是鱼苗身体具有鳍褶。该期又可分为初孵仔鱼、仔鱼前期和仔鱼后期。初孵仔鱼特指刚从卵膜中脱离出来的仔鱼，仔鱼前期一般指孵化后以卵黄为营养、消化道未打通的鱼苗阶段。在淡水鱼类繁殖中，仔鱼前期的鱼苗通常称为水花。仔鱼后期是指消化道打通，卵黄囊消失开始摄食外界食物的鱼苗阶段，此时奇鳍褶分化为背、臀和尾 3 个部分并进一步分化为背鳍、臀鳍和尾鳍，此外，腹鳍也出现。

（2）稚鱼期。鳍褶完全消失，体侧开始出现鳞片以至全身被鳞。在淡水鱼类繁殖中，乌仔、夏花及小规格鱼种（全长 7 cm 以下）通常属于稚鱼期。

（3）幼鱼期。全身被鳞，侧线明显，胸鳍条末端分支，体色和斑纹与成鱼相似，全长在 7.5 cm 以上的鱼种属于幼鱼。

（4）性未成熟期。具有成鱼的形态结构，但性腺未发育成熟。

（5）成鱼期。性腺第一次成熟至衰老死亡属于成鱼期。

2. 鱼类育苗

2.1 亲鱼培育

亲鱼是指已达到性成熟并能用于繁殖下一代鱼苗的父本（雄性鱼）和母本（雌性鱼）。培育可供人工催产的优质亲鱼，是鱼类人工繁殖决定性的物质基础。要获得大量的、具有优良性状和健康的鱼苗，就要认真做好亲鱼的挑选和亲鱼的培育工作。

2.1.1 亲鱼挑选

挑选优质亲鱼对保持优良的生物遗传性状十分重要，因此，繁殖用亲鱼的挑选必须选择优良品种，且按照主要性状和综合性状进行选择，如生长快、抗病强、体型好等性状，往往成为亲鱼挑选的主要因素。在正常的人工育苗生产中，亲鱼的挑选通常是在已达到性腺成熟年龄的鱼中挑选健康、无伤、体表完整、色泽鲜艳、生物学特征明显、活力好的鱼作为亲鱼。在一批亲鱼中，雄鱼和雌鱼最好从不同来源的鱼中挑选，防止近亲繁殖，以保证种苗的质量。亲本不能过少，并应定期检测和补充。

2.1.2 饵料供应

与生长育肥期动物的培育有所不同，亲体的培育是为了促进性腺正常发育，以获得数量多、质量好的卵子和精子。影响亲体性腺发育和生殖性能的因素有很多，如饲养环境、管理技术、饲料的数量和质量、选育的品系或品种等。其中，营养和饲料无疑是十分重要的因子。众所周知，在生殖季节里，水产动物性腺（尤其是卵巢）的重置在一定时间内可增加数倍乃至十倍以上。在该发育期内，卵子需要合成和积累足够的各种营养物质，以满足胚胎和早期幼体正常发育所需。当食物的数量和质量不能很好地满足亲体性腺发育所需时，会极大地影响亲体的繁殖性能、胚胎发育和早期幼体的成活率。这些影响具体表现在：饲料的营养平衡与否会影响亲体第一次性成熟的时间、产卵的数量（产卵力）、卵径大小和卵子质量，从而影响胚胎发育乃至后续早期幼体生长发育的整个过程。食物短缺会抑制初级卵母细胞的发育，或抑制次级卵母细胞的成熟，从而导致个体繁殖力下降。抑制次级卵母细胞的成熟主要表现在滤泡的萎缩和卵母细胞的重吸收，这在虹鳟、溪红点鲑等种类中十分普遍。食物不足直接使卵子中卵黄合成量减少，使卵径明显变小。从已有的研究来看，限食会降低雌体的繁殖力，使卵径减小。如果食物严重短缺，通常会造成群体中雌体产卵比例下降。下降的比例与食物受限程度，以及鱼的种类紧密相关。

卵子中含 20% ~ 40% 的干物质，其中大多数是蛋白质和脂肪，主要以卵黄颗粒的形式存贮于卵子中。对于不含油球的种类而言，卵黄几乎是胚胎和早期幼体发育的唯一营养物质和能量来源，当幼体由内源性营养转向外源性营养阶段后，有时还需要部分依赖卵黄来提供营养，因此，卵黄所提供的营养物质和能量对幼体的发育和成活至关重要。

（1）蛋白质

蛋白质在水产动物的性腺发育和繁殖中扮演着极为重要的角色。由于蛋白质、脂类和糖等能量物质有非常密切的联系，所以往往把蛋白质和能量结合起来考虑。随着性腺发育和成熟，卵巢中蛋白质的含量升高，蛋白质通过参与卵黄物质如卵黄脂磷蛋白和卵黄蛋白原的合成，在性腺发育和生殖中发挥重要的作用。一般认为，水产动物繁殖期间对蛋白质有一个适宜的需求量，在一定范围内提高饲料蛋白质水平，可以促进亲鱼的卵巢发育，提高产卵力。蛋白原的质量对亲鱼成功繁殖是一个更重要的因素。与处于生长期的动物一样，亲体对蛋白质的需要，其实质是对氨基酸的需要。因此，对氨基酸营养的研究将更加重要。在完全弄清水产动物繁殖所需的氨基酸之前，将亲本培育专用的高质量天然饵料的蛋白质、氨基酸组成作为参照，并通过比较野生群体的卵巢、卵子和幼体中氨基酸的组成和变化模式，来了解胚胎和幼体生物合成所必需的氨基酸，设计亲本专用饲料。

（2）脂类

水产动物对饲料脂类的需要，在很大程度上取决于其中的脂肪酸，尤其是不饱和脂肪酸的种类和数量。性腺成熟过程中对脂肪酸有明显的选择性，这主要取决于所需的脂肪酸到底是用于提供能量，还是参与合成性腺物质。磷脂和甘油三酯中的脂肪酸被分解，为胚胎和早期幼体的发育提供能量。同时 n-3PUFA 参与细胞膜的形成。与机体其他组织相比，鱼类卵子中的脂肪酸、脂类成分组成相对稳定，不容易受外源食物组成的影响，表明动物性产物中脂类特别成分的重要性。即便如此，近年的研究和实践表明，人为措施可以在一定程度上改变水产动物卵子的脂肪酸组成，从而可有目的地提高性产物的数量和质量。研究证实，饲料中缺乏 n-3HUFA 会显著影响亲鱼的产卵力、受精率、幼体的孵化率和成活率。鱼类的成功繁殖在相当程度上取决于卵子的质量，但同时也与精子的质量紧密相关。人工养殖条件下，水产动物繁殖失败往往与营养不合理所导致的精子质量下降密切相关。

（3）维生素

有关亲鱼维生素营养的研究工作，主要围绕着维生素 E 和维生素 C 来进行。维生素 E 除有抗不育功用外，主要是作为抗氧化剂，避免细胞膜上的不饱和脂肪酸被氧化，从而保持细胞膜的完整性和正常的生理功能，这一点对胚胎的正常发育尤为重要。饲料维生素 E 含量缺乏，会导致一些鱼类性腺发育不良，降低孵化率和鱼苗的成活率。在真鲷饲料中把维生素 E 的含量提高到 2 000 mg/kg，能够提高浮性卵、孵化率和正常幼鱼的比例。同样地，隆颈巨额鲷亲鱼饲料中的维生素 E 由 22 mg/kg 提高到 125 mg/kg，就能显著减少畸形卵子的数量。饲料中缺乏维生素 E 对垂体－卵巢系统的显著影响，表明维生素 E 在鱼类繁殖生理过程中有重要的作用。

硬骨鱼类在生殖细胞发生过程中，维生素 C 的抗氧化作用对精子和卵子的受精能力，以及保护生殖细胞的遗传完整性都很重要。饲料缺乏维生素 C 会损害亲鱼的正常生殖性能。

类胡萝卜素是动物自身不能合成，必须从食物中摄取的色素物质。类胡萝卜素的不同形式在体内可以相互转化。类胡萝卜素对水产动物的幼体和亲体都很重要，这与其抗过氧化功能有关。动物在生长期间，把摄取和吸收的虾青素和角黄素先储存、富集在肌肉中。进入性腺成熟时，机体动员肌肉等组织中的类胡萝卜素，通过极高密度脂蛋白（VHDL）或高密度脂蛋白（HDL），以虾青素和角黄素形式被转运到卵巢中，最后进入幼体。对虹鳟来说，随着卵巢的发育成熟，几乎所有的类胡萝卜素都被动员和转运，但其数量仍然不能很好地满足卵巢快速增长和生理代谢的需要，仍必须从外界的食物中得到必要的补充。

（4）矿物质

尽管水产动物能通过鳃和皮肤等直接从水环境中吸收部分无机盐，但通常认为单从环境中摄取的无机盐，无法完全满足动物各种生理机能的需要，仍需从饲料中得到补充。饲料缺乏磷会降低亲鱼的产卵力，产卵量、浮性卵比例、孵化率都明显下降，而且不正常卵和畸形幼体的数量大大增加，但对卵子的相关生化成分影响不明显。

2.1.3　培育管理

亲鱼的培育管理是鱼类人工繁殖的首要技术关键。只有培育出性腺发育良好的亲鱼，注射催情剂才能使其完成产卵和受精过程。如果忽视亲鱼培育，则通常不能取得好的催情效果。在淡水鱼类繁殖中，亲鱼的培育通常在池塘中进行，而海水鱼类繁育中亲鱼的培育则更多是在海区网箱中进行。

（1）亲鱼池塘培育

亲鱼池塘培育的一般要点如下。

① 选择合适的亲鱼培养池。要求靠近水源，水质良好，注排水方便，环境开阔向阳，交通便利。布局上靠近产卵池和孵化池。面积以 $0.2 \sim 0.3 \ hm^2$ 的长方形池子为好，水深 $1.5 \sim 2 \ m$，池塘底部平坦，保水性好，便于捕捞。

② 放养密度。亲鱼培养池的放养密度一般在 $9\ 000 \sim 15\ 000\ kg/hm^2$。雌雄放养比例约为 $1:1$，具体可根据不同种类适当调整。

③ 培养管理。亲鱼的池塘培育管理一般分阶段进行。

产后及秋季培育（产后到 11 月中下旬）：此阶段主要是要及时恢复产后亲鱼的体力以及使亲鱼在越冬前储存较多的脂肪。一般在产卵后要给予优良的水质及营养充足的亲鱼饲料，一般投喂量占亲鱼体重的 5%。

冬季培育和越冬管理（11 月中下旬至翌年 2 月）：天气晴好，水温偏高时，鱼还摄食，应适当投饵，以维持亲鱼体质健壮，不掉膘。

春季和产前培育：亲鱼越冬后，体内积累的脂肪大部分转化到性腺，加之水温上升，鱼类摄食逐渐旺盛，同时性腺发育加快。此时期所需的食物，在数量和质量上都超过秋冬季节，是亲鱼培育非常关键的时期。此阶段要定期注排水，保持水质清新，以促进亲鱼性腺的发育。一般前期可 7 ~ 10 天排放水 1 次，随着性腺发育，排放水频率逐渐提高到 3 ~ 5 天 1 次。

（2）亲鱼网箱培育

① 选择合适的海区和网箱。网箱养殖海区的选择，既要考虑其环境条件能最大限度地满

足亲鱼生长和成熟的需要，又要符合养殖方式的特殊要求。应事先对拟养海区进行全面详细的调查，选择避风条件好、波浪不大、潮流畅通、地势平坦、无水体物污染，且饵料来源及运输方便的海区。

亲鱼培育的网箱多为浮筏式网箱，根据亲鱼的体长选择合适的网箱规格，亲鱼体长小于 50 cm，可选择 3 m×3 m×3 m 的网箱，亲鱼体长大于 50 cm，则一般选择 5 m×5 m×5 m 的规格。网箱的网目，越大越好，以最小的亲鱼鱼头不能伸出网目为宜。

② 确定合适的放养密度。亲鱼放养密度以 4 ~ 8 kg/m³ 为好，密度小于 4 kg/m³，不能充分利用水体；密度大于 8 kg/m³，亲鱼拥挤，容易发病，不利于亲鱼培育。

③ 日常管理。每天早晚巡视网箱，观察亲鱼的活动情况，检查网箱有无破损。每天早上投喂 1 次，投喂量约为体重的 3%。投喂时，注意观察亲鱼摄食情况。若水质不好，则减少投喂量；若水质和天气正常，但亲鱼吃食不好，则需取样检测是否有病。若有病则需及时对症治疗。在入冬前 1 个月，亲鱼每天需喂饱，使亲鱼贮存足够的能量安全越冬。20 天左右换网 1 次。台风季节做好防台风工作。

④ 产前强化培育。产卵前 1 个半月至两个月为强化培育阶段。在这个阶段，亲鱼的饵料以新鲜、蛋白含量高的小杂鱼为主，每天投喂 1 次，投喂量为亲鱼体重的 4%，同时在饵料中加入营养强化剂如维生素、鱼油等，促进亲鱼性腺发育。一般经过 1 个半月至两个月的培育，亲鱼可以成熟，能自然产卵。检查亲鱼性腺成熟度的方法是：用手轻轻挤压鱼的腹部，乳白色的精液从生殖孔流出，表示雄鱼成熟。雌鱼可以用采卵器或吸管从生殖孔内取卵，若卵呈游离状态，表示雌鱼成熟。此时可以把亲鱼移到产卵池产卵，或在网箱四周加挂 2 ~ 2.5 m 深的 60 目筛绢网原地产卵。

⑤ 产卵后及时维护管理。亲鱼在产卵池产完卵后，应移入网箱培育。产后亲鱼体质虚弱，常因受伤感染疾病，必须采取防病措施，轻伤可用外用消毒药浸泡后再放入网箱；受伤严重，除浸泡外，还需注射青霉素（10 000 IU/kg），并视情况投喂抗生素药饵。

2.2 催产

2.2.1 催产基本原理

在天然水域条件下，鱼类性腺发育成熟并出现产卵和排精活动，往往是水流等外界综合生态条件刺激及鱼体内分泌调节共同作用的结果。在人工养殖条件下，通常缺乏外界生态条件的有效刺激，从而影响养殖鱼类下丘脑合成并释放 GnRH，导致亲鱼的性腺发育不能向第 V 期过渡，进而在人工养殖条件下顺利产卵。因此，可采用生理、生态相结合的方法，即对鱼体直接注射垂体制剂或 HCG，代替鱼体自身分泌 GtH 的作用，或者将人工合成的 LRH-A 注入鱼体代替鱼类自身的下丘脑释放的 GnRH 的作用，由它来触发垂体分泌 GtH。总之，对鱼类注射催产剂是取代了家鱼繁殖时所需要的那些外界综合生态条件，而仅仅保留影响其新陈代谢所必需的生态条件（如水温、溶解氧等），从而促进亲鱼性腺发育成熟、排卵和产卵。

2.2.2 雌雄鉴别及成熟亲鱼的选择

（1）雌雄亲鱼的鉴别

鱼类在接近或达到性成熟时，在性激素的作用下也会产生第二性征，尤其是淡水鱼类的雄性个体，在胸鳍上会出现"珠星"，用手摸有粗糙感。但不少海水鱼类中，这些副性征并不明显。在繁殖季节，一般雌性亲鱼由于卵巢充满成熟卵而腹部膨胀，可由体型判别雌雄，而且，雌性亲鱼生殖器外观较大、平滑、突出，内有3个孔，由前而后依次为肛门、生殖孔和泌尿孔，即将产卵的雌鱼生殖孔向外扩张呈深红色，而雄鱼只有肛门和尿殖孔两个孔。此外，一些海水鱼存在性转变现象，如鲷科鱼类为雌雄同体雄性先成熟的种类，石斑鱼则是雌雄同体雌性先成熟的种类，故在挑选亲鱼时，仅从个体大小即可初步鉴别亲鱼的性别。

（2）成熟亲鱼的选择与配组

一般认为，雌性亲鱼个体光滑、无损伤，腹部膨大松软，卵巢轮廓明显延伸到肛门附近，用手轻压腹部前后均松软，腹部鳞片疏开，生殖孔微红，稍微突出者为完好的成熟亲鱼。从外观上选择成熟亲鱼有时比较困难，检查前一定要停食1～2天，避免饱食造成的假象。选择时将鱼腹部朝上，两侧卵巢下坠，腹中线下凹，卵巢轮廓明显，后腹部松软者为好。此外，也可从卵巢中取活卵进行成熟度的鉴别。

成熟雄鱼的选择相对简单，将雄鱼腹部朝上，轻轻挤压雄鱼腹部两侧，若是成熟的雄鱼，即有乳白色黏稠的精液涌出，滴入水中后即散开，若精液稀少，如水呈细线状不散，则表明尚未完全成熟，应继续培育；若挤出的精液稀薄，带黄色，表明精巢退化，不宜使用，否则受精卵低，畸形率高。

选择成熟亲鱼时，不论雌雄，不仅性腺发育要好，而且要求体质健壮，无损伤，否则催产效果差，且产后亲鱼易死。

催产时，雌雄亲鱼搭配比例要适当，一般雌雄比在1∶（1～2）即可。

2.2.3 催产方法及催产药物剂量

（1）催产药物

目前用于鱼类繁殖的催产剂主要有绒毛膜促性腺激素（HCG）、鱼类脑垂体（PG）和促黄体素释放激素类似物（LRH–A）等。

① 绒毛膜促性腺激素。HCG是从怀孕2～4个月的孕妇尿中提取出来的一种糖蛋白激素，分子量为36 000左右，对温度的反应较敏感，且反复使用容易产生抗药性。在物理化学和生物功能上类似于哺乳类的促黄体素（LH）和促滤泡素（FSH），生理功能上似乎更类似于LH的活性。HCG直接作用于性腺，具有诱导排卵的作用；同时也具有促进性腺发育，促使雌雄性激素产生的作用。

② 鱼类脑垂体。鱼类脑垂体中含有多种激素，对鱼类催产最有效的成分是促性腺激素（GtH），GtH是一种分子量为30 000左右的大分子糖蛋白激素，反复使用也容易产生抗药性。但它直接从鱼类中取得，对温度变化的敏感性较低。GtH含有两种激素（即FSH和LH），它们直接作用于性腺，可以促使鱼类性腺发育；促进性腺成熟、排卵、产卵和排精；并控制性腺分泌性激素。在采集鱼类脑垂体时，必须考虑以下因素：脑垂体中的GtH具有种的特异性，不同鱼类的GtH，其氨基酸组成和排列顺序不尽相同，生产上一般采用分类上比较接近的鱼类，如同属或同科的鱼类脑垂体作为催产剂，效果显著。脑垂体中GtH含量与鱼是否性成熟有关，只有性成熟的鱼类，其脑垂体间叶细胞中的嗜碱性细胞才含有大量的分泌颗粒，其GtH的含量高，

反之则含量低。再有，脑垂体中 GtH 的含量与季节密切相关，其含量最高的时间是在鱼类产卵前的两个月内。成熟雌雄亲鱼的脑垂体均可用于制作催产剂。取出的脑垂体去除黏附的附着物后，浸泡在 20 ~ 30 倍体积的丙酮或乙醇中脱水脱脂，过夜后，更换同体积的丙酮或无水乙醇，再经 24 h 后取出在阴凉通风处吹干，密封在 4℃的环境温度保存待用。

③ 促黄体素释放激素类似物 LRH–A 是一种人工合成的九肽激素，分子量为 1 167。LRH–A 是哺乳类下丘脑分泌的一种作用于脑垂体的激素——促黄体素释放激素（LRH）的类似物，LRH 对哺乳类的催产效果很明显，但对鱼类的作用效果不强，为此人们合成了 LRH–A，LRH–A 对鱼类的作用效果明显，可反复使用不会产生抗药性，并对温度的变化的敏感性较低。由于它的靶器官是脑垂体，由脑垂体根据自身性腺的发育情况合成和释放适度的 GtH，然后作用于性腺，因此，不易造成难产等现象的发生，且价格比 HCG 和 PG 便宜，在实际生产中应用广泛。LRH–A 的功能包括如下几方面：刺激脑垂体释放 LH 和 FSH；刺激脑垂体合成 LH 和 FSH；刺激排卵。

近年来，我国又在研制 LRH–A 的基础上，研制出了 LRH–A2 和 LRH–A3。实践证明，LRH–A2 的催产效果比 LRH–A 更显著，且使用剂量可为 LRH–A 的 1/10；而 LRH–A3 对促进亲鱼性腺成熟的作用比 LRH–A 好得多。

④ 地欧酮（DOM）。地欧酮是一种多巴胺抑制剂。鱼类下丘脑除了存在促性腺激素释放激素（GnRH）外，还存在促性腺激素释放激素的抑制激素（GRIH），GRIH 对垂体 GtH 的释放和调节起了重要的作用。而多巴胺在硬骨鱼类中起着与 GRIH 相同的作用，它能直接抑制垂体 GtH 细胞自动分泌，又能抑制下丘脑分泌 GnRH。采用地欧酮就可以抑制或消除促性腺激素释放激素抑制激素对下丘脑促性腺激素释放激素的影响，从而增强脑垂体 GtH 的分泌，促使性腺的发育成熟。生产上地欧酮不单独使用，主要与 LRH–A 混合使用，以进一步增强其活性。

（2）催产剂的注射

催产剂的剂量应根据亲鱼成熟情况、催产剂的质量等具体情况灵活掌握。一般在催产早期和晚期，剂量可适当偏高，中期可适当偏低；在水温较低或亲鱼成熟度较差时，剂量可适当偏高，反之可适当降低剂量。

催产剂注射次数应根据亲鱼的种类、催产剂的种类、催产季节和亲鱼成熟程度等来决定。如一次注射可达到成熟排卵，就不宜分两次注射，以免亲鱼受伤。成熟较差的亲鱼，可采用两次注射，尤以注射 LRH–A 为佳，以利促进性腺进一步发育成熟，提高催产效果。如采用两次注射，第一次注射量只能是全量的 10% 左右，第一次注射剂量过高，容易引起早产。

亲鱼催产激素的注射分体腔注射和肌肉注射两种。生产上多采用体腔注射法。注射时，使亲鱼侧卧在水中，把鱼上半部托出水面，在胸鳍基部无鳞片的凹入部位，将针头朝向头部前上方与体轴成 45℃ ~ 60℃角刺入 1.5 ~ 2.0 cm，然后把注射液徐徐推入鱼体。肌肉注射部位是在侧线鱼背鳍间的背部肌肉。注射时，把针头向头部方向稍微挑起鳞片刺入 2 cm 左右，然后把注射液徐徐注入。注射完毕迅速拔出针头，然后把亲鱼放入产卵池中。在注射过程中，当针头刺入后，若亲鱼突然挣扎扭动，应迅速拔出针头，以免造成大的伤害。可待鱼安定后再行注射。催产时需根据水温和催产剂的种类计算好效应时间，掌握适当的注射时间。

2.2.4 效应时间

所谓效应时间是指亲鱼注射催产剂之后（末次注射）到开始发情产卵所需的时间。经催情注射的亲鱼，在产卵前有明显的雌、雄追逐兴奋表现，称之为发情。亲鱼的正常发情表象，首先是水面出现几次波浪，这是雌、雄鱼在水面下兴奋追逐的表现，如果波浪继续间歇出现，且次数越来越密，波浪越来越大，此时发情将达到高潮。

效应时间的长短与鱼催产剂的种类、水温、注射次数、亲鱼种类、年龄、性腺成熟度以及水质条件等密切相关。注射脑垂体比注射 HCG 效应时间要短，而注射 LRH-A 比注射脑垂体或 HCG 效应时间要长一些。水温与效应时间成负相关。水温高，效应时间则短，水温低，效应时间则长，一般情况下，水温每差 1℃，从打针到发情产卵的时间要增加或减少 1 ~ 2 h。水温突然降低，不但会延长效应时间，甚至会导致亲鱼正常产卵活动停止。一般两次注射比一次注射效应时间短。两次注射 LRH-A 随针距延长，效应时间有缩短的趋势，如果鲢鱼两次注射 LRH-A 针距为 24 h，效应时间大致可稳定在 10 h 左右。效应时间的长短也随鱼类的种类而不同，相同剂量下，草鱼的效应时间短，鲢鱼居中，鳙鱼和青鱼的效应时间略长。初次性成熟的个体，对 LRH-A 反应敏感，其效应时间比个体大、繁殖过多次的亲鱼要短。性腺发育良好和生态条件适宜，亲鱼能正常发情产卵，效应时间也比较短一些，反之，亲鱼成熟差，产卵的条件不适宜，往往拖延发情产卵，延长效应时间。

2.2.5 产卵

一般发情达到高潮时亲鱼就产卵、排精。因此，准确地判断发情排卵时刻是很重要的，特别是采用人工授精方法时，如果发情观察不准确，采卵不及时，都直接影响鱼卵受精、孵化的效果。过早动网采卵，亲鱼未排卵；太迟采卵，可能在动网时亲鱼已把卵产出或卵子滞留在卵巢腔内太久，导致卵子过熟，受精率、孵化率低。

目前，生产中采用自然产卵受精及人工采卵授精两种方法。

（1）自然产卵受精。亲鱼自行把卵产在池中自行受精的称为自然产卵受精。对于产浮性卵的鱼类，在产卵池的集卵槽上挂上一个集卵网箱，通过水流的带动，将受精卵集于网箱中，再将网箱中的受精卵用小手抄网移到孵化池中孵化；也可用小手抄网直接捞取浮在水面的受精卵转移到孵化池中孵化。对于产黏性卵的鱼类，则需在亲鱼产卵发情前在产卵池中放置处理好的鱼巢，供受精卵附着，然后转移到孵化池中孵化。

（2）人工采卵授精。当亲鱼发情临产时，取雌雄亲鱼同时开始采卵和采精，把精、卵混合在一起进行人工授精。人工授精有干法授精、半干法授精和湿法授精 3 种。

2.3 孵化

孵化是指受精卵经胚胎发育到孵出仔鱼的全过程。人工孵化就是根据受粮卵胚胎发育的生物学特点，人工创造适宜的孵化条件，使胚胎能正常发育孵出仔鱼。

2.3.1 鱼卵质量鉴别

由于卵子本来的成熟程度不同，或排卵后在卵巢腔内停留的时间不同，使产出的卵质量上有很大的差异。

亲鱼经注射催产剂后，发情时间正常，排卵和产卵协调，产卵集中，卵粒大小一致，吸水膨胀快，胎盘隆起后细胞分裂正常，分裂球大小均匀，边缘清晰，这类卵质量好，受精率高。

如果产卵的时间持续过长，产出的卵大小不一，卵子吸水速度慢，卵膜软而扁塌，膨胀度小，或已游离于卵巢腔中的卵子未及时产出而趋于成熟。这类卵质量差，一般不能受精或受精很差。过熟的卵，虽有的也能进行细胞分裂，但分裂球大小不一，卵子内含物很快发生分解。鱼卵质量可用肉眼从其外形上鉴别。

2.3.2 环境对孵化的影响

适宜的孵化条件是保障胚胎正常发育、提高出苗率的重要因素。影响鱼类孵化的环境因素主要有温度、溶解氧、盐度、水质和敌害生物（桡足类、霉菌）等。

2.4 仔、稚鱼培育

仔、稚鱼培育一般有两种方式，一种是在室内水泥池培育，一般适用于海水鱼类及部分名贵的淡水鱼类。另一种是室外土池培育，在淡水常规鱼类的繁育中应用普遍，目前在我国海南及广东等地，土池培育方法也开始应用于石斑鱼等海水鱼类的苗种培育。

2.4.1 室内水泥池培育

仔、稚鱼室内水泥池培育的育苗池根据实验和生产的规模，可以采用圆形、椭圆形、不透明、黑色或蓝绿色的容器，也可以是方形或长方形的水泥池。初孵仔鱼的放养密度与种类有关，花鲈的初孵仔鱼的放养密度为 10 000 ~ 20 000 尾 /m³；赤点石斑鱼初孵仔鱼的放养密度为 20 000 ~ 60 000 尾 /m³。在仔鱼放养前，先注入半池过滤海水，之后每天添水 10%，至满池再换水。育苗期间的主要管理工作有以下几点。

（1）饵料投喂。室内水泥池鱼苗培育的饵料有小球藻、轮虫、卤虫无节幼体、桡足类及人工配合饲料。小球藻主要作为轮虫的饵料，同时又可以改善培育池的水质，从仔鱼开口的 40 天内，一般都要添加，小球藻的添加密度一般为 30×10⁴ ~ 100×10⁴ 细胞 /mL。轮虫作为仔鱼的开口饵料，一般在开口前一天的晚上添加。若是酵母培养的轮虫，则在投喂之前需要用富含 EPA 和 DHA 的营养强化剂进行营养强化。轮虫的投喂密度一般为 5 ~ 10 个 /mL。轮虫的投喂期一般在 15 ~ 30 天，具体视鱼苗的种类及生长情况而定。当仔鱼培育至 10 ~ 15 天，视鱼苗口裂的大小，可以同时投喂卤虫无节幼体，卤虫无节幼体投喂前同样需要营养强化，投喂密度为 3 ~ 5 个 /mL。一般种类在孵化后 20 天左右，可以投喂桡足类，在 25 ~ 30 天左右可以投喂人工配合饲料。各种饵料投喂需要有一定的混合，以保证饵料转换期不出现大的死亡率。

（2）水色及水质管理。在仔鱼培育时可利用单胞藻等改善水质。利用小球藻、盐藻等单胞藻配成"绿水"培育仔鱼，如石斑鱼、真鲷、花尾胡椒鲷、鲻、军曹鱼等，已有很多成熟的经验。水质管理要求使水温、盐度、溶解氧等指标处于鱼苗的最适宜范围内。特别要注意水体中氨氮等有毒物质的积累不能超标。一旦超出则需换水。一般初孵仔鱼日换水量可以控制在 20%，之后随鱼苗生长、鱼苗密度、投饵种类和数量、水质情况等逐渐加大换水量，最高日换水量可到 100% ~ 150%。换水一般采用筛绢网箱内虹吸法进行。

（3）充气调节。初孵仔鱼体质较弱，在育苗池中充气时，若气流太大则易造成仔鱼死亡。在一般情况下，由通气石排出的微细气泡可附着于仔鱼身上或被仔鱼误食，造成仔鱼行动困难，浮于水面，生产上称为"气泡病"，是仔鱼时期数量减耗的原因之一。充气的目的是为了提高水体中的溶氧量和适当地促进水的流动。在生产性育苗中，每平方米水面有一个小型气泡石，进行微量充气即可满足要求。

（4）光照调节。在种苗生产中，不同种类的鱼对光照度的要求不同。如在真鲷培育中，育苗槽的水面光照度应调整在 3 000 ～ 5 000 lx 之间，夜间采用人工光源照射，可以促使仔鱼增加摄食量和运动量，并避免仔鱼因停止运动而被冲走的危险。

（5）池底清污。在鱼苗投饵一周后，可采用人工虹吸法进行池底清污。一般投喂轮虫时，可 2 ～ 3 天清污 1 次，若开始投喂配合饲料，则最好每天清污 1 次。

（6）鱼苗分选。鱼苗经过一个月的培育，大小会出现分化。若是一些肉食性的鱼类，则会出现明显的残杀现象。应及时用鱼筛分选，将不同规格的鱼苗分池培育，以提高成活率。

此外，培苗期间每天还应注意观察仔、稚鱼的摄食和活动情况，做好工具的消毒工作，发现异常及时采取措施加以应对。

2.4.2 室外土池培育

室外土池培育是我国淡水"四大家鱼"传统的育苗生产方式，一般在仔鱼开口后数天或稚鱼期后放入土池，以此降低生产成本。培育的要点是控制敌害，掌握在池内浮游生物快速增长时放苗，防止低溶氧等。同室内水泥池育苗相比较，其优点是可在育苗水体中直接培养生物饵料，饵料种类与个体大小呈多样性，营养全面，能满足仔、稚鱼不同发育阶段及不同个体对饵料的需求。仔、稚鱼摄食均衡，生长快速，个体相对整齐，减少了同类相残，且节省人力、物力及供水、饵料培育等附属设施，建池及配套设施投资少，操作简便，便于管理，有利于批量生产。但缺点是难以人为调控理化条件，更无法提早培育仔、稚鱼，只能根据自然水温条件适时进行育苗。主要的技术要点如下。

（1）池塘选择。选塘的标准应从苗种生活环境适宜、人工饲喂、管理及捕捞方便等几方面来考虑。同时亦应根据培育不同种类加以选择。池塘不宜过大，一般以面积 0.1 ～ 0.3 hm^2、平均水深 1.5 m 以上为宜。要求进排水方便，堤岸完整坚固，堤壁光洁，无洞穴，不漏水，池底平坦，并向排水处倾斜，近排水处设一集苗池，可配套提水设备。池塘四周应无树阴遮蔽，阳光充足，空气流通，有利于饵料生物及鱼苗的生长。

（2）清塘。清塘的目的是把培育池中仔、稚鱼的敌害生物彻底清除干净，保证仔、稚鱼的健康和安全，这是提高鱼苗成活率的一个关键环节。比较常用的清塘药物有茶粕（500 ～ 600 kg/hm^2），生石灰（干塘 750 ～ 1 000 kg/hm^2；带水 1 500 ～ 2 000 kg/hm^2）、漂白粉等。

（3）培养基础饵料。待清塘药物药效消失后，重新注入经双层 100 目过滤的清洁无污染渔业用水，待水位覆盖池底 5 ～ 10 cm 后，用铁耙人工翻动底泥，让轮虫冬卵上浮。然后继续进水，将水位升至 50 cm 左右。在鱼苗下塘前 2 天，用全池泼洒的方式每亩施发酵猪肥 200 kg，培养轮虫饵料，同时清除青蛙卵群。根据天气及鱼卵孵化进程调整施肥类和数量，以使鱼苗下塘时池塘中轮虫等基础饵料处于高峰期。一般情况下，轮虫高峰期在进水施肥后的 7 ~ 10 天出现。

（4）仔鱼放养。将孵化环道中或孵化桶中的鱼苗转移到鱼苗培育池旁边的暂养水槽内，保持环道和暂养水槽的水温基本一致。按 10×10^4 尾鱼苗投喂 1 个鸡蛋黄的用量，投喂经 120 目过滤的蛋黄液，同时向暂养水体中添加 10×10^{-6} 个光合细菌，微充气。1 h 后将鱼苗转移到鱼苗培育池内。鱼苗下塘时，应注意风向。如遇刮风天气，则在上风口的浅水处将鱼苗轻缓投放在水中。鱼苗培育的投放密度控制在 $(1.5 \sim 2) \times 10^6$ 尾 /hm^2，具体视鱼苗种类、池塘饵料生物、培苗技术等做适当调整。

（5）培养管理。鱼苗下塘后，当天即应泼洒豆浆并根据鱼苗的生长及池塘水质情况进行分阶段强化培育。鱼苗下塘第 1 周：每天均匀泼洒豆浆 3 次，每次使用黄豆 15 kg/hm^2。黄豆在磨成豆浆前需浸泡 8 ~ 10 h。每 2 ~ 3 天添补新水 10 cm，同时使用光合细菌菌液 45 L/hm^2。鱼苗下塘第 2 周：每天均匀泼洒豆浆 3 次，每次使用黄豆 20 kg/hm^2。每 2 ~ 3 天添补新水 15 cm。每次添水后增施发酵有机肥 1 000 kg/hm^2，并使用光合细菌菌液 45 L/hm^2。鱼苗下塘第 3 周：每天在池塘浅水处投喂糊状或微颗粒状商品饵料 3 次。饵料的投喂量 15 ~ 30 kg/ 次，视鱼苗的生长而逐步增加。同时每天均匀泼洒豆浆两次，每次使用黄豆 15 kg/hm^2。每 2 ~ 3 天添补新水 15 cm，并使用光合细菌菌液 45 L/hm^2。鱼苗下塘第 4 周：每天在池塘浅水处投喂微颗粒饵料 4 次。每亩日投喂量在 100 ~ 200 kg/hm^2，视水体生物饵料的数量及鱼苗的生长而定。水位逐步加注到 1.5 ~ 1.6 m 后，视水质情况进行换水。每 2 ~ 3 天使用光合细菌菌液 45 L/hm^2。整个鱼苗管理期间，注意巡塘和水质监控，防止鱼苗缺氧致死，同时及时捞出青蛙卵群和蝌蚪。

（6）拉网锻炼。在鱼苗下塘后第 4 周，选择晴天上午进行拉网，将鱼苗集中于网内，不离水的情况下半分钟后撤网。隔天再次拉网，并将鱼苗集中到网箱中 1 h。其间网箱中布置气石充气以防止鱼苗缺氧，然后可将鱼苗出售或转移到鱼种培育池养殖。

2.5 鱼苗运输

2.5.1 鱼苗运输的方法

根据所运鱼苗的数量、发运地至目的地的交通条件确定运输方式。鱼苗的运输方式有空运、陆运和海运 3 种。

（1）空运。适合远距离运输，具有速度快，时间短，成活率高的优点。但要求包装严格，运输密度小，包装及运输费用高。一般采用双层聚乙烯充气袋结合航空专用泡沫包装箱和纸箱进行包装。往聚乙烯袋中装入 1/3 体积的海水及一定数量的鱼苗，赶掉袋中空气，冲入纯氧气，用橡皮筋扎紧后平放入泡沫箱中，然后将泡沫箱用纸箱包裹，用胶带密封。空运时间不宜超过 12h，且鱼苗在运输前 1 天应停止投喂。运输海水最好用沙滤海水，气温和水温高时，泡沫箱中可以适当加冰降温。

（2）陆运。运输密度大，成本低。但远距离运输时间太长，会影响成活率。陆运一般使用厢式货车进行，车上配备空袋、纸箱（或泡沫箱）、氧气和水等，以便途中应急，运输途中，不能日晒、雨淋、风吹，最好用空调保温车辆运输，运输方法有密封包装运输和敞开式运输两种。密封包装运输的包装方法和运输密度同空运，只是不需航空专用包装，外层纸箱可省掉，以降低运输成本。敞开式运输使用鱼篓、大塑料桶、帆布桶等进行运输。

（3）海运。运输量大，成本低，沿海可做长距离运输。但运输时间长，受天气、风浪影响大。将鱼苗装到船的活水舱内，开启水循环和充氧设备，使海水进入活水鱼舱内进行循环，整个运输途中，鱼苗始终生活在新鲜海水中。这种运输方式，相对要求鱼苗规格较大，但对鱼苗的影响小，途中管理方便，可操作性强，成活率高。通过大江大河入海口和被污染水域时应关闭活水舱孔，利用水泵抽水进行内循环，以免水质变化太大，造成鱼苗死亡。长距离运输途中要适当投喂。

2.5.2 提高运输成活率的主要措施

在鱼苗运输中要保持成活率，以取得较好的经济效益。因此，在整个运输过程中，必须改善运输环境，溶解氧、温度、二氧化碳、氨氮、酸碱度、鱼苗渗透压、鱼苗体质、水体细菌含量是影响鱼苗运输成活率的关键因素。运输中通常可采用的措施有以下几点。

（1）充氧。目前大多采用充氧机增加水中溶解氧的含量。

（2）降温。通过降低温度来减缓其机体的新陈代谢，以提高运输成活率。

（3）添加剂。为控制和改善运输环境，提高运输成活率，可在水中适当加入一些光合细菌或硝化细菌，以保持良好的水质。也可以适量添加维生素 C 等抗应激药物。

（4）运输密度。运输时，常用的鱼水之比为 1∶（1 ~ 3），具体比例视品种、体质、运输距离、温度等因素而定。一般距离近、水温低、运输条件较好或体质好、耐低氧品种的运输密度可大些。

（5）运输途中管理。运输途中要经常检查鱼苗的活动情况，如发现浮头，应及时换水。换水操作要细致，先将水舀出 1/3 或 1/2，再轻轻加入新水，换水切忌过猛，以免鱼体受冲击造成伤亡。若换水困难，可采用击水、送气或淋水等方法补充水中溶氧。另外要及时清除沉积于容器底部的死鱼和粪便，以减少有机物耗氧率。

3. 鱼类养殖

3.1 鱼类养殖模式

我国目前鱼类养殖的模式主要有池塘养鱼、网箱养鱼、稻田养鱼、工厂化养鱼及天然水域鱼类增殖和养殖等。

3.1.1 池塘养鱼

我国池塘养鱼主要利用经过整理或人工开挖面积较小（一般面积小的 0.5 ~ 1 hm²，大的有 1 ~ 3 hm² 不等）的静水水体进行养鱼生产。由于管理方便，环境容易控制，生产过程能全面掌握，故可进行高密度精养，获得高产、优质、低耗和高效的结果。池塘养鱼体现着我国养鱼的特色和技术水平。我国的池塘养鱼素以历史悠久、技术精湛而闻名于世。

3.1.2 网箱养鱼

网箱养鱼是在天然水域条件下，利用合成纤维网片或金属网片等材料装配成一定形状的箱体，设置在水体中，把鱼类高密度地养殖在箱中，借助箱体内外水体的不断交换，维持箱内适合鱼类生长的环境，利用天然饵料或人工投饵培养鱼种和商品鱼。网箱养鱼原是柬埔寨等东南亚国家传统的养殖方法，后来在全世界得以推广。网箱养殖具有不占土地，可进行高密度养殖，能充分利用水体天然饵料，捕捞方便等特点。目前，我国南方的海水鱼类养殖主要在网箱中进行，尤其以广东、福建及海南的规模最大。

3.1.3 稻田养鱼

以稻为主，稻鱼兼作，充分挖掘稻田的生产潜力，以鱼促稻，稻鱼双丰收。稻田养鱼是我国淡水鱼类养殖的重要组成部分，具有悠久的历史。20 世纪 80 年代以来，稻田养殖发展很快。根据生物学、生态学、池塘养鱼学和生物防治的原理，建立了鱼稻共生理论，使水稻种植和养鱼有机结合起来，进一步推动稻田养鱼的发展。因各地的自然条件不同，形成了多种类型的稻田养鱼类型，通常有稻鱼兼作、稻鱼轮作及冬闲田养鱼及全年养鱼 4 种类型。

3.1.4 工厂化养鱼

工厂化养鱼是在高密度的养殖条件下，根据鱼类生长对环境条件的需要，建立人工高度可控的环境，营造鱼类最佳生长条件；根据鱼类生长对营养的需求，定量供应优质的配合饲料，促使鱼类在健康的条件下快速生长的养殖模式。工厂化养殖是世界水产养殖的前沿，具有养鱼设施和技术日趋高新化、养殖规模日趋大型化、养殖环节日趋产业化的特点。目前，工厂化养鱼主要有 4 种养殖类型：自流水式养殖、开放型循环流水养殖、封闭式循环流水养殖和温流水式养殖。

3.1.5 天然水域鱼类增殖和养殖

天然水域鱼类增殖和养殖主要通过亲鱼和产卵场保护、仔鱼和幼鱼保护、增设人工产卵场和人工鱼礁、人工鱼苗放流、鱼类移植驯化等措施，增加天然水域的鱼类资源及其天然饵料的数量，从而提高水域的鱼类捕捞产量。天然水域合理鱼类增殖和养殖是天然水域生态友好型利用的重要补充。在鲟鱼、鲑鳟鱼类等品种上取得了很好的效果。

3.2 饲养管理

3.2.1 池塘鱼类饲养管理

我国开展池塘鱼类饲养管理已有悠久的历史，在长期的养殖实践中，水产科技工作者将池塘养鱼生态系统进行简化和提炼，形成了"水、种、饵、密、轮、混、防、管"的"八字精养法"。水指水环境；种指养殖鱼类的种质；饵指鱼类摄食的饵料和饲料；密指合理的养殖密度；轮指养殖过程中轮捕轮放；混指合理混养；防指防病防灾；管指科学管理。这 8 个要素从不同方面反映了养鱼生产各环节的特殊性。其中水、种、饵是养鱼的 3 个基本要素，是池塘养鱼的物质基础，一切养鱼技术措施，都是根据水、种、饵的具体条件来确定的。三者密切联系，构成"八字精养法"的第一层。混养及合理养殖密度则能充分利用池塘水体和饵料，发挥各种鱼类群体生产潜力。轮养则是在混养和合理密养的基础上，进一步延长和扩大池塘的利用时间和空间。"密、轮、混"是池塘养鱼高产、高效的技术措施，构成"八字精养法"的第二层。防和管则是从养殖者的角度出发，发挥人的主观能动性，通过防和管，综合运用"水、种、饵"的物质基础和"密、轮、混"的技术措施，达到高产高效。防、管是构成"八字精养法"的第大概层。

3.2.2 网箱养殖饲养管理

（1）湖区或海区的选择

选择避风条件好，风浪不大的内湾或岛礁环抱挡风，以免受风暴潮或台风袭击；要求湖底或海底地势平坦，坡度小，底质为沙泥或泥沙；水深一般在 6 ~ 15 m 之间，最低潮位时水深不低于 2 m。水质无污染，附近无大型工程，交通便捷，有电力供应。

（2）网箱类型和规格的选择

我国海水网箱养鱼目前有浮动式网箱、固定式网箱和沉降式网箱 3 种。以浮动式网箱最为普遍。浮动式网箱箱体部分利用浮子及网箱框浮出水面。网箱可随意移动，操作简便，水质状况较固定式好。固定式网箱用竹桩或水泥桩固定，网箱容积随水位涨落而变，只适用于在潮差不大或围堵的湾内。沉降式网箱在风浪较大或需要越冬时采用此种类型，它可以减少附着生物对网目的堵塞，水温较为稳定，但不易管理，投饵需设通道，不便观察。常见网箱规格有 3 m×3 m×3 m、4 m×4 m×4 m、7 m×7 m×5 m、12 m×l2 m×5 m 等。随着网箱养殖的发展，海区网箱养殖甚至出现了直径 60 ~ 100 m 的大型圆形网箱。

（3）网箱布局

合理利用海区或湖区，使之可持续发展是网箱养殖的宗旨。要求养殖面积不能超过水域面积的 1/15 ~ 1/10，且布局上尽可能合理搭配鱼、贝、藻的养殖，提高环境与生物之间的自然协调。鱼排的布置通常以 9 个网箱为 1 个鱼排，两个鱼排为 1 组。

（4）养殖管理

鱼类网箱养殖管理的主要措施如下。

一是确定合理的放养密度、放养规格和放养模式。网箱养鱼放养模式一般可分为单养和混养两种。合理的混养模式可充分利用水域中的天然饵料及主养鱼类的残饵，提高饵料利用率；或可带动抢食不旺盛鱼类的摄食活动；或可摄食网箱附着生物，防止网箱网眼堵塞。放养规格则根据鱼苗种类和来源、养殖条件、网箱网眼及养殖技术等多种因素考虑，没有统一要求。网箱放养密度则由鱼的种类及规格、水流条件、饵料及养殖管理水平而定，一般为 10 kg/m³ 左右。

二是投饵。海水网箱养殖的饵料投喂最好在白天平潮时进行，若赶不上平潮，则应在潮流上方投喂，以减少饵料流失。投饵次数，鱼体较小时，每天可投喂 3 ~ 4 次，长大后每天可早、晚投喂两次，冬天低温期视情况可在中午投喂 1 次，夏天高温期则可在清晨投喂 1 次。投饵时要掌握慢、快、慢的节奏，以提高饵料的摄食率。

三是巡箱检查。鱼种放养后，在整个养殖期间需经常巡箱检查，以便及早发现问题，尽快处理，不致造成损失。检查的内容包括鱼类活动情况、摄食情况、生长情况、网箱安全性及病害等方面。正常情况下网箱养殖鱼悠然自得或沉于网箱下部，如发现缓慢无力游于箱边、受惊吓后无反应或狂游、跳跃等都是不良征兆。而饵料的摄食速度和残饵剩余情况往往能反映出养殖鱼类的生理状态。根据生长期，每月或每半个月取样测定鱼类生长情况，以调整投饵种类和数量。

四是鱼情记录。每天记录水文状况、饵料投喂情况、鱼体活动情况等，以便总结及发现问题。

五是换箱去污。海区及湖区的网箱养殖，常因附着生物或鱼类生长，导致网箱网目不畅或偏小，水体交换不好，鱼类密度过大，从而影响鱼类的生长。因此，需定期分箱或更换网衣。

六是灾害预防。网箱养殖的灾害主要由极端天气引发或诱导产生。主要的危害有风暴潮、洪水及暴雨、水温巨变、赤潮（水华）及水质突发性污染等，应根据相应的原因采取针对性的预防及保护措施。

3.2.3 陆基工厂化养殖饲养管理

陆基工厂化鱼类养殖饲养管理的技术环节主要有：滤池生物膜的培养与维护及生物膜负荷测定；合适饲养鱼类的选择；养殖池容纳密度的调整；水流流量及水质的检测与调控；饵料投喂等管理环节。其中，滤池生物膜的培养与维护及生物膜负荷测定是工厂化鱼类养殖的特有技术环节，生物膜培养及维护的水平在一定程度上左右着养殖池容纳密度及养殖效益。其他技术环节可遵循鱼类基本生物学，结合池塘和网箱养殖方式的饲养管理进行。

3.3 代表性养殖鱼类的生物学特性及养殖管理

3.3.1 淡水常规鱼类的养殖管理

（1）池塘选择与清整

清整鱼池应在冬季进行。冬季干池曝晒后，在放鱼种前 10 天注水 10 ～ 20 cm，用生石灰 2 000 ～ 3 000kg/hm² 彻底清池消毒，经 2 ～ 4 天后放水，放水时在进水口设置过滤设备防止野杂鱼进入。对注入鱼塘的水源及施入的粪肥须经消毒后入池，防止病菌等有害生物随水流入鱼塘，造成池塘污染。

（2）优质鱼种的配比放养

必须选用健康活泼的优质鱼种，鱼种的亲本应来源于有资质的国家认定原种场，苗种经无公害培育而成。鱼种放入前须经消毒处理，可选用二氧化氯、食盐、高锰酸钾等药物浸泡消毒。视鱼种来源可用 3% ～ 4% 食盐水，或 10 mg/L 漂白粉溶液，或 20 mg/L 硫酸铜和 8 mg/L 硫酸亚铁混合溶液等进行洗浴，在水温 15 ～ 20℃时，洗浴时间以 20 ～ 25 min 为宜。同时，根据鱼的状态灵活掌握洗浴时间。鲤、鳙鱼种规格一般在 50 ～ 250g/尾；草鱼种规格一般在 100 ～ 750 g/尾；青鱼种规格一般在 50 ～ 1 000 g/尾；鳙鱼种规格一般在 10 ～ 13 cm/尾；鲤鱼种一般在 10 ～ 16 cm/尾；鲫鱼种一般在 3 ～ 6 cm/尾。对于一次性放足鱼种的池塘，在鱼池清整消毒后，尽量早放苗，一般以 1 ～ 3 月为宜。对于多次投放鱼种的池塘，应一次性放足 80% 的鱼种，剩余的部分按计划投放。

根据塘口条件，合理确定放养模式，以充分发挥池塘养殖潜力。总体而言，以草食性鱼类为主要品种的搭配类型，主养鱼以草、鳊鱼为主，搭配鱼类为鲢、鳙、青、鲤、鲫鱼等，所占比例：草、鳊鱼为总放养量的 40% ～ 50%，最高达 60%，鲢、鳙鱼占放养量的 30%，鲤、鲫鱼等占放养量的 10% ～ 15%，青鱼视螺蛳饵料多少决定投放量。以肥水鱼为主要品种的搭配型，主养鱼为鲢、鳙鱼，搭配鱼类为青、草、鳊、鲤、鲫鱼等。鲢、鳙鱼放养量所占比例为 70% ～ 75%，鲢、鳙鱼放养比例为（3 ～ 5）：1，草、鳊鱼等草食性鱼类占 20%，其他底层杂食性鱼类占 5% ～ 10%，青鱼看螺蛳饵料多少决定投放量。同时，池塘中每亩可套养当年鳜鱼苗 1 ～ 3 尾或青虾虾苗 10 000 尾，具体视水体野杂鱼及浮游生物量而定，以充分利用水域空间、残饵及浮游生物，不断提高综合养殖效益。

（3）科学投饵

采用科学配比的颗粒饲料，减少残饵对水质的污染，充分提高饵料利用率。主养鱼以草、鳊鱼为主的池塘，在投喂配合饲料的同时，搭配投喂的水旱草，应柔嫩、新鲜、适口。饼粕类及其他仔类饵料，要无霉变、无污染、无毒性，并经粉碎、浸泡、煮熟等方式处理后，制成草鱼便于取食易于消化的饵料。投喂饵料要坚持定时、定位、定质、定量的原则，还要通过观察天气、水体情况及鱼的吃食量，确定合理的投喂量。颗粒饲料要驯化投喂，草类应专设固定框架，食场附近每周消毒一次，及时捞除残渣余饵，以免其腐烂变质，污染水体。做好池塘投喂管理记录和统计分析。

（4）合理的鱼病防治策略和措施

在池塘养殖过程中，鱼病的防治必须遵循"预防为主，防治结合"的思路。在具体的预防过程中，必须坚持"多用微生态制剂，合理使用免疫刺激剂，规范使用消毒剂，杜绝使用抗生素，营养水质有保障"的原则。在疾病流行季节进行药物预防。① 外用药物预防，采用漂白粉挂篓，在每一个食台或食场挂 2 ～ 5 个小竹篓，每个篓中放 100 g 漂白粉。或用硫酸铜和硫酸亚铁合剂（5 ：2）挂袋，在食场或食台的四周挂 3 个布袋，每个布袋中装硫酸铜 100 g，硫酸亚铁 40 g，每周挂袋 1 次连挂 3 次。也可全池泼洒药物，疾病流行季节，每 15 天泼洒 1 次漂白粉或生石灰。② 鱼饵预防。对鱼体内疾病预防，主要采用口服药饵的方式进行。可将大蒜素或维生素 C 配成水溶液，均匀喷施在待投喂的饵料中，预防用量在（2 ～ 5）×10^{-6} 晾干 1 ～ 2 h 后投喂。高温季节，必要时委托饲料厂家生产含免疫调节剂的饲料用于预防。③ 水域微生态调控。利用光生物反应器，现场培养并使用具有高生物活性的微藻或微生态制剂（如光合细菌），调节水质，预防鱼类疾病的发生。

（5）科学调节鱼塘水质

池塘水质控制是一项关键的技术环节，在无公害养殖中，保持良好的生态水域环境是养殖的基本要求。水质理化指标不能影响鱼的正常生长。水体中的浮游生物密度适宜，种类能被鱼摄食，水质保持清新、嫩爽，水域生态呈良性循环。主要措施是：

一是定期施用生石灰。高温季节每 15 天 1 次，每次 200 ～ 300kg/hm^2，可改善底质，消除有害物质。

二是施用微生物制剂。高温季节利用光生物反应器现场培养光合细菌，每个池塘每月泼洒两次，每次 2 ～ 3L/ 亩。可有效改善水质状况，使水体中的有益菌种占优势。施用微生物制剂时需在生石灰等消毒药物施用 3 天后进行。

三是合理使用增氧机。适时增加池中氧气，也可使用增氧剂，有利于促进鱼类生长，防止浮头，抑制厌氧菌及有害物质的繁衍和滋生。

四是及时换水。特别在高温季节水质易老化，应及时更换新水，对改良水体环境，促进鱼的生长有益处，高温季节每周换水 1 次，每次 30 ～ 50 cm，换出的池塘尾水经人工湿地处理后再次进入养殖池塘。从而既能保持池塘水质的优良状态，也可实现池塘水体的循环利用，收到良好的经济效益。

3.3.2 大黄鱼的生物学及养殖管理

（1）大黄鱼的生态习性与食性

大黄鱼，俗称黄瓜、黄花鱼等，属鲈形目，石首鱼科，黄鱼属，为传统"四大海产"（大黄鱼、小黄鱼、带鱼、乌贼）之一。我国近海主要经济鱼类。大黄鱼是杂食性兼肉食性、暖温性集群游鱼类。大黄鱼的食谱非常广泛，已知的有鱼类、甲壳类、头足类、水螅类、多毛类、星虫类、毛颚类、腹足类等 8 个生物类群。食物种类共有 100 种，其中重要的约 20 种，食物的个体大小为 0.1 ~ 24 cm，一般 1 ~ 10 cm。鱼类在食物组成中的比重最大，鱼类中比较重要的有龙头鱼、棘头梅童鱼、大黄鱼（幼鱼）、皮氏叫姑鱼等。甲壳类在食物中居第二位，以游泳虾类、虾蛄类、蟹类为主。厌强光，喜浊流，对温度适应范围 10 ~ 32℃，最适生长温度为 18 ~ 25℃，生存盐度范围 24.8 ~ 34.5，适宜盐度 30.0 ~ 32.5，最佳 pH 值为 8.0 以上，天然海水 pH 值为 7.85 ~ 8.35。大黄鱼溶氧临界值为 3 mL/L，一般要在 4 mL/L 以上。

大黄鱼产卵场一般位于河口附近岛屿、内湾近岸低盐水域内的浅水区。大黄鱼一生能多次重复产卵，生殖期中一般排卵 2 ~ 3 次。怀卵量与个体大小成正比，有（10 ~ 275）× 10^4 粒不等，一般为（20 ~ 50）× 10^4 粒。卵浮性，球形，卵径 1.19 ~ 1.55 mm，卵膜光滑，有一无色油球，直径为 0.35 ~ 0.46 mm。受精卵在水温 18℃时约经 50 h 孵出仔鱼。

（2）大黄鱼网箱养殖

① 海区的选择。网箱的位置及水域环境直接影响大黄鱼的生长速度及成活率。在网箱设置前，必须对水域的底质及水质等做全面的调查，求要选择避风、向阳、风浪不大、盐度稳定的水域，特别不能受台风的正面袭击，还要求水流畅通、水质清澈、流速较慢、交通便利。最低水位要保持在 5 m 以上，海底质应选择以沙质为主、地面平坦、有机质沉积物少的海区，海区周围应无工业等污染源，年水温变化范围在 10 ~ 30℃为佳。

② 网箱结构。大都采用浮筏式网箱进行养殖，每台鱼排由 9 个、12 个或 16 个网箱组成，网箱体积一般设计为 3 m × 3 m × 3 m，每个网箱由箱体、柜架、浮力及其配件构成，箱底部用 4 个沙袋将网箱撑开保持形状不变，网箱上面四角用绳子固定在柜架上，网面加一网盖，以防大黄鱼外逃。

③ 鱼种运输。运输中的天气、方法、密度对养殖的成功与否关系密切。应选择体长 3 cm 以上、体质健壮、规格整齐、鳞片长齐的种苗。在运输前一天停喂，一般采用尼龙袋充氧和活水舱运输，但由于大黄鱼幼苗怕震动，最好以活水舱运输，选择阴天或早晚气温较低时进行。运输的密度要适中，一般以 50 ~ 100 尾 /m³ 为宜。大黄鱼很娇嫩，操作务必小心谨慎，尽可能避免受伤或致死，以免影响养殖的成活率。

④ 放养密度。鱼苗运抵养殖区后，尽快拣出弱苗及死苗，用抗生素进行消毒后，投入暂养箱内暂养几天，进行检查，清点后放入网箱内正式养殖。为了便于管理，前期适当密集养殖，一般以 3 cm 的鱼种 100 ~ 150 尾 /m³ 为宜。随着鱼体的不断生长，必须更换大网目的网箱，并及时进行筛选分级分箱养殖，降低放养密度。成鱼的放养密度以 20 ~ 25 尾 /m³ 为宜。但放养密度还得综合考虑养殖海区的环境条件、饵料的营养水平及养殖技术和管理水平，因地制宜合理调整养殖密度。

⑤ 饵料的选择及投喂方法。大黄鱼是肉食性鱼类，但其摄食性不似真鲷、鲈鱼那样争食凶猛，其饵料要以新鲜的小杂鱼及低值鱼为主，配合其他辅助原料。将小杂鱼用搅肉机搅碎，添加辅助原料或饵料添加剂混合搅拌成肉糜，放入水中呈半悬浮状的饵料，这种饵料的优点

是鱼苗容易吞咽，但在水中易丧失许多营养成分，使鱼体营养失衡而产生疾病，从而影响生长速度。现在研发的优质大黄鱼颗粒饲料，可保持大黄鱼的营养平衡，提高增长速度，还可防病、抗病，增强体质，大大提高了饵料利用率和大黄鱼成活率。

天气正常情况下，每天日出前和日落后各投饵1次，鱼种培育期可酌情增投1次，越冬期减少1次。投饵量可根据鱼的摄食情况、水温高低、水质状况、气候等而增减。通常情况下，鱼种培育期投饵量为鱼体重的20%左右，成鱼养殖期为鱼体重的15%左右，越冬期略减，以鱼体摄食八成饱为宜，否则既浪费饵料，又污染水质，影响鱼体生长、健康和成本。

⑥日常管理。网箱养殖大黄鱼，是集约化养殖，单位水体密度较大，病原体传播机会较多，还由于是人工投饵，水质条件比自然海区差，所以日常管理非常重要。首先要定时测定水温、盐度、pH值、溶解氧、氨、氮等水环境理化因子，根据这些因子及时调整投饵量及鱼体的放养密度。不投喂不新鲜、变质的饵料，拌料的器具要经常冲洗，平时还要多注意观察鱼群的活动情况，以防鱼病的发生。在养殖的各个环节上都必须严防病菌带入养殖水体中，在饵料中定期加入有防病抗病能力及消食作用的高鱼体的抗病力。

3.3.3 鲆鲽类的生物学及养殖管理

（1）鲆鲽鱼种类及生态习性

鲆鲽类，俗称比目鱼，具有肉质细嫩、脂满味美、易消化的特点，也是营养价值极高的名贵鱼类。鲆鲽类种类很多，从形态分类的角度，有左鲆右鲽的说法。目前在我国商业化养殖的鲆鲽类主要有以下种类。

①褐牙鲆。也称橄榄牙鲆，是亚洲沿岸的唯一牙鲆属物种，主要分布于在国、朝鲜半岛、日本和俄罗斯远东沿岸海区。该品种是牙鲆属鱼类中研究最多、养殖技术最成熟、养殖产量和规模最大的，研究成果已经被其他鲆鲽类借鉴。我国人工繁殖研究开始于1959年，1965年获得初步成功。牙鲆产卵及胚胎孵化的适宜水温为14℃～16℃。但进入20世纪90年代，才开始进行人工养殖，养殖适宜水温为10℃～25℃，1992年之后发展迅速，目前养殖区域已经扩展到我国南方。

②漠斑牙鲆。俗称南方鲆，分布在西大西洋，属亚热带种类，主要分布在北卡罗来纳至得克萨斯。雌鱼较雄鱼生长快。适合盐度范围为0～40，耐高温能力强，水温达到32℃对其生存和生长无明显影响，适宜温度范围为4℃～40℃。在海水中耐低温能力强于淡水，当温度降至2℃时，幼鱼在淡水中死亡率达60%，而海水中仅10%；水温降至1℃，成熟鱼在淡水中100%死亡，而海水中死亡率为60%；幼鱼在淡水中较成熟鱼死亡早，但在海水中晚。漠斑牙鲆雄鱼全长达到23 cm，在2龄前成熟，3龄前全长达到32 cm以上，全部性成熟。雌鱼全长达到33 cm，在3龄前成熟，4龄前全长达到37 cm以上，全部性成熟。一般全长达到26 cm，即2年以上达性成熟。秋季、早冬繁殖水温16℃～18℃，仔鱼培育温度盐度大于4.5天的稚鱼可以忍受盐度为5的环境，更大的个体可在淡水中生活。南方鲆近几年刚开始进行商业化养殖，我国已有引种养殖。

③犬齿牙鲆。俗称大西洋牙鲆，也称巨齿牙鲆或箭齿牙鲆，即夏季牙鲆。自然分布在北美洲大西洋东海岸。犬齿牙鲆为冷温性底栖鱼类，其适温范围为最适范围为17℃～27℃，最

佳生长水温 24℃。幼鱼在水温大于 26℃生长最快，29℃仍能正常生长，但长期处于高温易生病死亡。适盐范围为 5 ~ 35，最适范围为 24 ~ 30，盐度大于 25 生存率极低，成熟个体可以在淡水中生存。pH 值适宜范围为 6 ~ 8.2，最适范围为 7.7 ~ 8.0，适宜溶解氧为 4 ~ 12 mg/L，最适范围为 8 ~ 9mg/L。繁殖发生在秋季水温下降时，属秋冬繁殖型。从大西洋北部 9 月开始逐渐向南，一直到冬季 2—3 月份，产卵盐度 32 ~ 36，自然产卵水温为 12℃ ~ 19℃，产卵盛期水温为 15℃ ~ 18℃。自然界犬齿牙鲆的生长速度最快在 6—11 月，犬齿牙鲆生长速度略快于我国牙鲆。未成熟的幼鱼雌、雄鱼生长无显著差异，但成鱼差异较大，雌鱼生长快于雄鱼。

④ 半滑舌鳎。属鲽形目，舌鳎科，舌鳎属，三线舌鳎亚属，俗称牛舌头、鳎米等。身体背腹扁平，呈舌状，体表呈褐色或暗褐色，雌、雄个体差异大。头部短。长度短于高度，尾鳍较小，身体中部肉厚，腹腔小。眼小，均在左侧。口弯曲呈弓状，上额的弯度较大。有眼侧有点状色素体，无眼侧光滑呈乳白色，有眼侧被栉鳞，无眼侧被圆鳞或杂有少量弱栉鳞。有眼侧有 3 条侧线，无眼侧无侧线。分布于朝鲜、中国、日本的近海，为近海常见的暖温性大型底层鱼类。我国主要分布于渤海、黄海海域。半滑舌鳎的适温范围广，最高可达 32℃，最低水温为 3℃，在水温 7℃时仍能摄食，最适生长温度为 20℃ ~ 26℃。适应盐度为 10 ~ 35，最适生长盐度 20 ~ 32。最适 pH 值为 8.0 ~ 8.3。最适溶解氧为 6 ~ 8 mg/L，小于 4 mg/L 时生长受到抑制。半滑舌鳎平时游动甚少，惰性强，行动缓慢，多蛰伏于海底泥沙中，无互相残食现象，觅食时不跃起，匍匐于底部摄食。抗逆性强，食性广，在自然海区中主要摄食底栖虾类、蟹类、小型贝类及沙蚕类等。半滑舌鳎属秋季产卵型鱼类，自然繁殖季节为 9—10 月。半滑舌鳎在 3 龄前处于生长加速期，到 3 龄（生长拐点）其生长速度达到最高，此后生长速度下降。适合我国沿海养殖。

⑤ 大鳞鲆。大鳞鲆是欧洲名贵的经济鱼种，它适应低水温环境、生长快、抗逆性强、肉质细嫩、胶质丰富、口感独特，深受养殖者和消费者的喜爱。是冷水性鱼类，耐受温度范围为 3℃ ~ 23℃，养殖适宜温度为 10℃ ~ 20℃，14℃ ~ 19℃水温条件下生长较快，最佳养殖水温为 15℃ ~ 18℃。大鳞鲆养殖的适应盐度范围较宽，耐受盐度范围为 12 ~ 40，适宜盐度为 20 ~ 32，最适宜盐度为 25 ~ 30。养殖水体的 pH 值应高于 7.3，最好维持在 7.6 ~ 8.2。溶解氧大于 6 mg/L。自 1992 年引入我国以来，水产专家们创建了符合我国国情的"温室大棚 + 深井海水"的工厂化养殖模式，养殖技术十分成熟，在我国北方沿海迅速发展成为一项特色产业，养殖年产量近 50 000 吨，年总产值超过 40 亿元，成为我国北方海水养殖的一项支柱产业。

（2）鲆鲽类养殖

以大菱鲆为例，介绍鲆鲽类养殖技术。

① 养殖设施。大菱鲆的养殖主要采用室内工厂化养殖。包括养鱼车间、养殖池、充氧、调温、调光、进排水及水处理设施和分析化验室等。养鱼车间应选择在沿岸水质优良、无污染、能打出海水井的岸段建设，车间内保持安静，保温性能良好。养鱼池面以 30 ~ 60 m² 为宜，平均池深 80cm 左右。

② 养殖环境条件。水质无污染，清澈不含泥沙量，符合国家渔业二级水质标准盐度在 20

以上。光照不宜太强，以 500 ~ 1 500 lx 为宜。光线应均匀、柔和、不刺眼，感觉舒适为度。光照节律与自然光相同。提倡在最适宜温度、盐度条件下养殖。

③ 鱼苗的选择。选购 5 cm 以上的苗种。要求苗种体形完整，无伤、无残、无畸形和无白化。鱼苗从育苗场运送到养殖场放养时，温差要控制在 1℃ ~ 2℃；范围内，盐度差在 5 以内。平均全长 5 cm，放养密度为 200 ~ 300 尾 /m²；平均全长 10 cm，放养密度为 100 ~ 150 尾 /m²；平均全长 20 cm，放养密度为 50 ~ 60 尾 /m²；平均全长 30 cm，放养密度为 20 ~ 25 尾 /m²；平均全长 40 cm，放养密度为 10 ~ 15 尾 /m²。实际生产中要根据池水的交换量和鱼苗的生长等情况，对养殖密度进行必要的调整。每次分池和倒池前需充分做好计划，以保证放养鱼苗至少在一个水池内稳定一段时间，再进行分池操作。

④ 饲料及投喂。大菱鲆对饲料的基本要求是高蛋白、中脂肪，与其他肉食性鱼类相比，它对脂肪的需求略低一些。苗种期（包括稚、幼鱼期）要求饲料中蛋白质含量在 45% ~ 56%，脂肪的含量为 10% 左右；养成期，饲料中蛋白质含量为 45% ~ 50%，脂肪含量为 10% ~ 13%。选择易投喂，水中不易溃散的颗粒饲料。为杜绝病源生物从饲料中带入养鱼池内，建议工厂化养殖禁止使用湿性颗粒饲料和任何生鲜料。饲料的投喂量依鱼体重、水温而定。一般在苗种期日投饵率在 6% ~ 4%，每天投喂 6 ~ 10 次，以后随着生长而逐渐减少投喂次数和投饵率。长到 100g 左右，日投饵率在 2% 左右，每天投喂 4 次；长到 300 g 左右，日投饵率在 1% ~ 0.5%，每天投喂 2 ~ 3 次。在夏季高水温期，每天投喂 1 次，或 2 ~ 3 天投喂 1 次，投饵量控制在饱食量的 50% ~ 60%。在实际投喂操作日，要密切注意鱼的摄食状态、残饵量，随时调整投喂量。在高温期间，要按日投喂量的 1/5 ~ 1/2，每天投喂 1 次或隔天投喂 1 次，并添加复合维生素。以便养殖鱼能维持较高的体力和保证存活率。

⑤ 水质管理。大菱鲆目前的主要养殖模式为"温室大棚 + 深井海水"工厂化养殖模式，深井海水的质量直接影响和决定生产商品鱼的质量。大菱鲆养殖的水源可以抽取的自然海水和井水，可根据水源水质的具体情况，进行必要的沉淀、过滤、消毒（紫外线或臭氧）、曝气等措施处理后再入池使用，尤其地下井水含氧量低，需充分曝气使进水口的溶氧量达到 5 ~ 7 mg/L 入池使用。池内按 3 ~ 4m² 布气石 1 个，连续辅助充气，或充纯氧（液氧），使养鱼池内的溶解氧水平维持在 6 mg/L 以上，出水口处的溶解氧仍能达到 5 mg/L。海水和地下井水入池后，应根据大菱鲆对环境条件要求，调节养殖水体的水温、pH 值、盐度，并创造池内良好的流态环境。养成水深一般控制在 40 ~ 60 cm，日换水量为养成水体的 5 ~ 10 倍，并根据养成密度及供水情况进行调整。日清底 1 ~ 2 次，及时清除养殖池底和池壁污物，保持水体清洁。

⑥ 其他日常管理。包括：① 监测水质因子；② 水质调节；③ 清污；④ 倒池：养鱼池要定期或不定期倒池。当个体差异明显，需要分选或密度日渐增大、池子老化及发现池内外卫生隐患时应及时倒池，进行消毒、洗刷等操作。⑤ 疾病预防：为了预防高温期疾病的发生，应采取降温措施。如遇短期高温，可加强海水消毒，加大流量，适当减少投喂量和增加饲料的营养和维生素水平等。做好养殖车间的保洁和消毒工作。白天要经常巡视车间，检查气、水、温度和鱼苗有无异常情况，及时捞出并做无害化处理。每月测量生长 1 次，统计投饵量和成

活率，换算饲料转化率，综合分析养成效果。

⑦ 商品鱼出池。上市商品鱼要求体态完整、体色正常、无伤、无残，健壮活泼、大小均匀。养成鱼达到商品规格时，可考虑上市。目前国内活鱼上市规格每尾至少要达 500 g 以上，国际市场通常达到每尾 1 kg 以上，大菱鲆的生长速度和养殖效果与苗种质量、饲养水温、饲养密度、换水率、饲养方式、所用饲料和投喂方法等都关系密切，在良好的饲养条件下大菱鲆养殖第一年的体重增长可达 1 000 g 左右，第二年、第三年生长速度明显加快，体重增长可以超过 1 000 g/a。商品鱼运输一般采用聚乙烯袋打包装运，车运或空运上市。

鱼类是我国水产养殖最重要的类群。鱼类的生长具有阶段性、季节性和群体性的特点。成鱼的食性通常可以分为滤食性、草食性、杂食性和肉食性 4 类，且食性与鱼类取食器官的构造相适应，但在仔、稚鱼阶段基本以摄食小型浮游动物为主。鱼类所摄取的食物基本在前肠或胃（幽门盲囊）及中肠被消化吸收，鱼类的食性及发育阶段、水温、饲料性状及加工工艺、投饲频度和应激反应等因素是影响鱼类消化速度和消化率的重要因素。鱼类性腺发育起源于体腔背部的生殖褶。生殖褶由上皮细胞转化成为原始性细胞，进而发育分化成卵原细胞及精原细胞，最终发育成卵子或精子。鱼类卵巢（精巢）发育的进程主要由卵子（精子）的发生过程决定。精巢和卵巢的发育一般可分为 6 个时期。精巢和卵巢发育到Ⅳ期，可进行催产，发育到Ⅴ期，性腺完全成熟，能产卵排精。鱼类性腺发育既受内在的内分泌和神经调节，也受外部环境条件的影响。了解鱼类性腺发育的规律和调控机理，在生产上可人为注射催产激素及调节环境因子以调控鱼类的生殖行为的发生。精子和卵子结合后形成受精卵，开启胚胎发育阶段。鱼类胚胎的发育受盐度、温度、酸碱度（pH 值）、光照强度、溶氧量等环境因子的影响，不同种类的鱼类胚胎孵化所需的适宜环境条件不同。鱼类胚胎孵化完成后，进入胚后发育阶段。鱼类的胚后发育可划分为仔鱼期、稚鱼期、幼鱼期、性未成熟期和成鱼期。鱼类的育苗工艺流程包括亲鱼的培育、催产、孵化、稚鱼培育和鱼苗运输等环节。亲鱼培育主要有网箱培育和池塘培育两种方式，无论哪种方式，均要挑选良种，给予充足的营养及精细的管理。催产过程中常用的催产剂主要有绒毛膜促性腺激素（HCG）、鱼类脑垂体（PG）和促黄体素释放激素类似物（LRH-A）等。效应时间是指亲鱼注射催产剂之后（末次注射）到开始发情产卵所需的时间。鱼类催产后效应时间的长短因催产剂的种类、水温、注射次数、亲鱼种类、年龄、性腺成熟度以及水质条件而不同，生产上应根据效应时间安排授精及孵化工作。生产上受精卵的获取有自然产卵受精及人工采卵授精两种方法。仔、稚鱼培育一般有两种方式，室内水泥池培育主要海水鱼类及部分名贵的淡水鱼类。室外土池培育在淡水常规鱼类的繁育中应用普遍。鱼类的养殖有池塘养鱼、网箱养鱼、稻田养鱼、工厂化养鱼及天然水域鱼类增殖和养殖等多种模式。我国开展池塘养鱼有悠久的历史，并在长期的养殖实践中提炼出"水、种、饵、密、轮、混、防、管"的"八字精养法"池塘养殖精髓。池塘养鱼是我国淡水"四大家鱼"养殖的最重要养殖方式；网箱养鱼则是我国海水鱼类（如大黄鱼）养殖的最常见方式；工厂化养鱼目前主要应用于鲆鲽类的养殖。

第二节　现代贝类养殖技术创新研究

1. 贝类生物学

1.1 形态特征

贝类是最为人们熟知的水生无脊椎动物，常见的有牡蛎、蛤、蚶、扇贝、缢蛏、鲍、螺、鱿鱼、章鱼、乌贼等。它们中的大多数在长期进化过程中形成的坚硬的外壳使其能适应在各种底质环境中分布，并且有效保护自身不被其他生物捕食，其主要特征为：① 身体柔软，两侧对称（或幼体对称，成体不对称），不分节或假分节；② 通常由头部（双壳类除外）、足部、躯干部（内脏）、外套膜和贝壳5部分组成；③ 体腔退化，只有围心腔和围绕生殖腺的腔；④ 消化系统复杂，口腔中具有颚片和齿舌（双壳类除外）；⑤ 神经系统包括神经节、神经索和围绕食道的神经环；⑥ 多数具有担轮幼虫和面盘幼虫两个不同形态发育阶段。

1.2 分类

贝类是仅次于节肢动物门的第二大动物门类，也称软体动物门（Mollusca），现存的贝类种类达 11.5×10^4 种，另有 35 000 余种化石。分类学家将贝类分为如下7个纲。

1.2.1 无板纲（AplacOphOra）。贝类中最原始类群，主要分布在低潮线以下至深海海底，多数在软泥中穴居，少数在珊瑚礁中爬行。仅250余种，全部海生。也有将无板纲分为尾腔纲或毛皮贝纲和沟腹纲或新月贝纲，因此软体动物现也分为8个纲。

1.2.2 单板纲（MOnOplacOphOra）。大多数为化石种类，现存的少数种类分布在 2 000 m 以上的深海海区，被视为"活化石"。

1.2.3 多板纲（POlyplacOphOra）。又被称为石鳖，个体 2～12 cm，个别 20～30 cm，体卵圆形，背面有8块壳板，足发达，适合在岩石上附着。共有600余种，全部海生。

1.2.4 双壳纲（Bivalvia）。大多数为海洋底栖动物，少数生活在咸水或淡水中，没有陆生种类，一般不善于运动。体长最小仅 2mm，最大超过 1 m。现存种类约 25 000 种。水产养殖主要种类出自本纲。

1.2.5 掘足纲（ScaphOpOda）。穴居泥沙中的小型贝类，现存约350种，全部海生。

1.2.6 腹足纲（GastrOpOda）。是软体动物门中最大的纲，现存75 000种，另有15 000种化石。分布很广，海、淡水均有分布，少数肺螺类可以生活在陆地。

1.2.7 头足纲（CephalOpOda）。头足类是进化程度最高的软体动物，多数以游泳为生，也称游泳生物，具捕食习性，现存种类约650种，全部海生。另有9 000余种化石。

1.3 繁殖和发育

1.3.1 性别

贝类一般为雌雄异体，双壳类和腹足类中也有雌雄同体种类。多数雌雄异体种类在外形上不易区分，但在生殖腺发育后，根据生殖腺的颜色比较容易区分。一般雌性性腺颜色较深，呈墨绿色、橘红色，而雄性性腺颜色较浅，多数呈乳白色。某些雌雄异体的贝类性别不稳定，在发育过程中会发生性转换，通常是雄性先成熟，在营养条件较好时，雌性比例较高。

1.3.2 性腺发育

贝类的性腺发育分期各不相同，一般分 4 ~ 6 期。如栉孔扇贝分为 5 期：增殖期、生长期、成熟期、生殖期（排放期）和休止期。

1.3.3 产卵

贝类产卵有直接产卵和交配后产卵等形式。多数双壳类和腹足类的雌雄个体都是直接将成熟精、卵产于水中，卵子与精子在水中受精，经过一段时间的浮游生活之后，发育变态为稚贝，进而长成成贝。直接产卵的特点是：一般雌雄异体，亲体无交配行为，产卵量大，体外受精。自然界中的这种贝类大多在大潮期间排放，尤其在大潮夜间或凌晨，潮水即将退干或有冷空气来临时，精、卵排放更为集中。直接产卵一般持续时间较短，排放一次一般不超过 30 分钟，一次产卵可达数百万甚至数千万粒。

大部分腹足类和头足类的繁殖方式是交配后产卵，既有雌雄同体，也有雌雄异体。雌雄同体一般不能自体受精。亲体经交配后，配子在体内受精，受精卵排出体外发育。交配后所产的受精卵往往粘集成块状、带状或簇状，称为卵群或卵袋。卵群上的胶粘物质是产卵过程中经过生殖管时附加的膜，对卵子有保护作用。卵群产出后多黏附在基质上。交配后因有卵群或卵袋保护，所以这一类贝类产卵量要少得多，几百、几千粒不等，头足类少的仅几十粒。

1.3.4 胚胎发育

多数贝类为均黄卵（双壳类，原始腹足类等），其他有间黄卵（腹足类）、端黄卵（头足类），其卵裂形式为螺旋卵裂或盘状卵裂（头足类）。胚胎发育过程中一般都要经过贝类特有的担轮幼虫和面盘幼虫阶段。双壳类等贝类发育到担轮幼虫后就突破卵膜而孵化，在水中游动，此阶段不摄食。而腹足类受精卵在卵袋内发育至面盘幼虫时才孵出。

1.3.5 幼虫发育

双壳类幼虫发育可分为直线铰合幼虫（D 形幼虫）、早期壳顶幼虫、后期壳顶幼虫（眼点幼虫）。腹足类幼虫发育可分为早期面盘幼虫和后期面盘幼虫，后者又可以分为匍匐幼虫、围口壳幼虫和足分化幼虫。

1.4 生长

贝类生长有终生生长型和阶段生长型。终生生长型指多年生贝类在若干年内连续生长，但一般 1 ~ 3 龄生长速度较快，以后逐渐减慢。栉孔扇贝、太平洋牡蛎、文蛤等种类属于此类型。阶段生长型是指一些贝类在某一阶段内快速生长，以后贝壳不再继续生长。如褶牡蛎、海湾扇贝等种类。贝类的寿命差别很大，短的 1 年，如海湾扇贝，长的 10 年、20 年，如泥蚶、马氏珠母贝，食用牡蛎，最长的砗磲可达 100 年。

2. 贝类苗种培育

2.1 贝类工厂化育苗

贝类工厂化育苗起始于 20 世纪 70 年代，至今已有 40 多年的历史，各项技术已日臻成熟。整个育苗过程大致可分为：亲贝促熟培育、诱导采卵、受精孵化、幼虫选育、采集以及稚贝培养等。目前许多重要的经济养殖贝类都已成功实现了工厂化育苗，如扇贝、牡蛎、文蛤、菲律宾蛤、魁蚶、缢蛏、珍珠贝、鲍等种类。图5-2是一个正在生产的贝类育苗车间。

图5-2　贝类育苗车间

2.1.1 亲贝促熟

亲贝促熟是人工育苗必不可少的一个环节。虽然在自然海区也能采到成熟的亲贝，但其产卵并不同步，尤其一些热带海域的贝类，几乎全年都有成熟亲贝在产卵。要在育苗场采集足够量的成熟亲贝，在育苗场使其在同一时间产卵显然是非常困难的事。因此，工厂化育苗的第一步就是选择合适的成体贝类作为亲贝，通过人工强化培育，使其在短时间内同步产卵，以实现工厂化育苗的目的。

（1）培育设施。亲贝促熟培育一般都在室内进行，培育池可利用普通育苗池，20 ~ 50 m³的长方形水泥池，10 ~ 20 m³的纤维玻璃钢水槽等都可以。

（2）培育密度。亲贝培育密度需根据不同种类、个体大小、培育水温等因素而定。总的原则是既能有效利用培育水体，又能保持良好水质，亲贝能顺利成熟。一般培育密度以生物量计，控制在 1.5 ~ 3.0 kg/m³ 为宜。个体大，生物量可以适当大些，多层笼、吊养殖密度可适当增高，单层散养密度要低些。

（3）培育水温。温度是亲贝促熟的主要控制因子。一些温水性和冷水性种类，如海湾扇贝、虾夷扇贝、皱纹盘鲍等种类，亲贝采捕时，水温都较低，性腺尚未发育，促熟多采用升温培育方式。升温幅度要小，一般逐步升高到繁殖温度后，恒温培育。升温过程中可适当停止升温 1 ~ 2 次，每次 1 ~ 3 天。而对于一些热带暖水性贝类则可以先设置一个低温培育期，比自然水温低 5℃ ~ 10℃，在此条件下培育 4 ~ 6 周后，逐步提高水温至繁殖温度，促使亲贝同步成熟。

（4）换水。根据培育密度，一般每天换水 1 ~ 2 次，每次 1/3 左右。换水前后温度变化应不超过 0.5℃，尤其是接近成熟期时，温差尤其不能大，否则容易因温度刺激而导致意外排放精卵。另外，排水和进水也同样需要缓流，减少水流对亲贝的刺激。

（5）充气。充气可增强池内水的交流，饵料的均匀分布，增加溶解氧含量，防止局部缺氧。但充气要控制气量和气泡，避免大气量和大气泡形成水流冲击促使亲贝提前产卵。

（6）投饵。饵料种类的选择和投喂是亲贝促熟的又一关键因子，不仅影响亲贝的性腺发育，而且也影响幼体发育。各种贝类饵料需求和摄食习性不同，因此投喂的种类也各不相同。

投喂原则是符合亲贝摄食习性，满足性腺发育的营养需求。

对于滤食性贝类，如牡蛎、扇贝、蛤、蚶等，常用的饵料主要是单细胞藻类，如扁藻、巴夫藻、球等鞭金藻、牟氏角毛藻、骨条藻、魏氏海链藻等科类。日投喂 4 ~ 6 次，投喂量根据亲贝摄食状态及水中剩余饵料情况来确定。几种藻类混合投喂比投喂单一种类饵料效果好。

对于鲍、蝾螺等，常用的饵料是大型褐藻，如海带、裙带菜、江蓠等。一般每天投喂 1 次，投喂量约为亲贝生物量的 20% ~ 30%，并根据摄食情况适当增减。

亲贝促熟期间投喂量控制在亲贝软体部的 2% ~ 4% 为宜，投喂量超过 6% 会加快亲贝的生长，反而对亲贝促熟不利。

饵料营养结构也需予以重视。促熟培育前期，需要投喂含有较高多不饱和脂肪酸（EPA、DHA）的种类，如牟氏角毛藻、海链藻、巴夫藻、球等鞭金藻等。培育后期，亲贝会从藻类中吸取中性脂类——三酰基甘油储存于卵母细胞中，作为胚胎和幼体发育的能量来源。因此合理选择搭配饵料种类是亲贝促熟培育中的关键一环。

2.1.2 人工诱导产卵

一次性获得大量的成熟卵，是贝类人工育苗中的重要步骤。在自然界很难获得足够的亲贝同时产卵满足人工育苗所需，所以通过人工催产技术诱导产卵是贝类育苗的重要技术环节。不同贝类催产方法各不相同，同一种类也可以有不同的方法。原则是以最弱的刺激让亲贝排放精卵，同时对受精、孵化和幼体发育没有不良影响。

诱导贝类产卵的方法通常有：变温刺激、阴干刺激、流水刺激、氨海水刺激、过氧化氢海水刺激、异性配子刺激、紫外线照射海水浸泡等，有时也可以几种方法联合使用。刺激前一般需对亲贝进行清洗，除去表面杂物，然后放入产卵池。产卵池一般也利用育苗池（图 5-3）。

图 5-3　经促熟培育后即将产卵的亲贝

（1）阴干刺激。根据亲贝的种类和个体大小差异，每次阴干时间可控制在 1 ~ 6 小时不等。阴干时，需要保持适宜的温度、湿度，以免刺激过大，致使一些不成熟的配子释放，对亲贝造成伤害。

（2）变温刺激。水温差控制在 ±3℃ 范围，变换时间在 30 ~ 60 分钟。温度不能超出该种类耐受范围之外，否则，刺激过大会影响配子质量和亲贝存活。

（3）流水刺激。将亲贝平铺在育苗池底，阴干几个小时后，人工控制水流使水流经亲贝，一旦发现有亲贝产卵，关闭排水阀，使水位上升，其他亲贝会受产卵亲贝影响，相继产卵。

（4）化学药物刺激。用加入化学药物的海水浸泡亲贝可以有效诱导产卵。过氧化氢海水的浓度为 2 ~ 4 mol/L，浸泡刺激时间 15 ~ 60 分钟，氨海水的浓度为 7 ~ 30 mol/L，浸泡刺激时间为 15 ~ 20 分钟。

除此之外，还可以通过紫外线照射海水刺激等方法，个别种类如太平洋牡蛎等可以直接通过解剖法获取精卵，人工授精。

2.1.3 授精

通常贝类受精过程是将经过诱导的雌雄亲贝以合适的比例放入产卵池，使精、卵自然排放，自然受精。受精后，集中收集受精卵放入孵化池孵化。这种方法操作简便，亲贝雌雄比例控制得当，可取得满意的效果。但如果投放比例不当，雄贝太少，则精子不足，受精率低；若雄贝过多，精子数量太大，每个卵子被十几个甚至几十、上百个精子包围，则同样对受精和后期幼体发育不利。

为此，生产上也可以采取使雌雄分别排放，分别收集精子和卵子，再将精子根据卵子数量适量加入，并在显微镜下观察，原则上以每个卵子周围 2 ~ 3 个精子为合适，若加入精子过多，则可以通过洗卵方法来补救。一般卵子存活时间较短，精子有活时间稍长，要求精、卵在排放后 1h 内完成。

2.1.4 孵化

由受精卵发育成为浮游幼体的过程称为孵化。

一般双壳类受精卵孵化都在大型育苗池中进行，少数种类如鲍等在小型水槽中孵化。孵化密度通常控制在 20 ~ 50 个 /mL 范围。孵化水温因种类而各不相同，一般与亲贝促熟培育水温相近。

受精卵发育至担轮幼虫后可破膜孵出而上浮，成为依靠纤毛在水中自由游动的浮游幼虫。受精卵孵化时间因种类和水温的不同而相差较大，快的 6 ~ 8 小时，慢的超过 48 小时。

2.1.5 幼虫培育

（1）培育池。一般双壳类幼虫培育多在大型水泥池（±50m³）中进行，也可以在小型水槽中进行。培育时，可采取微量充气，有助于幼体和饵料均匀分布，方便幼体滤食。

（2）幼虫选育。在孵化池上浮的幼虫需要通过选育，选取健壮优质个体，淘汰体弱有病个体，同时可以去除畸形胚胎，未正常孵化的卵以及其他杂质，避免污染。选育幼体一般采用筛绢网拖选或虹吸上层幼体。优选出来的幼虫放入培育池进行培育。

（3）培育密度。浮游幼虫培育密度因种类不同而异，一般多为 5 ~ 10 个 /m³，少数可以 15 ~ 20 个 /m³，如扇贝等。在培育期间，可以视生长情况加以调整。

（4）饵料及投喂。早期幼虫的开口饵料以个体较小，营养丰富的球等鞭金藻和牟氏角毛藻为好，以后可以逐步增加塔胞藻和扁藻。将几种微藻混合投喂的饵料效果比单一投喂好。在生产上，通常在幼虫进入面盘幼虫开始摄食前 24 小时提前接种适量微藻，有助于基础饵料的形成和水质的改善。一般 2 ~ 3 种藻类搭配营养合理，同时还可以适当大小搭配。不同微藻大小差别较大，在投喂量的计算过程中需予以适当考虑，如一个扁藻相当于 10 个金藻等。

（5）换水。换水量主要依据幼虫的培育密度和水温而定，通常每天换水 1 ~ 2 次，每次换水 1/2 ～ 2/3，每 2 ～ 4 天彻底倒池 1 次。条件合适也可以采用流水式培育。

（6）充气。培育过程需持续充气，控制水面刚起涟漪、气泡细小为宜。

（7）光照。贝类幼虫有较强的趋光性，光照不均匀容易引起局部大量聚集，影响摄食和生长，因此幼虫培育期间，一般采用暗光，光强不超过 100 lx。可以利用幼虫的趋光性对幼虫进行分池、倒池等操作。

2.1.6 影响幼虫生长和存活的主要因子

（1）温度。温度是影响幼体生长发育的最重要因子。许多贝类幼虫具有较广的温度耐受能力，即使超出了原产地自然环境条件，有时也能很好地生长。一般幼虫培育的水温采取略高于其亲体自然栖息环境温度，更利于幼虫生长。

（2）盐度。幼虫对盐度有一定的耐受限度，一般宜采用与亲体自然环境相近的盐度培育幼虫。

（3）饵料。饵料同样是幼虫发育的关键因素，不但影响幼虫发育，还关系到后期稚贝的健康。

（4）水质。由于海区水质环境处于动态变化过程中，很难保证水源始终符合育苗要求，因此，自然海水在使用前，需要进行过滤和消毒的处理，以确保用水质量。经处理后的水通常需加 HDTA– 钠盐 1mg/L，硅酸钠（NaSiO3.9H2O）20 mg/L，经曝气后使用。

（5）卵和幼虫的质量。卵的质量取决于亲贝的质量，而幼虫的质量取决于卵的质量和幼体培育期间的培育条件，尤其是饵料质量。

2.1.7 幼虫采集

贝类在发育至后期壳顶幼虫（眼点幼虫）时，会出现眼点，伸出足丝，预计其即将转入底栖生活，此时就需要为其准备附着基，为幼虫顺利附着做准备。

（1）附着越种类。附着越的选择标准是既要适合幼虫附着，又要容易加工处理。通常附着基的种类有棕绳帘、聚乙烯网片（扇贝、魁蚶等）；聚氯乙烯波纹板、沙粒（蛤类）；聚氯乙烯板、扇贝壳、牡蛎壳等（牡蛎）。

（2）附着基处理。附着基在使用前必须进行清洁处理，去除表面的污物及其他有害物质，否则，幼虫或不附着，或附着后死亡。聚氯乙烯板一般先用 0.5% ～ 1% 的 NaOH 溶液浸泡 1 ～ 2 小时，除去表面油污，再用洗涤剂和清水浸泡冲洗干净。棕帘因含有鞣酸、果胶等有害物质，需先经过 0.5% ～ 1% 的 NaOH 溶液浸泡及煮沸脱胶，再用清水浸泡洗刷。使用前还要经过捶打等处理，使其柔软多毛，以利于幼虫附着。鲍的附着基通常也是聚氯乙烯波纹板，附着前需要在板上预先培养底栖硅藻，无硅藻的附着基幼虫一般不会附着。

（3）附着基投放时间。各种贝类开始附着时的后期壳顶幼虫大小不一，如牡蛎幼虫为 300 ～ 400 mm，扇贝、蛤类幼虫为 220 ～ 240 mm。大多数双壳类幼虫即将附着变态时，都会出现眼点，因此可以根据眼点的出现作为幼虫附着的标志。但幼虫发育有时不完全同步，因此一般控制在 20% ～ 30% 幼虫出现眼点时即投放附着基。

（4）采苗密度。不同种类对附着密度要求不一，原则是有利于贝类附着后生长。密度太大，成活率低，太小则浪费附着基，增加育苗工作量和成本。多数双壳类附着密度按池内幼虫密度计算，如扇贝采苗密度可在 2 ~ 10 个 /mL。牡蛎、鲍的采集密度按附着后幼虫密度计，如牡蛎每片贝壳 8 ~ 10 个，鲍每片波纹板 200 ~ 300 个。

（5）附着后管理。主要是投饵和换水。幼虫附着前期大多有个探索过程，时而匍匐，时而浮游，加之幼虫发育不同步，因此投放附着基后最初几天，水中仍会有不少浮游幼虫，此时换水仍必须用滤鼓或滤网，以免造成幼虫流失。后期待幼虫基本完成附着后，需加大换水量，每天换水两次以上，每次1/3 ~ 2/3。同时因个体增大，摄食量随之增加，饵料投喂量也要增大，以保证幼虫的营养需求，加速变态、生长。

2.1.8 稚贝培育

幼虫附着后，环境条件合适，很快就会变态为稚贝。在变态为稚贝的过程中，幼虫个体基本不增长，而变态为稚贝后，生长迅速。一般双壳类稚贝的室内培育池仍然是水泥育苗池，采取静水培育，日换水 2 ~ 3 次，每次 1/2 左右。培育用水可以用粗砂过滤的自然海水，充分利用自然海区的天然饵料。投饵量应根据稚贝摄食及水中剩饵情况来进行。

幼虫从附着变态为稚贝后，经过 7 ~ 14 天的培育，可长成 1 ~ 3 mm 的稚贝，此时可以开始逐步转移至室外海区进行中间培育了。

2.2 稚贝中间培育

室内工厂化育苗一般只能把幼虫培育至 1 ~ 3 mm，而如此小的稚贝尚不能直接用于海上养成，需要经过一个中间培育阶段，称为稚贝的中间培育（图 5-4）。中间培育是处于育苗和养成的一个中间环节，其目的是以较低的培育成本使个体较小的贝苗迅速长成适合海上养殖或底播的较大贝类幼苗。

图 5-4　贝类稚贝的中间培育　　　　　图 5-5　缢蛏稚贝中间培育基地

根据贝类种类不同，中间培育的方法主要有海上中间培育和池塘中间培育。前者以扇贝、魁蚶等附着性贝类为主，后者以蛤类、蚶类等埋栖性贝类为主。缢蛏苗种中间培育，多用潮间带滩涂经整理后的埕条或者土池（图 5-5）。

2.2.1 海上中间培育

海上中间培育是利用浮筏，将附着基连同稚贝一起放入网袋或网箱用绳子串起，悬挂于浮筏进行养殖的一种培育形式。一般每绳串 10 ~ 20 个网袋或 2 ~ 3 个网箱。中间培育一般都选在风浪小、潮流畅通、水质优良而饵料生物又相对丰富的海区进行，也可以利用条件较好的鱼虾养殖池进行中间培育。浮筏的结构、设置与常规海上养殖的浮筏基本类似,可参见有关章节。培育器材主要是网袋、网箱或网笼,属于贝类中间培育所专有的。

（1）培育器材

一是网袋:网袋一般为长方形,用聚乙烯纱网缝制而成,大小 30 cm×50 cm,或 50 cm×70 cm。根据稚贝规格大小,网袋可分为一级网袋、二级网袋和三级网袋。一级网袋多用于培育刚出池的壳高 1 mm 左右的稚贝,网袋的网目大小多为 300～400 mm(40～60 目);二级网袋多培育 2～3 mm 规格稍大的稚贝,网目大小为 0.8～1 mm(20 目);三级网袋则用于培育规格较大的稚贝,其网目大小为 3～5 mm。

二是网箱:网箱形状多为长方形,大小为:40 cm×40 cm×70 cm。可用直径为 6～8 mm 的钢筋做框架,外套网目大小为 300～400 mm 或 0.8～1.0 mm 的聚乙烯网纱。网箱可用于稚贝的一级和二级培育。由于网箱的空间较大,育成效果较网袋好,但同等设施,所挂养的箱体数量和培育的稚贝数量比网袋小。

三是三级育成网笼:形式与多层扇贝养殖笼相似。笼高约 1m,直径约 30 cm,分 8～15 层,层间距 10～15 cm,外套网目 5 mm 左右的聚乙烯网衣。网笼一般培育 8～10 mm 较大规格的稚贝,可将稚贝培育至 1～3 cm,再将其分笼进行成贝养殖。

（2）养殖方法

① 网袋、箱、笼吊挂:一般一条吊绳吊挂 10 袋,两对为 1 组,系于同一个绳结,分挂在吊绳两边,每条吊绳结 5 组,组间距 20～30 cm。一般网袋宜系扎在吊绳的下半部。吊绳的长短依培育海区水深而定,一般为 2～5 m。吊绳末端加挂一块 0.5～1.0 kg 的坠石,上端系于浮筏上。吊绳间距 1m 左右。

网箱可 3 个 1 组上下串联成一吊,下加一块 0.5～1.0 kg 的坠石,上端系于浮筏上,吊箱间距 1.5～2 m。

网笼可直接系于浮筏上,笼间距 1m 左右。为增加笼的稳定性,也可以在末端加一块 0.5～1 kg 的坠石。

② 培育密度:稚贝的中间培育密度根据种类、个体大小、海区水流环境以及饵料丰度而定。一般双壳类稚贝一级网袋可装 1 mm 以下的稚贝 20 000 个左右;二级网袋可装 2 mm 左右的稚贝 2 000 个。用网箱培育,一级培育的稚贝可装 50 000～100 000 个;二级培育的稚贝可装 5 000 个左右。用网笼培育,一般每层放稚贝 100～300 个。

③ 培育管理:稚贝下海后对新环境有一个适应过程,因此前 10 天最好不要移动网袋,以防稚贝脱落。以后根据情况每 5～15 天洗涮网袋 1 次,大风浪过后,要及时清洗网袋的污泥,以免堵塞网孔妨碍水交换,影响稚贝生长。

稚贝生长过程中,及时分苗。一般 1 个月后一级培育的稚贝可以分苗进入二级培育。

2.2.2 池塘中间培育

池塘中间培育主要用于蛤类,如文蛤、菲律宾蛤、泥蚶、毛蚶等埋栖性种类的稚贝培育,可在池塘中将 1 mm 的稚贝培育至 10 mm 以上。

（1）场地选择:选择水流缓和、环境稳定、饵料丰富、敌害生物较少、底质适宜（泥沙为主）

的中潮带区域滩涂构筑培育池塘。也可以利用建于中高潮带的、较大型的鱼虾养殖池作为稚贝培育场所。

（2）培育池塘的构筑：面积一般为 100 ~ 1 000 m²，围堤高 40 ~ 50 cm，塘内可蓄水 30 ~ 40 cm。每 10 ~ 20 个池连成一个片区，池间建一条 0.5 m 宽的排水沟。片区周围建筑高 0.5 ~ 0.8 m、宽 1 m 左右的堤坝，保护培育池塘。池塘构筑还需因地制宜，灵活选择，原则是使稚贝在一个环境条件稳定的良好场所，不受外界因素干扰快速生长。

（3）播苗前池塘处理：在播撒稚贝苗之前，池塘应预先消毒，用鱼藤精（30 ~ 40 kg/hm²）或茶籽饼（300 ~ 400 kg/hm²）泼洒，杀灭一些敌害生物如鱼、虾、蟹类等。放苗前 1 ~ 2 天，将池底耙松，再用压板压平，以利于稚贝附着底栖生活。视水质饵料情况，可以适当施肥，繁殖基础饵料。

（4）播苗：由于稚贝个体很小，不容易播撒均匀，可以在苗种中掺入细沙，少量多次，尽可能播撒均匀。播苗密度随个体增长，逐渐疏减，一般初始密度为 60 ~ 90 kg/hm²。

（5）日常管理：培育期间，池塘内水位始终保持在 30 ~ 40 cm，每隔两周左右，利用大潮排干池塘水，视情况疏苗。若遇大雨，要密切关注盐度变化，若降低太多，则需换入新水。

2.3 贝类土池育苗

土池育苗是在温带或亚热带沿海地区推广采用的一种育苗方式。该方式不需要建育苗室等各种设施，利用空闲的养殖用土池，施肥繁殖贝类饵料，方法简单，易于普养殖者掌握，培育成本低廉，所培育苗种健壮，深受人们欢迎，具有良好的应用前景。一般土池育苗主要适宜培育蛤类、蚶类和蛏类等埋栖型贝类。

但土池育苗也有一些弊端，如土池面积大，培育条件可控性较差，敌害生物较难防。另外，池塘水温无法人工调控，因此，只能在常年或季节性水温较高且稳定的地区开展土池育苗。

2.3.1 场地选择

必须综合考虑当地的气候、潮汐、水质、敌害生物、道路交通及其他安全保障等因素。底质以泥或泥沙为宜，池塘面积一般在 0.5 ~ 1 hm² 池深 1.5 m 左右，蓄水水位在 1 m 左右。池堤牢固，不渗漏，有独立的进排水系统。

2.3.2 池塘处理

（1）池底处理：育苗前必须进行清淤、翻松、添沙、耙平等工作，为贝类幼虫附着创造适宜的底质环境。

（2）清池消毒：育苗前 10 天左右进行消毒，杀灭敌害生物和致病微生物等。常用的消毒剂为生石灰（150 ~ 250 g/m²）、漂白粉（200 mg/m²、有效氯 20% ~ 30%）、茶籽饼（35 g/m²）、鱼藤精（3.5 g/m²）等。

（3）浸泡清洗：清池消毒后要进水洗池 3 遍以上，彻底清除药物残留。每次进水需浸泡 24 h 以上，浸泡后池中的水要排干，然后注入新水再次浸泡，重复进行。为防止进水时带进新的敌害生物或卵、幼虫，进水口要设置 100 目的尼龙筛网对水进行过滤。

2.3.3 肥水

由于土池育苗的饵料生物完全依靠池塘天然繁殖，因此，在育苗前必须通过施肥，在池塘中繁殖足够的生物饵料，这是土池育苗能否成功的关键所在。

（1）施肥种类：常用的化肥为尿素、过磷酸钙、三氯化铁等，有机肥可用发酵的畜禽粪便，有机肥的效应较慢，但肥力较长，可与化肥搭配使用。

（2）施肥量：一般可按 $N:P:Fe = 1:0.1:0.01$ 的比例施肥，氮的使用量通常为 $10 \sim 15 \ g/m^2$。

（3）施肥方法：通常施肥后 3 ~ 4 天，浮游生物即可大量繁殖。可根据饵料生物的繁殖情况适当增减用量。

2.3.4 亲贝的投放与催产

（1）亲贝选择：从自然海区或混养池塘中选择健康成熟的 2 ~ 3 龄个体做亲贝。

（2）亲贝数量：根据种类、个体大小来调整亲贝数量，一般在 $200 \sim 400 \ kg/hm^2$。

（3）催产：产卵前，将亲贝撒放在进水闸门口附近，利用大潮汛期进水，受到水温差和流水刺激，可以使亲贝自然产卵。也可以在产卵前先阴干 8 小时，然后再撒在闸门口附近，经受水温和流水刺激，催产效果更好。若采用经过室内促熟培育的亲贝，再如上述方法催产，产卵效果也很好。

土池育苗的贝类一般属于多次产卵型。当首批浮游幼虫下沉附着后，可以根据亲贝的发育情况，进行第二次催产。方法是傍晚将池塘水排干，第二天清晨再进水，使亲贝排卵、受精。也可以利用室内育苗室进行催产、受精，等幼虫发育至面盘幼虫后，随水移入土池让其自然生长。此方法要注意室内外水温的差异不能过大，同时池塘中要有足够的饵料生物保证幼虫摄食。

2.3.5 幼体期管理

土池育苗一般不需要投饵，贝类浮游幼虫依靠摄食池塘内的天然饵料生物，自然生长发育为稚贝。主要管理工作有如下几项。

（1）进排水：前期池塘只进不排，确保之前繁殖的饵料生物不致流失，保持池水各项理化因子稳定。如果需要，可以在幼虫开始摄食初期，投放适量的光合细菌作为补充饵料。幼虫附着后，池水可以大排大进，为贝类幼虫带来海区天然饵料。

（2）施肥：在幼虫附着之前，需定期施肥，加速繁殖饵料生物。

（3）敌害防止：严格管理进水滤网，防止敌害生物进入池内。随时清除池中的等杂藻类。

（4）观察检测：日常巡视，检查闸门、堤坝漏水情况。每天定时检测水温，采水样，计数幼虫密度，观察个体大小，摄食、健康状况等。

2.3.6 稚贝采收

（1）稚贝规格：当稚贝长到壳长 1.5 mm 以上时，可以进行刮苗移养。

（2）移苗时间：一般在早上或傍晚进行。池水排干后，进行刮苗，刮出的苗种要先清洗，将稚贝与杂质分开，然后再转移至中间培育池内进行中间培育。

2.4 天然贝苗的采集

在传统贝类栖息的自然海区尤其是贝类养殖海区，每年贝类繁殖季节，海区都会出现数量不等的贝类幼虫，有时数量相当大，这些贝类幼虫在发育到后期壳顶幼虫即将附着转入底栖生活时，如果没有合适的附着基，则会死去或被水流冲走。对于双壳贝类来说，无论是营固着生活的（牡蛎）、营附着生活的（贻贝），还是营埋栖生活的（蛤、蚶、蛏）贝类，在其幼体发育阶段都要经历附着变态阶段，而此时如果在海区人工投放适宜的附着基，或设置条件适宜的附着场所，就可以采集到数量可观的贝苗。采集天然贝苗就是利用贝类这一幼体发育特点而进行的。由于这些贝苗是在海区自然环境中生长发育的，所以生命力强，养殖成活率高，避免了人工培育所带来的苗种适应能力差、抵抗力弱、近亲繁殖等弊端，深受人们欢迎。但采集天然苗种也存在受气候海况条件影响大、产量不稳定等缺点。

根据贝类的栖息环境、生态习性，采集天然贝苗通常有3种方式。一是，在贝类繁殖季节，在海区选择浮游幼虫密集的水层，吊挂采苗绳帘，采集贝苗，称为海区采苗，通常用于扇贝、魁蚶、贻贝等苗种采集；二是，通过在潮间带放置采苗器采集贝苗，称为潮间带采苗器采苗；三是，在潮间带合适区域通过修建、平整贝类幼虫附着场所（平畦），称为潮间带平畦采苗。

2.4.1 采苗预报

天然贝苗采集的一个非常重要的工作是确定采苗期，以便在适当、准确的时间段内投放采苗器或平畦，也称为采苗预报。预报不准，采苗效果会大打折扣。过早投放，采苗器上会附着其他海洋生物，影响贝类幼虫附着；过晚投放，则幼虫已失去附着能力或死亡，预示采苗失败。采苗预报分为长期预报、短期预报和紧急预报。长期预报在生殖季节到来之前发出，为生产单位组织准备采苗器材，构筑、平整采苗场所提供参考；短期预报在首批亲贝开始产卵发出，为生产单位检查采苗准备工作是否充分提供依据；紧急预报在幼虫即将附着时发出，预报未来3天幼虫附着情况和可采集到贝苗数量。紧急预报为生产单位投放采苗器或平畦提供依据。通常长期预报1年只发1次，而短期预报和紧急预报视情况可1年多次。

2.4.2 采苗海区选择

选择附近海域有一定的亲贝资源，或是贝类养殖海区，可提供足够的贝类浮游幼虫；海区风浪较小，潮流畅通，水质优良，使贝类幼虫能在该海区停留一定的时间。对于不同生活习性的贝类，其底质要求不一，如平畦采集的埋栖型贝类要求底质为疏松的泥沙，以利于幼虫附着；而海区采集的附着型贝类则要求浮泥少，不易浑浊。

2.4.3 采苗方式

（1）海区采苗

海区采苗也称浮筏采苗，一般利用浮筏和采苗器在潮下带至水深20 m左右的浅海水域进行垂下式采苗。多用于扇贝、魁蚶、贻贝、泥蚶等种类的苗种采集。我国的栉孔扇贝、日本的虾夷扇贝普遍利用这种方式采集苗种。

①采苗器：一般利用在浮筏上悬挂采苗器进行采集。采苗器的种类有很多，例如，采苗袋：由塑料纱网缝制（扇贝、魁蚶）；采苗板：透明PVC波纹板（鲍）；贝壳串：牡蛎、扇贝壳制而成；棕网：用棕绳编制而成的棕网；草绳球等。

②采集水层：采集器悬挂水深要根据采集贝类的种类及海区环境情况而定，因此采集前要对幼虫的分布、海区水深情况等进行水样采集调查分析，确定采集器投放位置，以获得良好的采集效果。一般扇贝幼虫多分布在5～10 m的水层，魁蚶幼虫分布在10 m以下水层。

（2）潮间带采苗器采苗

潮间带采苗器采苗多用于牡蛎、贻贝等种类的采苗。

① 采苗器：牡蛎天然采集的采苗器多种多样，常见的有：石材：花岗岩等硬石块制成，规格 1.0 m×0.2 m×0.05 m；竹竿：多为直径 2 ~ 5 cm，长约 1.2 m 的毛竹；水泥桩：规格有 0.5 m×0.05 m×0.05 m 或（0.08 ~ 0.12）m×0.1 m×0.1 m；贝壳串：用扇贝或牡蛎壳串制而成。

② 采苗方法：根据采苗器的不同，采苗方法也各有差异。石材和水泥桩一般是用立桩法，将基部埋入滩涂内 30 ~ 40 cm，以防倒伏增强其抵御风浪的能力。一般每公顷投放 15 000 个。竹子一般采用插竹法，每 5 ~ 10 支毛竹为一组，插成锥形，插入滩涂 30 cm，每 50 ~ 80 组排成一排，排间距 1 m。每公顷插竹 150 000 ~ 450 000 支。贝壳串采苗法是在低潮线附近滩涂上用水泥桩或竹竿搭成栅架，采苗时，将贝壳串水平或垂直悬挂在海水中采集。其他还可以直接将石块或水泥块投放在滩涂上成堆状，将水泥板相对叠成人字形等方法采苗。

（3）潮间带平畦采苗

潮间带平畦采苗多用于埋栖型贝类的采苗，如菲律宾蛤仔、文蛤、泥蚶、溢蛏等种类。

① 采苗畦修建平整：选择底质疏松、泥沙底质的潮间带中高潮区海涂，修筑成形的采苗畦。先将上层的底泥翻耙于四周，堆成堤埝，地埝底宽 1.5 ~ 2 m，高 0.7 m，风浪较大的海区，地埝适当加宽加高。畦底再翻耕 20 cm 深，使底质松软平整，以便贝类浮游幼虫的附着与潜沙。如果底质中沙含量较少，可在底面上铺上一层沙，作为幼虫附着基质，增加附苗率。采苗畦的面积约为 100 m² 左右，两排之间修一条 1 m 左右宽的进排水沟，沟端伸向潮下带，确保涨落潮时水流畅通。

② 采苗方法：在自然海区贝类繁殖季节，根据水样调查分析和采苗预报，选择适宜时机进水采苗。进水前一天，需再将畦底面翻耙平整 1 次，以利于幼虫附着。为提高密度，还可以放水再进水采苗。贝苗附着后，每隔一定时间应在地面轻耙 2 ~ 3 次，防止底面老化，为稚贝创造更好的生活环境。

3. 贝类养成

国内外养殖贝类种类有几十种，由于栖息环境和生态习性不同，养殖方式也各不相同，大致可分为海区筏式养殖（如扇贝、贻贝等），潮间带立桩式养殖，如牡蛎、贻贝等，以及潮间带平埋养殖（如蛤、蚶、蛏等）。本节主要介绍扇贝、牡蛎和缢蛏的养成方式。

3.1 扇贝养成

扇贝是世界贝类养殖中最重要的品种之一，中国的扇贝养殖在世界领先，自 20 世纪 90 年代起就已经形成产业化，尤其在北方，扇贝养殖已成为海水养殖中的支柱产业之一。目前养殖的扇贝种类主要有 4 种：栉孔扇贝、华贵栉孔扇贝、海湾扇贝和虾夷扇贝等。两种栉孔扇贝为我国本土种，前者分布在北方，后者在南方。海湾扇贝从北美引进，虾夷扇贝从日本引进。

3.1.1 苗种来源

扇贝的苗种来源主要有工厂化育苗和海区自然采苗，前者苗源稳定，可根据需要定时定量培育，后者成本低廉，苗种质量较好。大规模产业化养殖主要依靠工厂化育苗，海区自然采集贝苗作为补充。工厂化育苗或自然采集贝苗一般都需经过中间培育，随着个体增长，逐步分级养成。

3.1.2 海区选择

选择潮流畅通、风浪小、浮泥少、水质无污染、水深 8 ～ 10 m 以上的海区，海水温度、盐度适宜，天然饵料丰富，敌害生物少，海底底质适宜浮筏的固定。

3.1.3 养殖方式

扇贝养殖根据不同种类可有几种不同养殖方式，如笼式养殖，用于各种扇贝的养殖；穿耳养殖，主要用于虾夷扇贝养殖；另外还有底播养殖、综合养殖等方式。在此主要介绍扇贝笼养（图 5-5）。

图 5-5　扇贝海区养殖

（1）养殖器材：由聚乙烯网线编制（图 5-6），直径 30 ～ 33 cm，长约 1.5 m，8 ～ 12 层，层间距 10 ～ 15 cm，网目根据扇贝生长大小逐步调整，一般有 0.5 cm、2.5 cm、3 cm 等多种，分别用于养殖 1 cm、3 cm 的稚贝和成贝。

图 5-6　扇贝养殖吊笼

（2）养殖密度：若暂养笼 8 层，稚贝小于 1 cm 时，每层可放苗 500 粒左右，即一笼为 4 000 粒。当苗长到 2.5 cm 以上，再及时分到养成笼中养殖。每层放苗量控制在 40 ～ 50 粒，一笼为 400 粒，太多会影响扇贝生长，太少又浪费养殖器材。虾夷扇贝等大型贝类密度需适当调低。

（3）养殖水层：根据季节和表层水温变化而调整。春、秋季适宜在上层 2 ～ 5 m 处养殖，而冬季表层水温较低，夏季表层水温又太高，因此需要降低养殖水层至 6 ～ 10 m，以扇贝网不拖泥为宜，这样既可以避免高、低温，又可以减少附着生物附着，并且能起到很好的抗风浪作用。

3.2 牡蛎养成

牡蛎是世界范围内最重要的养殖贝类，美国、日本、韩国、法国为世界主要养殖国家，澳大利亚、新西兰、墨西哥和加拿大等国的牡蛎养殖业也十分发达，牡蛎也是中国的重要养殖贝类，主要养殖种类有太平洋牡蛎、近江牡蛎和褶牡蛎等。2013 年中国的牡蛎养殖产量为 422×10^4 吨，约占全国贝类养殖总产量的 1/3。

3.2.1 苗种来源

牡蛎的苗种来源主要有采集海区自然苗（潮间带采苗器和深水浮筏采集）和工厂化人工育苗。我国各地的牡蛎养殖多以采集自然苗种为主。

3.2.2 海区选择

牡蛎属于咸水或半咸水海洋生物，一般分布在河口、内湾水域。养殖场地宜选择潮流畅通、风浪较小、饵料生物丰富、最好有环流的海区。底质与养殖器材的设置有关，一般为沙泥底。底质太软则不利于操作，太硬则不利于竹竿、石材的设置。尽可能选择藤壶、贻贝等生物较少的海区，以免与牡蛎竞争生活空间和食物。

3.2.3 养殖方式

牡蛎养殖方式根据苗种来源不同，养殖方式也各有差异。一般潮间带采苗器采集的多采用直接养殖，而海区浮筏采集或人工培育的苗种则多采取浮筏浮绳养殖，也可以将自然采集或人工育苗培育的牡蛎苗种从采苗器上剥离，进行滩涂播养。另外还可以将牡蛎置于虾池进行多元化生态养殖。

（1）直接养殖

一般都在中、低潮区。直接养殖是牡蛎的传统养殖方式，通常在采苗后，将采苗港进行适当调整后直接进行养殖（图 5-7），如插竹养殖、立桩养殖、投石养殖、桥石养殖、栅架式养殖等。

图 5-7　牡蛎的潮间带养殖

① 插竹养殖：一般在采苗后，将养殖密度调疏 1 ~ 2 次，称为分殖。分殖的作用是扩大牡蛎的生活空间，促进其生长，同时还可以减少牡蛎苗的脱落。

② 立桩养殖：与插竹养殖相似，立桩养殖是在滩涂上设置条状石材或水泥桩，采苗后在

原地继续养殖，直至收获。如果附着的牡蛎苗过密，可以人工去除一部分。收成时，可将牡蛎从石材或水泥板上铲下来，带回岸上剥取牡蛎肉。

③ 投石养殖：与上面两种方式类似，需注意的是要防止石块下沉或被淤泥埋没，所以需要根据情况不定时将石块移位，一则防止下沉，同时也可以为牡蛎选择饵料生物丰富的区域继续养殖。

④ 棚架式养殖：在海区潮间带滩涂设置栅架，栅架用水泥桩、木杆或竹竿搭成，将牡蛎苗绳悬挂其上进行养殖（图 5-8）。随着牡蛎的生长，应把贝壳串拆开，扩大贝壳间距，以适应牡蛎生长。此外应及时调整吊挂水层，夏季水温高时，可缩短垂吊深度，增加露空时间，以减少苔藓虫、石灰虫等生物附着。至牡蛎生长后期，应加大吊养深度，增加牡蛎摄食时间，加快其生长。

图 5-8　牡蛎棚架式养殖

（2）浮筏养殖

采用的是常规海上浮筏式养殖方式（图 5-9）。海区水深在干潮 4 m 以上，冬季不结冰，夏季水温不超过 30℃，海区水流流速在 0.3 ～ 0.5 m/s 为宜。

图 5-9　牡蛎海区浮筏养殖

养殖绳一般长 3 ～ 4 m，用 14 半碳钢线或 8 镀锌铁丝制成，先悬挂在浮筏上，相互间距约 0.5m。将从自然海区或育苗场采集的采苗器（多为贝壳串）夹在养殖绳上。第一个采苗器应固定在水下 20 cm 处，以下间隔在 15 ～ 20 cm。

养殖期间的管理主要是及时疏散养殖密度和调节养殖水层，以保证牡蛎能获得充足的饵料。随着牡蛎的生长，负荷加重，需要增加浮子的浮力，防止沉筏。另外要加强安全，尤其是台风季节，加固浮筏，台风过后，及时整理复原。

我国广东省近江牡蛎浮绳养殖从采苗到养成收获一般要养殖 26 个月，日本太平洋牡蛎从采苗到养成需要 14 ~ 15 个月。

（3）滩涂播养

滩涂播养是将采苗器或潮间带岩石上的牡蛎苗剥离下来，以适当的密度播养到泥沙滩涂上，牡蛎即可在滩面上滤食生长。这种方式类似蛤、蚶类养殖，具有不用固着器，可以充分利用滩涂，操作简便，成本低，单位面积产量高等优点。

牡蛎播养一般选择在风浪较小、潮流畅通的内湾，泥沙地质为宜。应选择在中低潮区，潮位过高，牡蛎滤食时间受限，影响生长，而太低，则容易被淤泥埋没，周边应没有河流流入或鱼虾养殖场排水等因素干扰。

牡蛎播养的季节一般应在 4—5 月，水温逐步上升时节，以保证其能有充足的饵料。牡蛎苗种规格以壳长 2 ~ 4 cm 为宜，通常前一年 7—8 月固着的自然苗或人工培育苗到第二年的春季可达 2 ~ 4 cm（400 粒 /kg），正适宜播养。

播苗的方法有干潮播苗和带水播苗两种。干潮播苗是在退潮后滩面露干时，把牡蛎苗均匀撒播在滩面上。播苗前需要将滩面整平，尽量避免将苗种撒在坑洼不平的滩面上。最好播完苗后就开始涨潮，以免牡蛎苗露空时间太长，尤其避免中午太阳暴晒。带水播苗是在涨潮时，乘船将苗撒入滩面。播苗前需规划平整滩面，并插上竹竿做标记，便于播苗均匀。由于干潮播苗肉眼可见，更容易播种均匀，所以多采用干播法。

播苗密度根据海区水质和饵料生物丰富程度而定。一般播种密度在（7 ~ 10）× 10^4 kg/hm^2，正常情况下，经过 6 ~ 8 个月的养殖，一般可收获约 40×10^4 kg/hm^2 的产量。

3.3 缢蛏养成

缢蛏广泛分布于我国南北沿海滩涂。由于其肉味鲜美、营养丰富，而且壳薄、肉多，养殖成本低、周期短、产量高，收益稳定，深受养殖者的欢迎，是浙江、福建等地的主要养殖品种，养殖历史悠久。北方主要以增殖保护为主，近年来也开始养殖。

缢蛏的主要养殖方式有平埕（涂）养殖、蓄水养殖、池塘混养（与鱼类或虾类）以及围网养殖等多种形式，由于缢蛏的埋栖生活特性，因此各种养殖方式差异不大，其中平埕养殖是传统养殖方式，应用最广。缢蛏池塘混养时，在池底平埕整理出若干蛏条，在此主要介绍滩涂平埕养殖。

3.3.1 苗种来源

缢蛏的苗种主要来源于潮间带半人工平畦采苗，近年来也开始试行人工育苗作为补充。

3.3.2 海区选择

选择内湾或河口附近，平坦且略有坡度的滩涂，位于潮间带中潮区下部和低潮区，每天干露时间 2 ~ 3 小时为宜。潮流畅通，风浪小。由于缢蛏为埋栖型贝类，且埋栖深度较蛤、蚶类都深，因此要求底质为软泥或泥沙混合，偏泥底质，最好是底层为沙，中间 20 ~ 30 cm 为泥沙混合，表层为 3 ~ 5 cm 的软泥。缢蛏的适宜水温为 15 ~ 30℃，适宜盐度为 6.5 ~ 26。

3.3.3 蛏埕建筑和平整

蛏埕是缢蛏的栖息场所，其修建与农田类似。在蛏埕的四周建起堤坝，高 30 ~ 40 cm，风浪较大，则地埂适当加高，目的是挡住风浪，保持蛏埕滩面平坦（图 5-10）。堤内埕面可根据操作方便，开挖小沟，将蛏埕划分成宽 3 ~ 7 m 不等的一块块小畦，畦与畦之间的沟既可以排水，也方便人行走，不致践踏蛏埕。

5-10　缢蛏养殖的蛏埕建筑

无论是旧蛏埕（熟涂）还是新蛏埕（生涂），都要经过整理才能放养，一般要经过 3 个步骤：翻土、耙土和平埕。

（1）翻土：用海锄头、四齿耙等工具将蛏埕翻深 30 ~ 40 cm，经翻耕后能使泥沙混合均匀，适宜养蛏。同时翻耕还可以使原来在表层生活的玉螺等生物翻到涂内使其窒息死亡。土层深处的敌害生物如虾虎鱼、章鱼等应及时捕捉或杀灭。经过翻耕，涂内洞穴消失，涂质结构得以改善。一般在放苗前 6 天进行翻耕，次数以 3 次为宜。土质较硬的滩涂可以采用机械翻耕，提高效率。

（2）耙土：将翻土形成的土块捣碎，使表层泥土碎烂均匀、细腻柔软。

（3）平埕：用木板将埕面压平抹光，使埕面呈现中间高，两边低的马路型，不致使埕面积水。操作时，站在畦沟，逐步后退，不留脚印。

翻土、耙土、平埕次数根据埕地底质不同而有差异。底质较硬且含沙量高，需要播种前 2 周即开始操作，重复进行 2 ~ 3 次，而软泥底质则 1 次即可，播种前 2 ~ 3 天进行。

蛏埕形式有坪式、畦式和宽式 3 种。

3.3.4 播种

播种时间一般在农历 12 月中上旬开始，至第二年的清明节前结束，最好是在农历一二月。蛏苗个体 1 ~ 1.5 cm，均匀撒播在埕面上。一般播苗密度在 1 000 kg/hm² 播 1 cm 苗，低潮区或沙质底可以适当增加播种量。需在潮水上涨前半小时将苗播完，确保蛏苗及时钻穴，以免被潮水冲走。

3.3.5 日常管理

初期及时检查蛏苗成活率，发现死亡率过高，则需及时补苗。平时，每周巡查 1 次，注意埕面是否因风浪导致不平、积水，需及时修复。

贝类是水生动物中种类最多的门类，有许多重要的养殖经济种类，养殖历史久远，养殖范围遍布世界各地。大多数贝类以滤食为生，在幼体发育时要经历担轮幼虫和面盘幼虫阶段，以后转入底栖或附着生活。

贝类的苗种培育主要有工厂化人工育苗、土池育苗和海区采集自然苗3种。工厂化人工育苗通常需经过亲贝培育、人工诱导产卵、人工授精孵化、幼虫培育、幼虫附着采集和稚贝培育等阶段。土池育苗需要进行选择亲贝、修整贝苗附着场地、繁殖基础饵料生物等工作。海区采集自然苗的重要工作是选择好海区和做好准确的苗种采集预报工作。具体又分3种采苗类型：海区自然苗采集（扇贝、魁蚶等）、潮间带采苗（牡蛎等）和平畦（埋）采苗（缢蛏等）。上述各种方式培育的贝类苗种一般需要经过中间培育后再进入养成阶段。

贝类养殖形式多种多样，主要有海区筏式养殖、潮间带插竹、投石养殖和潮间带滩涂平埋养殖等。扇贝通常是采用海区筏式吊笼养殖，一般要求海区水深在 8 ~ 10 m。随着贝类的生长，笼中贝类的密度需要多次调整。牡蛎主要采用潮间带插竹、投石或立桩养殖，也可以进行浮筏养殖或滩涂播养。缢蛏主要采用潮间带低潮区滩涂平埋养殖，主要是做好翻耕、平整缢蛏穴居生活的埋面等工作。

第三节　现代藻类养殖技术创新研究

藻类指一类叶状植物，没有真正的根茎叶的分化，以叶绿素 a、叶绿素 b、叶绿素 c 等作为光合作用的主要色素，并且在繁殖细胞周围缺乏不育的细胞包被物，传统上将其视为低等植物，现代分类学家将其列入原生生物界，与原生动物一起同属此界，而与真正陆生植物属不同界。藻类植物的种类繁多，分布广泛，目前已知有 3 万种左右，广布于海洋及淡水生态系统中。藻类形态多样，有单细胞，也有多细胞的大型藻类。人类利用藻类的历史悠久，尤其是大型海藻，在食品工业、医药工业、化妆品工业、饲料工业及纺织工业中有广泛的应用，大型海藻的栽培是水产养殖的重要内容，本章重点介绍大型经济海藻的栽培。

1　藻类生物学

1.1　藻类的分类及基本特征

中国藻类学会编写的《中国藻类志》中将藻类分为 11 门，即：蓝藻门、红藻门、隐藻门、甲藻门、金藻门、硅藻门、黄藻门、褐藻门、裸藻门、绿藻门、轮藻门。而国外藻类学家最新编写的《藻类学》一书，则将藻类分为 4 个类群 10 个门，原核类：蓝藻门；叶绿体被双层叶绿体被膜包裹的真核藻类：灰色藻门，红藻门，绿藻门；叶绿体被叶绿体内质网单层膜包裹的真核藻类：裸藻门、甲藻门、顶复门；叶绿体被叶绿体内质网双层膜包裹的真核藻类：隐藻门、普林藻门、异鞭藻门。

藻类具有 5 个基本特征：① 分布广，种类多。② 形态多样，从单细胞直至多细胞的丝状、叶片状及分枝状的个体。③ 细胞中有多种色素或色素体，呈现多种颜色。④ 结构简单，无根茎叶的分化，无维管束结构。⑤ 不开花，不结果，靠孢子繁殖，没有胚的发育过程。

1.2 海藻的生长、生活及生殖方式

海藻生存的区域可划分为潮带、浅海区和滨海区。根据多细胞大型海藻藻体生长点位置的不同，将海藻的生长方式分为以下 5 种。

1.2.1 散生长：藻体各部位都有分生能力，即生长点的位置不局限于藻体的某一部位，这种生长方式称为散生长。

1.2.2 间生长：分生组织位于柄部与叶片之间，这种生长方式称为间生长。如海带目的种类。

1.2.3 毛基生长：生长点位于藻毛（毛状的单列细胞藻丝）的基部，这种生长方式称为毛基生长。如一些褐藻酸藻目（Desmarestiales）和毛头藻目（Sporochnales）等种类。

1.2.4 顶端生长：藻体的生长点位于藻体的顶端，这种生长方式称为顶端生长。如墨角藻目（Fucales）等的种类。

1.2.5 表面生长（又称边缘生长）：有些藻体细胞由表面向周围生长，这种生长方式称表面生长或叫边缘生长。如网地藻目（Dictyotales）等的一些种类。

海藻的生活方式多样，一般可分为浮游生活型、附生生活型、漂流生活型、固着生活型及共生或寄生型 5 种。其中固着生活型和漂流生活型一般为多细胞大型海藻的生活方式。

海藻的生殖方式可分为营养生殖、无性生殖和有性生殖。

1.3 海藻的生活史

海藻的生活史定义：海藻在整个生长发育过程中所经历的全部时期，或一个海藻个体从出生到死亡所经历的各个阶段。

虽然海藻比高等植物的结构简单，但因其种类多，形态多样，生态环境不同，有各自的生活习性。因此海藻的生活史是多样化的。

单细胞海藻的生活史简单，没有有性生殖，只有简单的细胞分裂生殖、藻体断裂和孢子生殖。具有有性生殖能力的多细胞大型海藻的生活史较为复杂，其生活史中出现了藻体细胞的核相交替，产生了具有不同细胞核相的单倍体（配子体）和双倍体（孢子体）藻体。并且不同核相的藻体在生活史中有规律地互相交替出现（称为世代交替）。依据生活史中有几种类型的海藻个体、体细胞为单倍或二倍染色体，以及有无世代交替，将存在有性生殖海藻的生活史划分为 3 种基本类型和 5 种生活史类型。

1.3.1 单世代（单元）型生活史

在生活史中只出现一种类型的藻体，没有世代交替现象的类型。根据海藻体细胞为单倍或二倍染色体，又分为单世代单倍体型生活史和单世代二倍体型生活史两种类型。

（1）单世代单倍体型（单元单相 Hh）。藻体细胞是单倍体（n），有性生殖时，体细胞直接转化成生殖细胞，仅在合子期为二倍体（2n），合子萌发前经减数分裂，萌发产生新的单倍体藻体（n），生活史中只有核相交替而无世代交替，如衣藻的生活史。

（2）单世代二倍体型（单元双相 Hd）。藻体细胞是二倍体（2n），有性生殖时，体细胞经减数分裂后产生生殖细胞（n），合子不再进行减数分裂，直接发育成新的二倍体藻体（2n），生活史中只有核相交替而无世代交替，如马尾藻的生活史。

1.3.2 二世代（双元）型生活史

在生活史中不仅有核相交替，还有两种类型藻体世代交替出现现象的类型。根据两种藻体的形态、大小以及能否独立生活，又分为以下两种类型。

（1）等世代型（双元同形 Dih+d）。生活史中出现孢子体（2n）和配子体（n）两种独立生活的藻体，它们的形态相同，大小相近，二者交替出现的生活史类型，又称同形世代交替，如石莼的生活史。

（2）不等世代型（双元异形 Dhh+d）。生活史中出现孢子体（2n）和配子体（n）两种独立生活的藻体，它们在外形和大小上有明显差别，二者交替出现的生活史类型，又称异形世代交替。根据大小的不同，分为配子体大于孢子体型和孢子体大于配子体型，属于前者的如紫菜，属于后者的如海带的生活史。

1.3.3 三世代（三元）型生活史

在生活史中不仅有核相交替，还有 3 种类型藻体世代交替出现现象的类型，见于某些红藻。在这种类型的生活史中有孢子体（2n）、配子体（n）和果孢子体（2n）3 个藻体世代，其中的果孢子体又叫囊果，不能独立生活，寄生于雌配子体上，如江蓠的生活史。

2 海带的苗种繁育

2.1 海带培育

海带，分类上属于褐藻门，褐子纲，海带目，海带科，海带属。我国海带栽培业的稳步发展是建立在海带自然光低温育苗（夏苗培育法）和海带全人工筏式栽培技术的基础上实现的。海带育苗可分为孢子体育苗和配子体育苗。应用于栽培生产的海带苗种繁育方式主要有自然海区直接培育幼苗、室内人工条件下培育幼苗和配子体克隆育苗 3 种。目前我国的海带育苗仍以传统的夏苗培育法为主。

2.1.1 自然海区育苗

自然海区育苗在海上海带养殖区进行。在中国北方的辽宁、山东地区，一般在 9 月下旬至 10 月底，当海水温度降到 20℃以下时，利用海带孢子体在秋季自然成熟放散游孢子的习性，采集海底自然生长或单独培养的成熟种海带，在自然海区用劈竹等育苗器进行海带游孢子采集，然后将育苗器悬挂于事先设置好的浮筏上进行培育，使其形成配子体并获得海带幼孢子体。最后将幼苗分夹到粗的苗绳上进行养成。

自然海区育苗得到的海带苗为秋苗，秋苗培育的优点是，凡是能开展海带栽培的海区，只要有成熟的种菜，就能进行培育，不需要特殊的设备。但是秋苗培育是在海上进行，培育时间长达 3 个月，敌害多，加之正值严寒的隆冬季节，易导致生产不稳定、产量低。

2.1.2 工厂化低温育苗

工厂化低温育苗利用育苗车间，调整自然光，在低温、流水的条件下进行培育海带苗，通常在初夏进行，所得的苗种通常称夏苗。工厂化低温育苗与自然海区育苗相比，具有育苗产量高、培育劳动强度低、种海带用量少、敌害易控制、可在南方进行生产等优点，但存在培育时间长，成本高，难以实现稳定和高度一致的良种化养殖等缺点。其育苗的主要设备包括制冷系统、供排水系统、育苗室、育苗池及育苗器等。

（1）海带的培养

采用自然海区度夏或室内培育的方法培育种海带。当初夏水温达到25℃左右时，从海上选出藻体层厚、叶片宽大、色浓褐、附着物少、没有病烂及尚未产生孢子囊的个体，移入室内继续培育。室内培育条件：水温13℃～18℃，光照1 000～1 500 lx，培育海水经过净化处理，采用流水式培育，施肥分别为氮400mg/m³、磷52.0mg/m³，一般培养14天左右，叶片上就能大量形成孢子囊群，即可用来采苗。种海带的选用量根据育苗任务及种海带的成熟情况而定，一般一个育苗帘准备一棵种海带即可。

（2）采苗

① 采苗时间。何时采苗主要从两个方面考虑：一是能采到大量健康的孢子；二是要在海区水温回升到23℃之前采完苗。在北方一般在7月下旬至8月初进行采苗。

② 种海带的处理。在采苗前还要对种海带进行一次处理，将种海带上附着的浮泥、杂藻清除掉，然后剪掉边缘、梢部、没有孢子囊群的叶片部分以及分生的假根，重新单夹于棕绳上（株距约10cm）。夹好的种海带要放到水深流大的海区，以促使其伤口愈合和孢子囊的成熟，待孢子囊即将成熟傍晚或清晨气温较低时，运输到育苗场，用低温海水对种海带进行清洗、冲刷处理，以免影响孢子的放散与附着。为获得大量集中放散的孢子，可将种海带进行阴干处理2～3小时，刺激时气温保持在15℃左右，最高不超过20℃。海带成熟度好时，当种海带运到育苗室进行洗刷时就可能有大量放散孢子，洗刷后可直接采孢子。

③ 孢子水的制作。种海带经过阴干处理后移入放散池，即可进行孢子放散。阴干处理的种海带，由于叶面上的孢子囊失去了部分水分，突然入水后，便吸水膨胀，孢子囊壁破裂，游孢子便大量放散出来，在160倍显微镜下观察，每视野达到10～15个游动孢子时，即可停止放散，将种海带从池内移出，并用纱布捞网将种海带放散孢子时排出的黏液及时捞出，以防黏液黏附在育苗器上，妨碍孢子的附着与萌发并败坏水质，同时用纱布捞网清除其他杂质，制成孢子水。

④ 孢子的附着。孢子水搅匀后，将处理好的棕绳苗帘铺在池水中，根据水深及放散密度，一般铺设6～8层苗帘，苗帘要全部没入孢子水中。铺设苗帘时，可在上、中、下3个不同水层的苗帘间放置玻片，以便检查附着密度，经过2小时的附着，镜下160倍附着密度达10个左右即可停止附着，将附着好的苗帘移到放散池旁边的已注入低温海水的育苗池中，将原放散池洗刷干净，打绳架并注入新水，以备附着好的苗帘移入。

（3）培育管理

① 水温的控制。海带苗培育适宜的温度为5℃～10℃。在育苗过程中要严格控制温度，并根据幼苗生长阶段调整温度。初期（配子体时期）水温控制在8～10℃；中期（小孢子体时期）7℃～8℃；后期（幼苗时期）8℃～10℃；在接近出库前水温可提高到12℃左右。

② 光照的调节。每天保证10小时以上的光照时间，光强在1 000～4 000 lx为适宜范围。根据各时期幼苗大小给予不同的光照强度。前期（配子体时期）1 000～1 500 lx；中期（小孢子体时期）1 500～2 500 lx；后期（幼苗时期）2 500-4 000 lx；在出库前可适当提高光强，

以适应下海后自然光强，光照时间以 10 小时为适宜。

③ 营养盐的供给。海带苗培育过程中要不断地补充营养盐，特别是氮、磷的含量，以满足海带幼苗的生长需要。生产上一般采用硝酸钠做氮肥，磷酸二氢钾做磷肥，柠檬酸铁做铁肥。

④ 水流的调节。在育苗初期配子体阶段，较小的水流即可满足其发育需要；发育到小孢子体之后，随着个体的增大，呼吸作用不断加强，必须给予较大的水流。

⑤ 育苗器的洗刷。在幼苗培育过程中，苗帘和育苗池要定期进行洗刷，清除浮泥和杂藻。苗帘洗刷一般在采苗后第 7 天开始。随着育苗场育苗能力的加大，双层苗帘的出现，苗帘开始洗刷的时间也提前，在采苗后第 3 天即开始洗刷，洗刷的力度及次数据不同时期具体情况而定。育苗初期，洗刷力度轻、次数少，育苗中后期，洗刷力度大、次数多。苗帘的洗刷有两种方法：一是通过水泵吸水喷洗苗帘；二是两人用手持钩，钩住育苗帘两端，在玻璃钢水槽内或特制的木槽内上下击水，利用苗帘与水的冲击起到洗刷作用。现在大库生产一般使用水泵吸水喷洗方法。

⑥ 水质的监测。在整个育苗过程中，要检查各因子的具体情况，测定培育用水中各因子含量，确定是否适合海带幼苗生长，并适时调整到最适宜状态。

2.1.3 无性繁殖系育苗（配子体克隆育苗）

配子体克隆育苗，简单地说就是将保存的雌、雄配子体克隆分别进行扩增培养，将在适宜条件下培养的雌、雄配子体克隆按一定比例混合，经机械打碎后均匀喷洒于育苗器上，低温培育至幼苗。配子体克隆育苗生产技术体系包括克隆的扩增培养、采苗以及幼苗培育。配子体育苗较传统的孢子体育苗具有可快速育种、能够长期保持品种的优良性状，工艺简单，育苗稳定性高，劳动强度低，可根据生产需要随时采苗、育苗等优点，但要求生产单位必须具有克隆保种、大规模培养和苗种繁育的整套生产技术体系，而目前配子体克隆保种和育苗技术，多数苗种生产单位尚未掌握，这在一定程度上影响了该技术的推广应用。

（1）克隆的扩增培养

将种质库低温保存的克隆簇状体经高速组织捣碎机切割成 200 ~ 400 μm 的细胞段，接种于有效培养水体为 16L 的白色塑料瓶。初始接种密度按克隆鲜重 1 ~ 1.5g/L 为宜。24 小时连续充气，使配子体克隆呈悬浮状态，充分接受光照，有利于克隆的快速生长。克隆经过约 40 天的培养，由初始的 200 ~ 400 μm 的细胞段长成了簇状团，肉眼看是较大颗粒。此时，对于克隆团的内部细胞，光照已严重不足，影响其生长，需及时进行机械切割并分瓶扩种。如果培养的克隆肉眼观看呈松散的絮状，显微镜下细胞细长、色素淡，生长状态很好，此时不需机械切割直接分瓶。

克隆培养温度一般控制在 10℃ ~ 12℃，光照以日光灯为光源，24 小时连续光照，接种初期光强一般采用 1 500 ~ 2 000 lx，随着克隆密度的增大，光强可提高到 2 000 ~ 3 000 lx，扩增培养结束前十几天可适当降低光强。营养盐以添加 $NaNO_3$-N10 g/m³，KH_2PO_4-P1 g/m³ 为宜。当克隆鲜重量达到每瓶 400 g 以上，可加大培养液中 KH_2PO_4-P 含量至 2 g/m³。每周更换一次培养液。更换培养液前停止充气，使克隆自然沉降于培养容器底部，沉降彻底直接倒出上清液，沉降不彻底或克隆量较多，可用 300 目筛绢收集倒出的克隆。

（2）采苗

克隆采苗一般在 8 月中旬进行。将扩增培养的克隆簇状体按雌、雄鲜重比 2：1 进行混合，连同少量培养液置于高速组织捣碎机进行第一次切割，切割时间一般 10～15 秒，将克隆由簇状团切割成 500～600 μm 的细胞段。将一次分离的配子体克隆进行短光照培养，目的是使雌、雄配子体细胞由生长状态转向发育状态，这样附苗后很快可发育成孢子体。短光照培养光期 L：D 为 10：14，光照强度为 1 500 lx 左右，温度 10℃～12℃，营养盐 NaNO$_3$–N10 g/m^3，KH$_2$PO$_4$–P 1g/m^3。短光照培养一般在采苗前的 7～16 天进行。经过 7～16 天的短光照培养，配子体细胞仍有所生长，细胞段太长不利于附着或附着不匀，故采苗前要进行第二次机械切割，并经 400 目筛绢搓洗过滤，未滤出的细胞段继续机械切割过滤，反复进行。滤出的细胞段基本为 1～5 个细胞。滤出的细胞液经低温（5℃～6℃）海水稀释至一定浓度，用喷雾器均匀喷洒在已平铺了一层棕绳苗帘并且加满低温海水的培育池水面上，细胞段靠重力自然沉落于苗帘上。每个棕绳苗帘按雌克隆鲜重 3 g 进行均匀喷洒。

（3）幼苗培育

水温的控制：采苗时 5℃～6℃，静水期间不超过 15℃，流水期间水温 7℃～10℃。

光照的调节：配子体至 8 列细胞时，高光 3 000 lx，平均光 1 700～1 800lx；8 列细胞至 0.3 mm 时，高光 3 300 lx，平均光 1 800～1 900 lx；0.3～3 mm 时，高光 3 600 lx，平均光 1 900～2 000 lx；3～5 mm 时，高光 4 000 lx，平均光 2 100～2 200 lx；5～10 mm 时，高光 4 500 lx，平均光 2 200～2 400 lx；10 mm 以上，高光 5 000 lx 以上。

营养盐的供给：幼苗大小在 0.5 mm 前，NaNO$_3$–N$_3$ g/m^3，KH$_2$PO$_4$–P0.3 g/m^3，FeC$_6$H$_5$O$_7$.5H$_2$0–Fe0.02 g/m^3；幼苗大小在 0.5 mm 后，NaNO$_3$–N$_4$ g/m^3，KH$_2$PO$_4$–P0.4 g/m^3。

水流的调节：为避免配子体细胞段受外力作用影响其附着率，采苗第一天静水培养，24 小时后微流水，72 小时后正常流水。

苗帘的洗刷：孢子体大小普遍在 8 列细胞时开始洗刷，洗刷力度前期弱，以后逐渐增强。如果附苗密度偏大，孢子体大小在 2～4 列细胞时就开始正常洗刷，将冲刷下来的孢子体和配子体进行收集，重新附在空白苗帘上，进行双层帘培育，这样既增加了培育的苗帘数量，使配子体采苗双层帘的使用成为可能，也不致造成克隆浪费。

清池：采苗 20 天后开始清池，培育前期每 15 天清池一次，培育后期每 7～10 天清池一次，根据水质和幼苗生长情况而定。

在整个育苗过程中要对海水密度、营养盐、酸碱度、溶解氧进行检测分析，对氨的含量更要做细致检查，保证育苗水质适合幼苗的生长。

2.1.4 海带苗的出库、运输和暂养

目前夏苗仍是海带栽培的主要苗源。室内培育的海带幼苗，在培育过程中随着藻体的长大，室内环境不能满足其生活需要时，就要及时将幼苗移到自然海区继续培育，以改善幼苗的生活条件。将幼苗从室内移到海上培育的过程，生产上一般称为出库；幼苗在海上长到分苗标准的过程，称为幼苗暂养。

（1）幼苗出库

自然光低温培育的夏苗，在北方一般经过 80～100 天，在南方经过 120 天左右，到自然海水温度下降到 19℃ 左右时，即可出库暂养。在北方约在 10 月中、下旬，在南方约在 11 月中、下旬。

要保证幼苗下海后不发生或少发生病烂，一定要考虑下述两点：一是必须待自然水温下降到 19℃ 以下，并要稳定不再回升；二是要在大潮汛期或大风浪天气过后出库，在大潮汛期，水流较好，风后水较混，透明度较低，自然肥的含量也较高，这样就可以避免或减轻病害的发生。

在水温适宜的情况下，要尽量早出库。早出库的苗长得快。出库时，一定要达到肉眼可见的大小，否则幼苗下海后由于浮泥的附着、杂藻的繁生，而使幼苗长不起来，或长得太慢，影响生产。此外，苗太小，生活力弱，下海后由于环境条件的突然变化而适应不了，就易发生病烂。

（2）海带苗的运输

海带苗的短途运输（运输时间不超过 12 小时），困难不大。长距离运输需要采取措施降低藻体新陈代谢，尽量减少藻体对氧气和储藏物质的消耗，避免升温，抑制住微生物的繁殖等，才能安全运输。幼苗的运输有湿运法和浸水法。湿运法适于短距离运输，比较简单、省事，一般用汽车夜间运输，在装运时，先用经过海水浸泡过的海带草将汽车四周缝隙塞紧，并将车底铺匀，然后一层海带草一层育苗器相互间隔放，以篷布封牢，并浇足海水。装车时，不要把两个育苗器重叠在一起，每车最多装 15 层，一车可装 500×10^4 株苗。装的层数太多了易发热。浸水运输法是将幼苗置于盛有海水的运输箱内，在箱内用冰袋降温。

（3）幼苗的暂养

从夏苗出库下海培养到分苗为止，这段时间为夏苗暂养时间。这段时间幼苗暂养的好坏不仅影响到幼苗的健康和出苗率的多少，而且也直接影响到分苗进度。

2.2 海带栽培

2.2.1 栽培海区的选择

海带养殖生产好坏与海区的选择有密切关系。海带栽培海区一般要求底质以平坦的泥底或者泥沙底为好，适合打橛、设筏；水深要求大于潮时保持 5m 以上。理想的养殖海区是流大、浪小，又是往复流的海区，且水色澄清、透明度较大。海区营养盐丰富，无工业或生活污水污染。

2.2.2 养殖筏的结构和设置

海带养殖筏的类型主要有单式筏和方框筏两种。单式筏是由 1 条浮梗、两条粗橛缆、两个橛子（或石蛇）和若干个浮子组成。单式筏架是目前广泛适用的筏架。方框筏比单式筏优越，但是抗风浪能力差，只适合内湾海区养殖（图 5-11）。

养殖夜的海区布局要有统一的规划，合理布局。一般 30 ~ 40 台筏子划为一个区，区与区间呈"田"字排列，区间要留出足够的航道，区间距离以 30 ~ 40m 为宜，平养的筏距以 6 ~ 8m 为宜。筏子设置的方向，风和流的因素都要考虑。如果风是主

图 5-11　海上海带养殖

要破坏因素，则可顺风下筏；如果流是主要破坏因素，则可顺流下筏；如果风和流威胁都较大，则要着重解决潮流的威胁，使筏子主要偏顺流方向设置。当前推广的顺流筏养殖法，必须使筏向与流向平行，尽量做到顺流。采取"一条龙"养殖法，筏向则须与流向垂直，要尽量做到横流。

2.2.3 分苗

将生长在育苗器上的幼苗剔除下来，再夹到苗绳上进行养成，这样一个稀疏的过程在养殖生产上称为分苗。夏苗是在自然海区水温下降，这时自然水温还在继续下降，水温越来越适宜于海带的生长。因此，分苗时间越早，藻体在优良的环境中度过最适宜温度的时间就越长，海带生长就好。

分苗前要准备好苗绳、吊绳、坠石和坠石绳等用具。分苗时幼苗越大越好。一般幼苗分苗时，长度 10 cm 是最低标准，以 12 ~ 15 cm 较为适宜，此时柄部才有一定的长度，这样才能保证只夹其柄部，而不致夹到其生长部。海带分苗的工序包括剔苗、运苗、夹苗和挂苗四步。

（1）剔苗：就是将附着器上生长到符合分苗标准的苗子剥离下来，以进行夹苗。

（2）运苗：剔好的苗要及时运到陆地上，以便及时夹苗。

（3）夹苗：就是将幼苗一棵接一棵或 2 ~ 3 棵一簇接一簇，按一定密度要求夹到分苗绳上。

（4）挂苗：苗夹好后，要及时组织专人出海，将分苗绳挂到筏子上。挂苗方式有两种，一是先密挂暂养一段时间，将 2 ~ 3 行筏子上的苗绳集中挂在一行筏子上，养育一段时间后再稀疏开来；二是不密挂暂养，直接按养成时的挂苗密度挂到筏子上，一般先垂挂，以后再平起来。

总之，在分苗操作过程中，要求轻拿、轻放、快运、快挂、保质、保量，防止掉苗，防止漏挂。

2.2.4 栽培的形式

目前我国海带筏式栽培有垂养、平养、垂平轮养和"一条龙"等主要栽培形式。

（1）垂养：是立体利用水体的一种养成形式。在垂养条件下，除苗绳上端几棵海带的生长部受到较强的光照，对生长部细胞的正常分裂有一定的抑制作用外，大部分海带的生长部都受到上端海带叶片的遮挡，避免强光刺激，因而垂养海带的平直部形成比平养要早，这是垂养的最大优点。垂养的另一优点是由于叶片下垂，使每绳海带所占的水平空间较小，苗绳之间易形成"流水道"，阻流现象较轻，潮流比较通畅，有利于海带生长。垂养第三个优点是海带能够随波摆动幅度大，也直接改善了海带的受光条件。

垂养的缺点是苗绳下部海带所能接受的光线比较弱，特别是在养殖的中后期，海带藻体长度大于 2m 以上时，藻体本身对光线的需要增加了，苗绳上部海带对下部海带的遮光现象更加严重，使苗绳下端的海带生长缓慢，呈现出受光不足的症状，藻体颜色也逐渐由浓褐色变为淡黄色。为了解决这个矛盾，生产上采取了倒置的方法，即下端海带生长缓慢、色泽开始变淡时，将苗绳上原来在下端的部位与上端部位倒过来。在养殖过程中需进行多次倒置，使上、下部的海带都得到充足的光照。倒置虽然解决了受光不匀的问题，但是耗费人力太大，在倒置过程中藻体也易受到损伤，而光能的利用上仍然不充分，因而产量较平养的低。

（2）平养：是水平利用水体的养殖方法。分苗后将苗绳挂在两条筏子相对称的两根吊绳上。

在海水透明度较小的海区，平养是一种较好的海带养殖形式，海带受光充足且均匀，产量较高。平养最大的优点是合理利用了光能，海带之间的遮挡情况大为减少，使每棵海带都能得到较充足的光照，生长迅速，个体间生长差异比较小，产量高。另一优点是不需要像垂养那样频繁颠倒，节省了工时，减轻了劳动强度。但平养也有其缺点，平养中海带生长部位暴露在较强光照下，不符合海带的自然受光状况，将会抑制生长部细胞的正常分裂，海水透明度增大时尤为严重，不但生长部细胞分裂不正常，而且叶片生长也不舒展，平直部形成晚且短小，也容易促成叶鞘过早衰老。海带根部也不适应强光，受到强光会抑制根部生长，使根系不发达，容易造成附着不牢固而掉苗。平养另一个缺点是缠绕比较严重。总的说来，平养比垂养好，主要是平养的产量高、质量好，劳动强度低。平养已成为我国海带筏式养殖的一种重要形式。

（3）垂平轮养：是根据海带每个时期对光照的不同要求，结合海区条件变化而采取或垂或平交替的养成方法。在透明度大的海区，分苗初期海带不喜强光，一般采用垂养，当海带长到一定大小时，下层海带对光的要求较强，或者所在海区透明度较小，此时可采用空白绳将两根相对应的苗绳连接起来进行平养。垂平轮养克服了海带受光不匀的缺点，但增加了空白绳的用料。

（4）"一条龙"养成法：一般是向水深流大的外海发展海带养殖的一种方式。就是横流设筏子，苗绳沿浮梗平吊，每根吊绳同时挂两根苗绳的一端，使一台筏子上的所有苗绳联成一根与筏梗平行的长苗绳称为"一条龙"养成法。这种养成必须横流设筏，在流的带动下，每棵海带都能被吹起，受到均匀的光照，为避免缠绕，在大流海区筏距不应小于 6 m，在急流海区不应少于 8 m，为了操作方便，分苗绳净长 2 m，两根吊绳距离 1.5 m，这样分苗绳有一个适宜的弧度，既不相互缠绕又增加了用苗率。为了稳定分苗绳必须挂坠石，坠石不小于 0.5 kg，挂在吊绳和分苗绳的连接处。

"一条龙"养成法的优点是使海带都能处于适光层，不相互遮掩，生长快、个体大、厚层均匀，收割早。同时由于台挂分苗绳少，负荷轻，较安全，适用于海外浪大急流的海区。它的缺点是增加了筏子的使用量，提高了成本。

2.2.5 养成期的管理

从分苗后到厚层收割前，是海上养成管理阶段。海带养成期间的管理主要包括如下内容。

（1）养殖密度调节。海带的养殖密度主要根据海区情况决定。根据目前的生产管理技术水平，我国北方一般采用净长 2 m 的苗绳，在流速大，含氮量高，透明度稳定的海区，2 m 苗绳，每绳夹苗数 25 ～ 30 株，每亩挂 400 绳，亩放苗量 10 000 ～ 12 000 株；流速小的海区每绳 30 ～ 40 株，亩放苗量 12 000 ～ 16 000 株。

（2）水层的调节。养成期水层的调节实际上是调节海带的受光。应根据海带孢子体不同生长发育时期对光的要求进行调整。

养成初期，根据海带幼苗不喜强光的习性，分苗后透明度大的海区采取深挂。透明度小的海区采用密挂暂养。

养成中期，随着海带个体的生长，相互间避光、阻流等现象会越来越严重，探水层的海带生长会逐渐缓慢，因此必须及时调整水层。在此期间，北方海区水层一般控制在50～80cm，南方一般控制在40～60cm，混水区控制在20～30cm。同时，养成初期密挂暂养的苗绳，养到一定时间要进行疏散。倒置也是调节海带均匀受光的一项有效措施。倒置次数也与苗绳的长度、夹苗方法、分苗早晚有关。苗绳长、夹苗密度大、完全垂养的情况要倒置4～6次；反之，倒置3～4次即可。采用平养，若早期垂挂时，倒置1～2次即可，在斜平后能倒置1次即可。在水深流大的海区采用顺流筏式平养法。采用"一条龙"法养成，可以不倒置，一平到底。在整个养殖过程中，只根据海水透明度的变化情况，适时调节吊绳、平起绳的长度，或用加减浮力的方法来调整养成水层。

养成后期，在水温合适的情况下，光线能促使海带厚度生长。进入养成后期要及时提升水层，增加光照，同时进行间收，把已经成熟的海带间收上来，这样能够改善受光条件，促进厚成。另外，切尖等措施都是改善海带后期受光条件的有效办法。

（3）施肥。我国的海带养殖，在北方海区由于自然含氮量很低，远不能满足海带生长对氮的需要，因而表现出生长速度极为缓慢，碳水化合物含量升高，叶片硬，色淡黄等缺氮的饥饿症状。因此，在北方一般海区都必须施肥或少施肥，才能生产出商品海带。施肥方法主要有挂袋施肥、泼肥和浸肥3种。

（4）切尖。海带孢子体是间生长的藻类，它的分生组织位于叶片基部。随着孢子体的不断生长，新组织不断从叶基部增长，向梢部推移，表现出藻体的成长，同时梢部逐渐衰老脱落。据计算，收割时全长4m的海带，在它的全部生长过程，要有1m多的叶片从尖端落掉。如果能设法在适当的时候将叶梢切下，可以减少不必要的损失，增加单位面积产量。切尖可改善光照、流水条件，从而促进了干物质的积累，进而使产量增加，质量提高；切尖还能防止病烂的发生；减轻筏子的负荷，有利于后期安全生产。切尖的时间，主要根据分苗早晚、海区条件和海带生长、病烂情况来确定。原则上应是藻体生长日趋下降，叶片尖端病烂刚开始时进行切尖。北方一般4月中旬开始，5月上旬结束。

（5）养成期间的其他管理工作。注意安全生产，经常检查筏身与橛缆是否牢固；齐整筏子，使每台筏子的松紧一致，纠缠的苗绳要及时解脱；根据海带生长情况，也就是根据筏子的负荷量的增加，逐步添加浮力；检查吊绳是否被磨损，绳扣是否松弛，发现问题及时处理，如果采用草类绳索做吊绳用，养成中期要更换一次吊绳；在养成过程中经常洗刷浮泥，以免海带沉积浮泥过多，影响海带的正常生长；在北方冬季海水结冰的海区，要采取有效措施以防流冰的危害。

3　紫菜育苗

3.1 紫菜培育

紫菜，分类上属于红藻门，红毛菜目，红毛菜科，紫菜属。全世界紫菜属有70余种，我国自然生长的紫菜属种类有10余种，广泛养殖的经济种类主要有北方地区的条斑紫菜和南方地区的坛紫菜。紫菜的苗种培育主要是进行丝状体的培育，可以利用果孢子钻入贝壳后在大水池进行贝壳丝状体的平面或者吊挂培养。还可以将果孢子置于人工配制的培养液中，以游离的状态进行丝状体（自由丝状体）培养。

3.1.1 采果孢子

（1）培养基质

各种贝壳都可以作为丝状体的生长基质，我国主要用文蛤壳作为紫菜育苗基质，日本、韩国多用小牡蛎壳进行丝状体培育。贝壳应用 1% ～ 2% 漂白液浸泡。

（2）采果孢子的时间

紫菜生长发育最盛时期就是采果孢子的最好时期。但在生产上，为了缩短室内育苗的时间，节省人力物力，采果孢子时间应适当地推迟。条斑紫菜采果孢子以及丝状体接种的时间，一般在 4 月中旬至 5 月中旬；浙江、福建坛紫菜采果孢子的适宜期为 2 ～ 3 月，一般不迟于4 月上旬。

（3）种菜的选择和处理

最好使用人工选育的紫菜良种进行自由丝状体移植育苗，培育贝壳丝状体。如果种藻使用野生菜，需选择物种特征明显、个体较大、色泽鲜艳、成熟好、孢子囊多的健壮菜体作为种藻。

采果孢子所用种菜的数量很少，一般 1m² 的培养面积用 1g 左右成熟的阴干种菜，即可满足需要。种菜选好后，应用沉淀海水洗净，单株排放或散放在竹帘上阴干，通常阴干一夜失水 30% ～ 50% 即可。

（4）果孢子放散和果孢子水浓度的计算

将阴干的种紫菜放到盛沉淀海水的水缸内（每 1kg 种菜加水 100kg）进行放散。在放散的过程中应不断搅拌海水，要经常吸取水样检查。当果孢子放散量达到预定要求时，即将种菜捞出，用 4 ～ 6 层纱布或 80 目筛绢将孢子水进行过滤并计算出每毫升内的果孢子数，以及每池所需孢子水毫升数。放散过后的种菜还可以继续阴干重复使用。通常第二次放散的果孢子质量比第一次放散的好，萌发率高，而且健壮。

果孢子放散完成后，计数果孢子水的浓度与果孢子总数。根据贝壳数量与每个贝壳上应投放的密度（个 /cm²），计算出每个培养池所需的果孢子水的用量。将果孢子水稀释，用喷壶均匀洒在已排好的贝壳上。条斑紫菜和坛紫菜果孢子的适宜投入密度为 200 ～ 300 个 /cm²。

（5）采果孢子的方法

目前采果孢子的方法，结合培育丝状体的方式大体分为平面采果孢子和立体采果孢子两种。平面采果孢子就是将备好的贝壳，凹面向上呈鱼鳞状形式排列在育苗池内，注入清洁海水 15 ～ 20cm，计算果孢子所需的孢子水数量，量出配制好的果孢子液，并适当加水稀释，装入喷壶，均匀喷洒在采苗池中，使其自然沉降附着在贝壳上即可。

立体吊挂式采果孢子方法要求池深 65 ～ 70cm，采果孢子前先将洗净的贝壳在壳顶打眼，将贝壳的凹面向上用尼龙线成对绑串后，吊挂在竹竿上。吊挂的深度应保持水面至第一对贝壳有 6cm 的距离。将采苗用水灌注采苗池至满池，按每池所需的果孢子量，量取果孢子液装入喷壶，并适当稀释，均匀喷入池内，随即进行搅动，使果孢子均匀分布在水体中，让果孢子自然沉降附着在贝壳面上。

3.1.2 丝状体的培养管理

（1）换水和洗刷

这是丝状体培育期的主要工作。换水对丝状体的生长发育有明显的促进作用，采果孢子2周后开始第一次换水，以后15～20天换一次水。保持海水的适宜盐度为19～33。

洗刷贝壳一般与换水同时进行，洗刷时要用软毛刷子或用泡沫塑料洗刷，以免损伤壳而破坏藻丝。尤其丝状体贝壳培养到后期，壳面极易磨损，所以更应该注意轻洗。坛紫菜的丝状体在培养后期，壳面常常长出绒毛状的膨大藻丝，这时如无特殊情况，就不再洗刷。洗刷时，要注意轻拿轻放，避免损坏贝壳，并防止贝壳长期干露。

（2）调节光照

丝状体在不同时期，对光照强度和光照时间都有不同的要求，总体上随丝状体生长光强减弱。在丝状体生长时期（果孢子萌发到形成大量不定形细胞并开始出现个别膨大细胞），日最高光强应控制在1 500～2 500lx。挂养丝状体，需要15～20天倒置一次以调节上下层光照，使其均匀生长。倒置工作应结合贝壳的洗刷换水时进行。在膨大藻丝形成时期，生产中条斑紫菜的光照强度可从1 500lx的日最高光强逐渐降低到750lx左右，坛紫菜丝状体的光照强度可从1 000～1 500lx的日最高光强逐渐降低到800～1 000lx。光照时间以10～12小时为宜。在壳孢子形成时期，应将日最高光强进一步减弱到500～800lx，每天的光照时间缩短到8～10小时，以促进壳孢子的形成。

（3）控制水温

目前国内外不论是水池吊挂或是平面培养丝状体，都是利用室内自然水温。但条斑紫菜丝状体不宜超过28℃；坛紫菜丝状体一般控制在29℃以下为宜。当壳孢子大量形成时，如果这时水温下降较快，应及时关窗保温，避免壳孢子提前放散。

（4）搅拌池水

在室内静止培养丝状体的条件下，搅动池水可以增加海水中营养盐以及气体的交换，在夏季又可以起到调节池内上下水层水温的作用，有利于丝状体的生长发育。因此，每天应搅水数次，促进丝状体对水中营养盐的充分吸收，改善代谢条件。

（5）施肥

在丝状体的培养过程中，应当根据各海区营养盐含量的多少以及丝状体在各个生长发育时期对肥料的需要量，进行合理施肥。丝状体在培养过程中以施氮肥和磷肥为主。前期其用量氮肥20mg/L，磷肥4mg/L。后期可不施氮肥，但增施磷肥至15～20mg/L，以促进壳孢子的大量形成。肥料以硝酸钾、磷酸二氢钾的效果最好。

（6）日常管理工作

丝状体培养的好坏，关键在于日常管理。管理人员应及时掌握丝状体的生长情况，采用合理措施，才能培育出好的丝状体。在日常管理工作中主要有海水的处理、环境条件的测定和丝状体生长情况的观察等三项内容。

海水处理：要求海水盐度高于19，且一般经过3天以上的黑暗沉淀。

环境条件的测定：每天早晨6：00—7：00、下午2：00—3：00定时测量育苗池内的水温和育苗室内的气温，调节育苗室的光照强度。

　　丝状体的检查：丝状体检查可分为肉眼观察和显微镜观察两种。前期主要是用肉眼观察丝状体的萌发率、藻落生长及色泽变化等，例如丝状体发生黄斑病，壳面上便出现黄色小斑点；有泥红病的壳面出现砖红色的斑块；缺肥表现为灰绿色；光照过强的呈现粉红色并在池壁和贝壳上生有很多绿藻和蓝藻；条斑紫菜的丝状体，当壳面的颜色由深紫色变为近鸽子灰色，藻丝丛间肉眼可见到棕红色的膨大丝群落时，说明已有大部分藻丝向成熟转化。坛紫菜的丝状体，培养到秋后，生长发育好的壳面呈棕灰色或棕褐色。由于膨大藻丝大量长出壳外，在阳光下看，可以看到一层棕褐色的"绒毛"。如果用手指揩擦去"绒毛"，可以看到许多赤褐色的斑点，分布在贝壳的表层。

　　后期加强镜检、观察藻丝生长发育的变化情况。首先要把检查的丝状体贝壳用胡桃钳剪成小块，放入小烧杯中，倒入柏兰尼液（由 10% 的硝酸 4 份、95% 的酒精 3 份、0.5% 的醋酸 3 份配制而成）过数分钟用镊子将藻丝层剥下，放在载玻片上，盖上载玻片，挤压使藻丝均匀地散开，然后在显微镜下观察。观察的主要内容是，丝状藻丝不定形细胞的形态及发育情况，并记录膨大藻丝出现的时间和数量，"双分"（开始形成壳孢子）出现的时间和数量。

　　生产上为了在采苗时壳孢子能集中而大量放散，需要促进或抑制壳孢子在需要时集中大量放散。一般采用加磷肥、减弱光照和缩短光时及保持适当高的温度的方法，可促进丝状体成熟；采用降温、换水处理、流水刺激等措施可以促进壳孢子集中大量放散；黑暗处理而不干燥脱水处理及 5℃ 冷藏可抑制壳孢子放散。

3.1.3 自由丝状体的培养

　　果孢子在含有营养盐的海水溶液中，也可以萌发生长成为丝状体，它同贝壳的丝状体完全一样，形成壳孢子囊，放散大量的壳孢子，而且，这种丝状体还能切碎移植于贝壳中生长发育，用于秋后采壳孢子。由于这种丝状体是游离于液体培养基中生活，所以称游离丝状体，也称为自由丝状体。利用自由丝状体进行大规模的采壳孢子生产，对开展紫菜育种研究及降低育苗成本具有非常重要的意义。

　　（1）自由丝状体生长发育条件

　　紫菜自由丝状体的适宜培养温度为 10℃ ～ 24℃；适宜的光照是以 1 000 ～ 2 000lx 为好，光照时间每天为 14 小时；pH 值为 7.5 ～ 8.5 时，适宜果孢子萌发和早期丝状体的生长。pH 值为 8.0 时，果孢子的萌发率最高。在采孢子时，海水中不施加营养盐，采孢子效果较好。而在培养阶段，则需要添加营养盐，尤其是施加氮肥。

　　（2）紫菜自由丝状体的制备、增殖培养

　　成熟种藻的选择：具有典型的分类学特征，藻体完整，边缘整齐，无畸形，无病斑，无难以去除的附着物；颜色正常，藻体表面有光泽；个体较大，叶片厚度适宜（条斑紫菜应选用略薄的藻体）；生殖细胞形成区面积不超过藻体的 1/3。种藻经阴干，储存于冰箱备用。

　　种质丝状体的制备：用于培养丝状体的种藻，在藻体上切取色泽好、镜检无特异附着物的成熟组织片。然后对切块表面进行仔细的洗刷、干燥、冷冻、消毒海水漂洗，在隔离的环境中培养，培养条件为煮沸海水加氮、磷的简单培养液，15℃ –18℃，1 000–2 000 lx，12 L：12D。组织片经 20 ～ 30 天培养，便可获得合适的球形丝状体。

自由丝状体的贝壳移植：培养好的自由丝状体经充分切碎，移植在贝壳上能再生长繁殖成贝壳中的丝状体，这种丝状体在秋季同样发育成熟，放散壳孢子，并且由于丝状体在壳层生长较浅，成熟较一致，所以壳孢子放散更集中，有利于采苗。

移植方法：将自由丝状体用切碎机切成 300μm 左右的藻段，装入喷壶，并加入新鲜清洁海水。搅匀后喷洒在贝壳上。附着的自由丝状体藻段可以钻进贝壳生长。移植后一周，控制弱光培育，以后恢复正常光照，在半个月左右就可以见到壳面生长的丝状体。以后与前述的贝壳丝状体进行同样的生产管理即可。

丝状体的采苗：自由丝状体可以用来直接采苗。当秋季形成大量膨胀大细胞后，一般情况下却很少产生"双分"现象。通常每天晚上 6：00 至翌日清晨 6：00，连续流水刺激 4 天，在第 5 天可形成壳孢子放散高峰，以后继续形成两次高峰。壳孢子放散后，即可附着在网帘上，长成紫菜。

3.1.4 紫菜的人工采苗

根据紫菜有秋季壳孢子放散和附着规律，利用秋季自然降温，促使人工培育的成熟丝状体，在预定时间内大量地集中放散壳孢子，并通过人工的控制，按照一定的采苗密度，均匀地附着在人工基质上，实现紫菜的人工采苗。

（1）紫菜壳孢子附着的适宜条件

海水的运动：紫菜壳孢子的密度比海水略重，在静止的情况下便沉淀池底。在室内人工采苗时必须增设动力条件，使壳孢子从丝状体上放散出来得以散布均匀，增加与采苗基质接触的机会。水的运动大小直接影响采苗的好坏和附苗的均匀程度，水流越通畅。采苗效果越好。

海水温度：条斑紫菜采壳孢子的适宜温度是 15～20℃；坛紫菜采壳孢子的适宜温度是 25～27℃。在 20℃以下都不利于采苗。

采光照强度：采壳饱子的效果与光照有很大关系。天气晴朗时采壳孢子效果比较好，采苗时间也集中，阴雨天采苗效果差。在室内进行采苗，光强度至少在 3 000～5 000lx。

海水盐度：壳孢子附着与海水盐度有密切的关系，壳孢子的附着和萌发最合适的海水盐度为 26～34。

壳孢子附着力：条斑紫菜壳孢子在离开丝状体 4～5 小时以内，仍然保持附着的能力；在合适的水温条件下，坛紫菜壳孢子附着力壳可保持相当长的时间，在放散 24h 内都有附着力。

壳孢子的耐干性：壳饱子离开丝状体后，它的耐干性比较差。壳孢子附着基质的吸水性与壳孢子附着萌发有关。吸水性好的基质，附着率和萌发率都比较高。

（2）紫菜壳孢子采苗前的准备工作

在紫菜全人工采苗栽培的过程中，壳孢子采苗网帘下海和出苗期的海上管理，是既互相衔接又互相交错的两个生产环节。其特点是季节性强，时间短，工作任务繁重，是关系到栽培生产成败的重要时期。因此抓紧、抓早、抓好采苗下海前的准备工作是搞好全年栽培的关键，应及时及早确定栽培生产计划、采苗基质及安装调试好室内流水式、搅拌式或气泡式人工采苗所使用的机械设备和装置。当前我国南北方紫菜的采苗基质，以维尼纶网制帘为主，也有利用棕绳帘作为基质。维尼纶或棕绳网帘中，含有漂白粉或其他有害物质，在使用前必须进行充分浸泡和洗涤。将网帘织好后放在淡水或海水中浸泡，并经搓洗和敲打数遍，每遍都结合换水，一直洗到水不变混、不起泡沫为止，然后晒干备用，使用前再用清水浸洗一遍。

（3）壳孢子采苗

紫菜壳孢子采苗有室内采苗和室外海面泼孢子水采集两种方法。

① 室内采苗。

利用成熟的贝壳丝状体在适宜的环境条件下刺激（如降温或流水刺激），使壳孢子放散在采苗池中，进行全人工采苗，这样的采苗，人工控制程度大，附着比较均匀，采苗速度快，节约贝壳丝状体的用量，生产稳定，可以提高单位面积产量。

② 海面泼孢子水采苗。

海面泼孢子水采苗法就是使成熟的丝状体，经过下海刺激，使其集中大量放散孢子，然后将壳孢子均匀地泼洒在已经架设于浮筏上的附苗器上，以达到人工采苗的目的。

海面泼孢子水采苗所需的采苗设备简单，只要有船只和简单的泼水工具即可，操作也较方便，采苗环境与栽培条件比较一致，是一种易于推广的采苗方法。缺点是采苗时受到天气条件的限制，附苗密度不能人为控制，有时也出现附着不均匀现象，在流速大的海区，孢子流失严重。

（4）网帘下海张挂

紫菜全人工采苗的最后一个步骤，就是把出池网帘张挂到海上。张挂网帘时，要注意拉得紧一些，减少网帘下垂的弧度，并尽可能保持网帘的平整。密挂网帘时更应注意网帘分布均匀，尽量避免过分的相互重叠。因此，网帘必须规格化，浮阀的设置要和网帘的大小相互适应。

3.2 紫菜栽培

3.2.1 紫菜栽培方式

我国紫菜的栽培方式有菜坛栽培、支柱式栽培、半浮动筏式栽培和全浮动筏式栽培等。

（1）菜坛栽培

由我国福建省沿海地区的人民创造发明。方法是在每年秋季自然界的紫菜壳孢子大量出现以前，先以机械清除或火把烧除等方法铲除潮间带岩礁表面上附生的各种海产动、植物，再向岩礁上洒石灰水2～3次，以清除岩礁上的各种比较小的附着生物，为紫菜壳孢子的附着、萌发和生长准备好地盘。一般在最后一次泼洒石灰水后不久，在岩礁上就可以长出很多紫菜小苗。出苗后还需继续进行护苗和管理，当紫菜长到10～20 cm时就可进行采收。长满紫菜的岩礁称作紫菜坛。目前，在我国南方的少数地区仍保存有菜坛栽培紫菜的方式。

（2）支柱式栽培

这种栽培方式是一种潮间带主要的紫菜栽培方式。其方法是在适当的潮间带滩涂上安设成排的木桩或竹竿作为支桩，将长方形的网帘按水平方向张挂到支柱上，进行紫菜的生产。最初编网帘的材料主要是棕绳和细竹条，现在绝大部分采用维尼纶等化学纤维编织网帘。

（3）半浮动筏式栽培法

这是一种完全新型的栽培方式。它的筏架结构兼有支柱式和全浮动筏式的特点，即整个筏架在涨潮时可以像全浮动筏式那样经常漂浮在水面上，当潮水退落到筏架露出水面时，它又可以借助短支腿像支柱式那样平稳地架立在海滩上。半浮动筏式和支柱式栽培一样，也是设在潮间带的一定潮位，网帘也是按水平方向张挂。由于网帘在低潮时能够干露，因而硅藻等杂藻类不易生长，对紫菜的早期出苗特别有利，而且生长期较长，紫菜质量好。由于网帘经常漂浮水面故能够接受更多的光照，紫菜生长也比较快。因此，目前半浮动筏式栽培法已经得到了广泛的应用。

（4）全浮动筏式栽培

这种栽培方式适合不干露的浅海区栽培紫菜。它的筏架结构，除了缺少短支腿外，完全和半浮动筏架一样。生产实践表明，对于紫菜叶状体养成这是一种很好的栽培方式。尤其在冬季有短期封冻的北方海区，还可以将全浮动筏架沉降到水田以下来度过冰冻期。全浮动筏式栽培的主要缺点是网帘不能及时干露，不利于紫菜叶状体的健康生长和抑制杂藻的繁生。尤其在网帘下海后的 20 ～ 30 天内，适当的干露对出苗是非常必要的。因此，如果网帘的干露问题没有得到解决，用全浮动筏式栽培进行紫菜育苗，常常得不到好的出苗效果。全浮动筏式栽培还存在着菜体容易老化、叶体上容易附生硅藻、产品质量较差、栽培期较短等问题，单产量也不如半浮动筏式栽培稳定等问题。

3.2.2 栽培海区的选择

紫菜栽培效果的好坏，常与海区条件有密切关系，因此海区的选择是一个十分重要的问题。

（1）海湾

在东北或东向海湾栽培的坛紫菜生长快、产量高。条斑紫菜栽培一般选择比较温暖、不易结冰的南向海湾为宜。

（2）底质与坡度

底质与坡度对紫菜的生长影响不大，但是与浮筏设置和管理的关系甚为密切。一般认为以泥沙底质或沙泥底质为宜。坡度的大小，直接影响半浮动筏式栽培面积的利用和浮筏的安全，而对全浮动筏式栽培影响不大。坡度小而平坦的海滩，干出的面积大，潮流的回旋冲击力小，浮筏较安全。

（3）潮位

潮位的选择，只是对半浮动筏式栽培而言。紫菜是生长在潮间带的海藻，一般潮位高紫菜生长慢、产量低；潮位低紫菜生长快，但杂藻繁殖快，对紫菜育苗不利，同时对栽培期间的管理、收割也不便。因此，目前栽培区一般都选择在小潮干潮线附近的潮位上，大小潮平均干露 1.5 ～ 5 小时，凡是在这个潮位范围内，均可选作半浮动筏式栽培区，而在退潮时不能干露的广大浅海区，则是全浮动筏式栽培的适宜海区。

（4）风浪与潮汐

潮流对紫菜的生长是不可缺少的条件。潮流畅通，能促进水质新鲜，紫菜的新陈代谢作用加快，栽培期延长；潮流缓慢，浮泥杂藻多，病菌繁殖快，紫菜生长缓慢，且易发病。一般认为，紫菜栽培区海水流速应不小于 10 cm/s。对坛紫菜而言，风浪有利于其生长，因此坛紫菜栽培应该选在常有风浪的海区。

（5）营养盐

对于人工栽培紫菜来说，含有氮、磷等营养盐丰富的天然海区是最理想的栽培海区。在每立方米海水中含氮量超过 100 mg 的海区，紫菜生长好；不足 500mg 或在某一时期内不足 50mg 时，都会影响其生长和发育，甚至发生绿变病。

此外，还需要重视工业污染问题，栽培区也不宜设在工业污染严重的海区、航道和大型码头附近，以免受船舶油污或船只撞击筏架而造成损失。

3.2.3 紫菜的附苗器与筏架的选择

附苗器是紫菜附着生长的人工基质，通常指设置在浮动筏架上的帘子。常见的帘子有网帘和竹帘两种。北方一般都使用网帘，南方除使用网帘外在福建沿海个别地区仍沿用竹帘。

浮动筏是用来固定附苗器的一种框架结构。在潮间带栽培用的浮筏称半浮动筏，在潮下带栽培用的浮动筏称全浮动筏。半浮动筏由浮缆、橛（锚）缆、浮竹、短支腿和固定基组成。全浮动筏，除了没有短支腿以外和半浮动筏的结构完全一样。

浮动筏的设置应以利于紫菜生长、利于生产管理、能合理地利用栽培海区、保证筏架的安全为原则，浮动筏的走向应根据海区的主要风浪方向而定。一般与主要风浪方向平行，或呈一个比较小的角度。如果横着风浪方向设置，浮动筏很容易被风浪打翻，设置半浮动筏式更需要注意。在一些海区，海水流速很快，浮动筏就应顺着海水流动的方向设置。

在大面积紫菜栽培生产时，为了使潮流通畅，必须对紫菜筏架进行合理的设置和排列。在当前栽培生产中，为了便于生产管理和操作，北方地区筏距一般定为 4 ~ 5 m，帘距 0.5 m，每排浮动筏之间的距离为 20 m 左右。南方海区的筏距较北方宽些，一般为 6 ~ 8 m。

3.2.4 出苗期的栽培

从紫菜采苗下海到网帘上全部为 1 ~ 3 cm 长的紫菜所覆盖称为全苗。由采苗到全苗这一时期称为紫菜的出苗期。为保证紫菜栽培的产量，出苗期管理工作尤为重要。

出苗期的栽培方式中，目前以半浮动筏式栽培紫菜出苗效果最好、最稳定。而在管理工作中，清洗浮泥和杂藻是苗网管理阶段的主要工作内容，洗刷浮泥应在采苗下海后立即进行，一般每 1 ~ 2 天洗刷一次，直到网帘上肉眼明显地见到苗为止。洗刷的方法是将网帘提到水面后用手摆洗，也可用小型水泵冲洗。洗刷时应细心操作，避免幼苗大量脱落。

在出苗期间，网帘上很快就会繁生各种杂藻，杂藻的多少及其种类与海区自然条件、网帘张挂的潮位和下海的日期有密切的关系。紫菜的耐干性较其他藻类强得多，因此可以利用这个特性来暴晒网帘，达到抑制杂藻的目的。晒网是出苗阶段清除网帘上杂藻十分有效的措施。晒网应在晴天进行，将网帘解下，移到沙滩或平地上暴晒，也可以挂起来晾晒。掌握晒网的基本原则是要把网帘晒到完全干燥，可根据手感判断，但还需根据紫菜苗的大小情况进行不同的对待。近年来，晒网常与进库冷藏处理结合在一起，及晒网后直接进库冷藏，待海况改善后再下海继续进行出苗期的培养。

3.2.5 紫菜的冷藏网技术

当紫菜幼苗长到 2 ~ 3 cm 时，其生长非常旺盛。这时如果遇到夜晚高温、多雨等不利的环境条件，便会引起生理障碍，严重时会发生"白腐病"。轻微是健壮度下降，易使"赤腐病"蔓延。如遇到这种情况，需要将紫菜网送到冷藏库里保存。等到气候稳定，水温降到不易发生病害的程度，再把紫菜网张挂在栽培海区进行栽培。

正常情况下，紫菜的细胞一遇到低温结冰，紫菜的细胞在冰的机械破坏作用之下受到冻伤，或者冻死。紫菜细胞的含水量越高，细胞受到破坏越大，因此，成活率降低。如果紫菜经过干燥之后，含水量减少，细胞液的浓度增大，其冰点下降，在相当的低温条件下也不至于结冰，因此紫菜就不会死亡。紫菜在不同含水量与温度下的成活率不同，在冷藏前含水率必须降低到 20% ~ 40%。紫菜冷藏网技术的要点如下：① 冷藏网的幼苗长达 1 cm 左右，镜检幼苗数量达 500 ~ 1 000 株/cm 网绳时，是苗帘网进冷藏库的最适宜时机。② 条斑紫菜 4 ~ 5 cm 叶状体适宜冷藏的含水量为 10% ~ 20%。③ 将干燥后的网帘装入耐低温的聚乙烯袋里，压出空气、扎口密封，再装入纸箱或木箱内，冷冻和冷藏效果最好。④ 若紫菜含水率为 20%，冷藏温度为 −20℃ ~ −15℃苗网是安全的。⑤ 苗帘网出冷库张挂时间为 11 月中旬至下旬。过早出库时仍易发生病害；过晚出库则会影响前期养殖产量。出库后的冷藏网应尽快下海张挂，使网帘尽快浸泡于海水中，然后再做挂网操作，以有效提高紫菜幼苗成活率。

3.2.6 成菜期的栽培

当紫菜网帘被 1 ~ 3 cm 的紫菜幼苗所拟盖后，进入成菜期的栽培。成菜期的管理工作主要是施肥。紫菜叶状体的色泽，能十分灵敏地反映出外界海水的营养盐是否充足。施肥一般情况下主要是补充氮肥。施肥方法可根据情况选择喷洒法、挂袋法和浸泡法。

4　江蓠的栽培

江蓠属于红藻门，真红藻纲，杉藻目，江蓠科，江蓠属（图 5-12）。江蓠也是一种重要的经济海藻，是制作琼胶的主要原料，也是提取琼胶素的优质原料。江蓠体内的琼胶含量可达 30% ~ 40%。

图 5-12　江蓠

我国的江蓠养殖开始于 20 世纪 60 年代，进入 90 年代以后，养殖技术得到发展，江蓠养殖开始推广，在我国南部沿海，江蓠成为海藻养殖中一项重要的产业。江蓠的种类很多，全世界有江蓠 100 余种，我国有 20 余种，目前已进行生产性栽培的种类有 6 种：真江蓠、细基江蓠、粗江蓠、脆江蓠、绳江蓠、节江蓠。

4.1 江蓠的苗种培养

目前进行江蓠人工栽培生产，因不同种类的生物学特性差异，苗种培育有孢子繁殖和营养繁殖两种方式。第一种方式是通过孢子繁育苗种，如真江蓠、芋根江蓠等；第二种方式是以营养繁殖提供苗种，如龙须菜和细基江蓠繁枝变型。

4.1.1 孢子生殖育苗。江蓠的成熟藻体产生果孢子和四分孢子，两类孢子都能发育成新的江蓠藻体。利用江蓠这种特性在短时间内大量采集这两类孢子，培育成幼苗，移至滩涂或者池塘中进行栽培，直到长至商品藻体。采用藻体孢子繁殖提供苗种的缺点是，因为繁殖和孢子生长发育速度较慢，难以在短时间内提供足够的苗种，苗种成本较高。江蓠的采孢子育苗工作，目前已经形成了自然海区采孢子育苗和室内采孢子育苗两种育苗方式。

4.1.2 营养生殖育苗。龙须菜和细基江蓠繁枝变型为代表的江蓠种类，在生活史中能够产生四分孢子和果孢子，由于在人工培养条件下不能集中放散孢子，或者说不能在短时间内收集孢子。因此，这些江蓠种类的育苗方式主要通过营养繁殖育苗来完成。采用藻体营养繁殖苗种的优点是：用藻体的分枝切段繁殖进行扩增生物量，不经过有性繁殖过程，不易发生遗传变异，可以较好地保持栽培品系优良性状的稳定性。

4.2 江蓠的栽培

江蓠的栽培方式可分为潮间带整畦撒苗栽培、潮间带网帘夹苗栽培、浅海浮筏栽培、池塘撒苗养殖和池塘夹苗养成 5 种。

4.2.1 潮间带整畦撒苗栽培：具体做法是将浅滩加以适当整理，除去杂藻，然后把江蓠 5～6 cm 幼苗连同原生长基，如石块、贝壳等整齐地播在浅滩上。撒苗时，每个生长基间的距离为 30～40 cm，排成菜畦状，管理较方便。经过 2～3 个月的栽培，可得到 1 m 左右的江蓠藻体。在北方一般长到 6—7 月份就可收获了。

4.2.2 潮间带网（条）帘夹苗栽培：是选择平坦的内湾浅滩，把野生或者人工培育的江蓠苗种均匀地夹在浮筏的苗绳上进行养殖。这种夹苗养成方法的最大优点是海水上涨的时候，藻体漂在水面，江蓠可以充分吸收阳光，海水退下后，藻体便贴在浅滩上，江蓠可以吸收浅滩上的积水，不会干枯死亡（图 5-13）。

图 5-13　潮间带江蓠网帘夹苗栽培

4.2.3 浅海浮筏栽培：是采用双架式浮筏结构开展江蓠栽培，或江蓠与牡蛎、鲍鱼等贝类立体生态养殖。

4.2.4 池塘撒苗养成：是将江蓠幼苗或成体（可切成小段）均匀地撒在池塘中，让其自然生长。当江蓠长满塘底时，便可采收一部分，留下的部分让其继续生长。这样江蓠可以不断生长，不断收获。池塘撒苗养成过程中的管理工作，最主要的是经常观察江蓠的生长情况，如藻体的颜色变化、海水的盐度及光照强度的调整、杂藻的清除、海水 pH 值的控制、池塘换水及水深的控制等。在正常情况下，经过 30 ～ 40 天即可进行第一次收获，并保留一定数量的种苗，继续栽培。以后每月采收一次。

4.2.5 池塘夹苗养成：是选择池塘的最深处（0.8 ～ 1.2m），在江蓠开始迅速生长的时期将其夹在苗绳上，吊挂在池塘中养成。具体做法是选取藻体比较粗壮的江蓠做种苗，清除杂藻，按每束 3 ～ 5 支为一丛，夹在苗绳上，每丛间距为 30 cm，然后以每行的行距 50 ～ 70 cm 投入池塘中。两端用木桩将苗绳拉紧并固定于水面下 5 ～ 8 cm。养成期间，江蓠始终浸没在水中。

第六章　现代水产养殖结构的优化

相对于单养系统而言，综合水产养殖系统具有资源利用率高、环保、产品多样、持续供应市场、防病等优点，并被普遍认为是一种可持续的养殖模式。尽管历史上我国劳动人民也曾优化出草鱼与鲢混养的 3：1 比例，但这些都是他们靠试错法长期摸索的结果，用科学的理论去指导、优化综合养殖结构也仅是近些年的事情。迄今为止，我国流行的众多综合养殖模式仍然是群众靠试错法甚至是某个人主观确定的，并没有进行科学的优化。为促进和指导我国综合水产养殖结构的优化工作，保障我国综合水产养殖事业健康发展，本章将简要介绍综合养殖结构优化的原理和方法，以及作者所在实验室对水库和池塘综合养殖结构优化的研究成果。

第一节　综合水产养殖结构优化的效益与方法

1. 综合水产养殖结构优化的效益

根据董双林（2011a）的研究，我国现行的综合水产养殖模式所依据的生态学原理主要有，通过养殖生物间的营养关系实现养殖废物的资源化利用，利用养殖种类或养殖系统间功能互补作用平衡水质，利用不同生态位生物的特点实现养殖水体资源（时间、空间和饵料）的充分利用，利用养殖生物间的互利或偏利作用实现生态防病等。依据这些原理建立的综合养殖系统可以实现较高的生态效益和经济效益。

1.1 生态效益
生态效益是指生态环境中诸物质要素，在满足人类社会生产和生活过程中所发挥的作用，它关系到人类生存发展的根本利益和长远利益。生态效益的基础是生态平衡和生态系统的良性、高效循环。水产养殖生产中所讲的生态效益，就是要使养殖生态系统各组成部分在物质与能量输出输入的数量上、结构功能上，经常处于相互适应、相互协调的平衡状态，使水域自然资源得到合理的开发、利用和保护，促进养殖事业的健康、可持续发展。

环境效益是生态效益的一个方面，是对人类社会生产活动的环境后果的衡量。养殖水体的环境效益反映的是养殖活动对生态环境的影响程度，即不同的养殖系统对自身及周围生态环境的影响。在受人类活动影响较小的自然水域，其系统的能量主要来自太阳能，在一定的时间内，其系统能量与物质的输入与输出能保持相对的平衡。

在自养型养殖系统中，人们只需投入苗种，即可利用太阳能和水体的营养物质生产出经济产品。尽管人们可以采取施肥、调控水质等措施提高生产量，但由于其生产力最终受制于太阳辐射能的强度和利用率。该系统每年会随水产品的收获，大量的营养物质（如 N、P）等从系统中输出，因而会降低水体的营养负荷。

在异养型养殖系统中，人们需不断投入大量肥料、饵料等来维持养殖对象的生长，获得所需的较高产量。尽管每年也有大量的营养物质随水产品的捕出而输出到系统外，但由于该系统对饵料、肥料的利用率有限，因而总有一部分营养物质以有机污染物的形式沉积在本系统内或被排到周围水域，对本系统或邻近水域造成污染。近年来近海的富营养化不断加剧，沿海集约化水产养殖的排污已成为不可忽视的一个重要原因。因此，某种养殖方式或养殖系统在生产过程中是否向周围环境排放废水或废物，排放的程度如何，可以作为其生态或环境效益的重要指标。

1.2 经济效益

经济效益是人们进行经济活动所取得的结果，而经济活动的生产环节又是整个经济活动的基础。经济效益反映的是某一养殖系统的经济性能，即该系统在经济上的成本投入与最终收益之间的关系。经济效益的高低，往往是一个生产经营者首先关注的问题。

反映经济效益的指标有很多，常用的主要有收入（纯收入和毛收入）和产出投入比等。收入值是一个比较绝对的指标，受价格的影响较大，不同地区、不同时间的变动很大。而产出投入比则为总产出与总成本之间的比例，是一个相对的指标，受地域性和时间性因素影响较小，相对较为稳定。以产出投入比作为反映经济效益的指标，对在不同地区、不同年度的同一养殖系统或不同养殖系统之间都具有较大的可比性。

1.3 生态效益与经济效益的统一

生态效益与经济效益之间是相互制约、互为因果的关系。从宏观和长远的角度看，保持良好的生态效益是取得良好经济效益的前提。在某项社会实践中所产生的生态效益和经济效益可以是正值或负值。最常见的情况是，为了更多地获取经济效益，常给生态环境带来不利的影响。此时经济效益是正值，而生态效益却是负值。生态效益的好坏涉及全局和长期的经济效益。在人类的生产、生活中，如果生态效益受损害，整体的、长远的经济效益就很难得到保障。因此，人们在社会生产活动中要维护生态平衡，力求做到既获得较高的经济效益，又获得良好的生态效益，至少应该不损害生态环境。

长期以来，在水产养殖生产活动中，人们多片面追求经济效益，不重视生态效益，致使一些水域生态系统失去平衡，给水产养殖业和社会带来灾难，反过来也阻碍了经济的可持续发展。现代的综合水产养殖就是为实现生态和经济综合效益最大化而设计、建立的养殖模式，实现经济发展和生态保护的"双赢"，因此，评判这类养殖系统的效益也应采用经济效益、生态效益相结合的综合指标体系。

2 综合水产养殖结构优化的方法

2.1 生态学实验方法

生态学研究或实验方法可划分为观察性研究，测定性实验和受控性实验。受控实验是对自然的或所选的一组客体的自然条件、过程、关系有意识操纵或施以两个或多个处理。受控实验有 4 个重要的性质或要素，包括对照、重复、随机和散置。散置是随机原则的结果或在实验单元较少时的必要补充。受控实验不仅指某些生态因子受到高精度的控制，更重要的是该类实验的设计和实施还严格遵循着一些重要规则，使得这样的实验所得结果可被他人重复、检验。

实验生态系统可大致分为三类：小型实验生态系统、中型实验生态系统和大型实验生态系统。小型生态系统可定义为小于 1 m^3 或 0.1 m^2 的系统，中型生态系统为 1 ～ 10^3 m^3 或 0.1 ～ 10^3 m^2 的系统，大型生态系统为大于 10^3 m^3 或 10^3 m^2 的系统。由于实验的目的不同、研究的对象（生物）不同，所需要的实验规模也不同。一般情况下，研究较小生物（如微生物、浮游生物等）的生态学需要一些小的容器就可以了，而研究鱼类等较大生物的生态学则需要稍大一些的容器，研究综合水产养殖系统则需要更大的水体。

小实验系统易控制，可以较严格地控制实验条件。这样的一个实验中通常可以同时设计多个处理、多个重复，但该系统与自然生态系统相比往往有较大的差异。较大的实验系统与自然生态系统比较接近，有的实验，如整个湖泊的生态学操纵实验，就是利用自然湖泊生态系统进行研究，该系统的实验由于种种限制经常只能进行一种处理、不可设重复或重复数有限。中国海洋大学水产养殖生态学实验室，自 1989 年起，开始使用实验围隔中型人工模拟生态系统，研究水产养殖生态系统的结构与功能、负荷力，优化综合养殖系统的结构。围隔实验系统是一种兼顾了实验可操纵性和真实性的较理想方法，克服了以往野外现场研究不易重复，室内模拟失真严重的缺陷，使水产养殖结构优化从经验走向科学。

20 世纪 80 年代末，李德尚教授领导的团队研发了浮式围隔，用以研究水库综合养殖的优化结构和负荷力等问题。浮式围隔是上开口、半封闭的实验设施，可在较深的水库使用。

20 世纪 90 年代，李德尚领导的团队又开始优化海水池塘对虾综合养殖结构，并研制了池塘陆基围隔（李德尚等，1998）。该围隔上开口，底部无编织布，实验水体与底泥接触。

2.2 生态经济效益综合指标

生态效益和经济效益综合形成生态经济效益。在人类改造自然的过程中，要求在获取较高经济效益的同时，也最大限度地保持生态平衡和充分发挥生态效益，即取得最大的生态经济效益。这是生态经济学研究的核心问题。

对于综合水产养殖系统我们可以用纯收入和产出投入比等来反映不同系统的经济性能，而以 N、P 利用率及养殖污水的排出率作为反映不同综合养殖系统的生态性能的指标。需要说明的是，N、P 利用率不同的学者有不同的表示方法。一般生态学研究是把 N、P 利用率放在整个系统的 N、P 收支中考察。这种 N、P 利用率是把养殖对象所利用的 N、P 作为系统输出的一部分，以它占整个系统的总输入量的比例来表示。而对于养殖系统而言，我们更关心的是收获的养殖对象所含有的 N、P 数量占人工投入养殖系统的 N、P（投饵、施肥等）的比例。

实际运用时，我们可以设计包含多项经济效益和生态效益因素的综合效益指标，如李德尚等就利用下面的综合效益指标对几种综合养殖模式的生态经济效益进行了比较：

综合效益指标 =（系统的综合产量 × N 的总利用率 × 产出投入比）1/3

由于每个待优化的养殖结构所关注的问题不尽相同，因此，实际应用此类综合效益指标时，也可根据具体需要设计不同的特定综合效果指标，如

综合效益指标 =（净产量 × 平均尾重 × 饲料效率）1/3；

综合效益指标 =（产量 × 规格 ×N 或 P 相对利用率）1/3；

综合效益指标 = 对虾当量相对综合产量 × 对虾相对规格 ×N 或 P 的平均相对利用率 × 相对纯收入 × 相对产出投入比。

第二节　水库综合养殖结构的优化

20 世纪 80 年代，水库网箱养鱼十分盛行，在获得很好经济效益的同时也出现了水库水质恶化、大规模死鱼现象。为此，李德尚领导的团队探索了网箱中配养滤食性鱼类，以改善水质、提高养殖负荷（载）力的工作。

熊邦喜等在山东东周水库利用现场围隔研究了滤食性鲢与吃食性鲤的关系。实验共用围隔 30 个，围隔水深 5m，容积 14.3m³。

A 群不放养鲤，其他 4 个围隔群都以网箱的鱼产量 75×10^4 kg/hm² 为标准，以网箱与水库面积比为 0.50％、0.30％、0.25％ 和 0.20％ 依次计算鲤放养；鲢则按设计的各组鲤放养量的 1/3 和 1/2 配养。

34 天的实验结果表明，配养鲢不仅可降低浮游植物、浮游动物、浮游细菌的数量和总磷浓度，而且还明显改善了水质。养殖实验持续 16 天后，各围隔群中配养鲢组的透明度明显大于未放鲢组，其中高配养鲢组的透明度又大于低配养鲢组（P<0.01）。溶解氧与载鲤量呈负相关，也与配养鲢有关。2∶1 配养鲢组的溶解氧有高于 3∶1 配养组的趋势。

各组围隔鱼类的养殖生态学指标和效益综合指标见表 6-1。从表 6-1 中可以看出，混养鲢的 B2、C2、D2 和 E2 围隔中鲤的载鱼量（CC）均大于或等于仅养鲤围隔的载鱼量。这表明，混养鲢可以提高鲤的养殖容量。从鲤、鲢两种鱼的总负荷力看，未配养鲢的 E 围隔群 1 组鲤的负荷力（以载鱼量表示）只有 2 934 kg/hm²，而配养鲢的 E 围隔群 1 组鲤和鲢总负荷力却达到了 3 964 kg/hm²，负荷力提高了 35％。

表 6-1　各群组养殖生态学指标和效益综合指标

围隔		鲤 Cyprinus carpio					鲢 Hypophthalmichehys molitrix		TNP/g	TCC/（kg/hm²）
		NP/g	GR/%	FE/%	CC/（kg/hm²）	BSI	NP/g	GR%		
A	1									
	2						55.0	68.8	55.0	471.2
	3						51.2	39.5	51.2	633.3

围隔		鲤 Cyprinus carpio					鲢 Hypophthalmichehys molitrix		TNP/g	TCC/（kg/hm²）
		NP/g	GR/%	FE/%	CC/（kg/hm²）	BSI	NP/g	GR %		
B	1	373.9	34.8	18.4	5 065.5	11.5			373.9	5 064.5
	2	418.8	38.6	20.8	5 260.5	12.9	230.0	63.9	648.8	7 320.7
	3	465.3	43.3	22.0	5 379.0	14.1	295.0	52.5	760.3	8 365.2
C	1	394.9	54.5	24.6	3 912.0	15.7			394.9	3 913.0
	2	495.0	64.2	29.7	4 155.0	19.0	220.0	87.8	715.0	5 796.9
	3	424.7	58.6	26.8	4 015.5	16.9	273.0	73.9	698.1	6 262.1
D	1	285.0	52.8	24.1	2 880.0	13.5			285.0	2 881.4
	2	340.0	63.0	28.7	3 073.5	16.1	195.0	108.4	535.0	5 382.2
	3	262.0	52.4	25.0	2 863.5	13.6	220.0	81.5	502.0	4 574.3
E	1	410.0	95.4	40.8	2 934.0	21.4			410.0	2 934.0
	2	410.0	95.4	44.3	2 934.0	22.0	145.0	96.7	555.0	3 964.0
	3	325.0	75.6	41.7	2 637.0	18.5	216.0	100.0	540.0	4 138.1

注：NP–净产量（g），GR–生长率（%），FE–饲料效率（%），CC–载鱼量（kg/hm²），TNP —总净产量（g），TCC–总载鱼量（kg/hm²），BSI–效益综合指标，BSI=（NPn×Wn×FEn）1/3。

　　各围隔组养鱼学指标的统计结果还表明，配养鲢不仅提高了鲤净产量、生长率、饲料效率，而且还提高了养鱼的总产量（总载鱼量）和效益综合指标。其中3∶1配养组优于2∶1配养组。从代表负荷力的E群1组和2组看，配养鲢使鲤的饲料效率提高了10%，总鱼产量提高了35%。这一结果直接表明，配养鲢对养鱼效益具有积极作用。

　　水质测定结果表明2∶1配养组优于3∶1配养组；从各项养鱼学指标和效益的统计则说明3∶1配养组优于2∶1配养组。以代表负荷力的E围隔群的2、3两组比较看，在水质都符合渔业标准的条件下，3∶1配养组的养鱼学指标和效益都优于2∶1配养组。

第三节　淡水池塘综合养殖结构的优化

　　淡水池塘养殖在我国淡水养殖中占有重要的地位，在20世纪取得飞速发展之后，21世纪又面临新的挑战。其一，养殖主体依然是传统的养殖品种；其二，渔用费用升高，淡水水产品价格降低，致使经济效益低下，养殖状态低迷；其三，过度开发和粗放经营对资源环境造成了一定的破坏；其四，健康生态养殖、生产无公害水产品成为发展趋势。因此，继续丰富淡水池塘养殖品种，研究养殖结构优化和养殖环境修复对推动我国淡水池塘养殖业的健康可持续发展具有重要的意义。

利用不同种类生态位和习性上的特点，将多种类复合养殖可以达到生态平衡、物种共生和多层次利用物质的效果。合理地搭配养殖品种不仅可以充分利用资源，提高经济效益而且可以减少对系统内外环境造成的负担。目前，我国海水池塘鱼虾复合养殖模式的研究经验很多，而淡水池塘草鱼复合养殖模式老套。随着淡化养殖凡纳滨对虾技术的不断成熟，其逐渐成为我国淡水池塘调整养殖结构，优化养殖品种，提高经济效益的优良虾类品种。我国珠三角、广西、湖南和江西地区淡水养殖凡纳滨对虾已经有相当规模，东北地区的养殖也初见成效。这些使得研究草鱼与凡纳滨对虾的复合养殖模式具有必要性和可行性。

1. 草鱼、鲢和凡纳滨对虾综合养殖结构优化

近年来，随着淡水养殖凡纳滨对虾试验的开展，凡纳滨对虾的淡水养殖备受关注。我国珠三角、广西、湖南和江西地区淡水养殖凡纳滨对虾已经有相当规模，东北地区的养殖也初见成效。全国范围内凡纳滨对虾的总产量中淡水养殖所占的比例日趋增大。但是，目前在北方淡水养殖凡纳滨对虾与南方差距较大。

淡水养殖凡纳滨对虾不仅有利于减少沿海地区养殖区域的建造和对海洋环境的污染而且可以降低内陆地区养殖用水成本，调动养殖人员的积极性。所以，选址北方有代表性的山东省作为实验基地，在总结经验的基础上，进一步探索草鱼、鲢、凡纳滨对虾的淡水池塘优化复合养殖模式，以期为我国北方淡水池塘养殖模式调整提供科学参考。

该研究在一个平均水深 1.5m、面积 0.27 hm² 池塘中进行。池塘中设置 21 个 64 m²（8m × 8m）陆基围隔用于实验。每个围隔中设充气石 4 个，通过塑料管与池塘岸边一个 2 kW 的充气泵连通，连续充气。实验共设置 7 个处理组，分别为草鱼单养（G），草鱼和鲢混养（GS），草鱼和凡纳滨对虾混养（GL），草鱼、鲢和凡纳滨对虾按照不同的放养比例混养（GSL1 ~ GSL4），每个处理组设置三个重复。该实验历时 154 天。具体的放养结构见表 6-2。

整个养殖过程中水温变化范围为 17℃ ~ 34℃，平均水温 26℃。水体 pH 变化范围为 7.00 ~ 8.42，各处理间差异不显著（表 6-3）。水体溶解氧变化范围为 2.38 ~ 10.71 mg/L，各处理间差异也不显著。随着养殖时间的延长，水体溶解氧含量逐渐下降，养殖结束时各处理组水体溶解氧值显著低于初始值。G 和 GL 组水体透明度显著低于 GS、GSL2、GSL3 和 GSL4 组（表 6-3）。

水体总氨氮含量 GSL3 组显著高于 GL 组，其他组间差异不显著，GSL3 组结束时数值显著高于初始值。水体总碱度、总硬度、硝酸氮含量、亚硝酸氮含量、磷酸根离子含量各组间差异不显著。水体叶绿素 a 含量 G 和 GL 组显著高于 GSL3 和 GSL4 组，其他组间差异不显著，G 和 GL 组结束值显著高于初始值。

表 6-2　不同处理组放养密度和放养规格

处理	草鱼 Ctenopharyngodon		鲢 Hypophthalmichehys molitrix		凡纳滨对虾 L.vannamei	
	密度 / (尾 /m²)	规格 / (g/尾)	密度 / (尾 /m²)	规格 / (g/尾)	密度 / (尾 /m²)	规格 / (g/尾)
G	0.95	155.2 ± 1.6	—	—	—	—
GS	0.77	158.8 ± 3.2	0.45	79.1 ± 4.5	—	—
GL	0.77	164.4 ± 9.4	—	—	32.6	0.039 ± 0.002
GSL1	0.77	158.0 ± 2.3	0.23	79.6 ± 8.5	16.3	0.039 ± 0.002
GSL2	0.58	155.0 ± 4.7	0.23	78.2 ± 7.6	48.9	0.039 ± 0.002
GSL3	0.58	160.4 ± 8.8	0.69	68.8 ± 5.8	16.3	0.039 ± 0.002
GSL4	0.38	164.4 ± 5.3	0.69	73.3 ± 3.4	48.9	0.039 ± 0.002

养殖过程中随着时间的延长各组底泥中总碳、总氮和总磷含量逐渐积累，各组结束值显著高于初始值。养殖结束时，底泥总碳含量（GSL2、GSL4）<GL<（GSL1、GSL3）<G、GS；底泥总氮含量（GSL2、GSL4）<（GSL3，GSL1）<GL<（G、GS）；底泥总磷含量（GSL2、GSL4）<GL<（GSL3、GSL1）<G、GS，且 GSL2 组显著低于 G 组。

各组 TC/TN 结束值显著低于初始值，但都大于 14，GSL2、GSL3 和 GSL4 组显著高于 G 组。底泥 N、P 综合相对污染指数（底泥 N、P 综合相对污染指数 A = C/4.2 × l0−7，C 为两种污染物的实测浓度值的乘积）结束值显著高于初始值，且（GSL2、GSL4）<（GSL3，GSL1）<GL<（G、GS），GSL2 组显著低于 G 组。

收获时，草鱼平均体重、成活率、相对增重率各组间差异均不显著，但 GSL2 组草鱼成活率最低（88.3%）。草鱼产量 GSL2 和 GSL4 组显著低于 G、GS 和 GSL1 组，GSL3 组显著低于 G 组，GL 组与其他组间差异不显著（表 6-4）。鲢成活率较高（93.2% ~ 100.0%），成活率和相对增重率各组间差异不显著，平均体重 GSL1 和 GSL2 组显著高于 GSL3 和 GSL4 组，GS 组和其他组间差异不显著。鲢产量 GS 组显著高于 GSL1、GSL2 组，显著低于 GSL3 组，与 GSL4 组差异不显著。凡纳滨对虾成活率较低（8.9% ~ 21.4%），GSL4 组显著高于其他组，GL 组显著低于 GSL2 和 GSL4 组。对虾产量 GSL2 和 GSL4 组显著高于其他组。总产量 GS 组显著高于 GL 和 GSL2 组，其他组间差异不显著。

表 6-3　养殖过程中各处理组的水质状况

参数	G	GS	GL	GSLl	GSL2	GSL3	GSL4
PH	7.89 ± 0.31	7.82 ± 0.34	7.90 ± 0.33	7.83 ± 0.29	7.89 ± 0.27	7.88 ± 0.29	7.91 ± 0.28
总酸度（mg CaCO$_3$/L）	324 ± 13	336 ± 38	327 ± 26	349 ± 30	337 ± 24	356 ± 37	342 ± 33
总硬度（mg CaCO$_3$/L）	460 ± 54	479 ± 79	455 ± 73	482 ± 45	481 ± 40	461 ± 79	476 ± 33
溶解氧（mg/L）	5.25 ± 1.85	5.02 ± 2.54	5.75 ± 2.49	5.16 ± 2.21	5.26 ± 2.14	5.10 ± 2.34	5.19 ± 2.55
COD/（mgO$_2$/L）	11.22 ± 3.09	11.60 ± 5.06	12.95 ± 5.63	11.01 ± 2.81	12.52 ± 5.57	9.91 ± 3.23	8.83 ± 1.68
透明度 /cm	21 ± 10^a	31 ± 9^{bc}	21 ± 12^a	26 ± 7^{ab}	29 ± 7^{bc}	35 ± 10^c	33 ± 10^c
总氨氮 /（mg/L）	2.18 ± 1.04^{ab}	2.55 ± 0.87^{ab}	1.84 ± 0.59^a	2.81 ± 0.85^{ab}	2.34 ± 0.36^{ab}	3.29 ± 1.40^b	2.96 ± 0.91^{ab}
硝酸氮（mg/L）	0.22 ± 0.17	0.32 ± 0.23	0.32 ± 0.20	0.24 ± 0.24	0.21 ± 0.15	0.26 ± 0.08	0.29 ± 0.19
亚硝酸 /（mg/L）	0.09 ± 0.08	0.09 ± 0.08	0.17 ± 0.10	0.09 ± 0.07	0.09 ± 0.06	0.06 ± 0.05	0.08 ± 0.06
鳞酸根 /（mg/L）	0.11 ± 0.15	0.26 ± 0.13	0.17 ± 0.15	0.20 ± 0.27	0.25 ± 0.20	0.14 ± 0.14	0.26 ± 0.25
叶绿素a/（μg/L）	171 ± 60^a	123 ± 61^{ab}	177 ± 94^d	125 ± 44^{ab}	125 ± 63^{ab}	97 ± 20^b	88 ± 23^b

注：数值表示为平均值 ± 标准差，同一行用不同字母标注表示差异达到显著水平（$P < 0.05$）。

表 6-4　养殖结束时各处理收获的数量、产量、规格和成活率

种类	处理	收获数	产量 /（kg/ 围隔）	收获规格/（g/ 尾）	成活率 /%
草鱼 Ctenopharyngodon	G	59.5 ± 2.1	63.0 ± 9.4	$1\,056 \pm 120.4$	97.5 ± 3.5
	GS	48.0 ± 0	60.0 ± 3.4	$1\,250 \pm 71.2$	98.0 ± 0
	GL	43.7 ± 6.7	47.6 ± 3.5	$1\,106 \pm 159.2$	891 ± 13.6
	GSLl	46.3 ± 2.1	54.4 ± 8.4	$1\,172 \pm 148$	94.6 ± 4.2
	GSL2	32.7 ± 4.9	34.5 ± 15.8	$1\,032 \pm 381.3$	88.3 ± 13.3
	GSL3	35.0 ± 3.5	42.7 ± 6.3	$1\,220 \pm 123.1$	94.6 ± 9.4
	GSL4	22.0 ± 2.3	33.7 ± 11.7	$1\,461 \pm 394.3$	94.4 ± 9.6
鲢鱼 Hypophthalmichehys molitrix	GS	28.7 ± 0.6	16.5 ± 2.6	575.2 ± 95.4	98.9 ± 2.0
	GSLl	15.0 ± 0	10.0 ± 1.3	668.9 ± 87.0	100.0 ± 0
	GSL2	14.3 ± 1.2	10.5 ± 2.5	723.8 ± 123.4	95.6 ± 7.7
	GSL3	42.3 ± 1.2	21.0 ± 2.4	496.3 ± 69.9	96.2 ± 2.6
	GSL4	41.0 ± 2.0	18.9 ± 2.6	460.3 ± 24.3	93.2 ± 4.5
凡纳滨对虾 L.vannamei	GL	186 ± 29	1.37 ± 0.20	7.37 ± 0.13	8.9 ± 1.4
	GSLl	106 ± 34	0.85 ± 0.26	8.06 ± 0.18	10.2 ± 3.3
	GSL2	445 ± 78	$3.52 \pm L10$	7.79 ± 1.17	14.2 ± 2.5
	GSL3	133 ± 27	1.36 ± 0.42	101.4 ± 0.99	12.7 ± 2.6
	GSL4	679 ± 67	5.20 ± 0.30	7.84 ± 1.17	21.4 ± 2.1

各组间投入产出比差异不显著（表6-5）。养殖结束时养殖生物的氮利用率，GSL3显著高于G、GL和GSL2组，GL组显著低于GS、GSL1、GSL3和GSL4组，其他组间差异不显著。养殖结束时养殖生物的磷利用率GSL3组显著高于GSL2组，其他各组间差异不显著。饲料转化效率GS组显著高于GSL2组，其他组间差异不显著（图6-1）。

表6-5　底泥TC/TN、N、P综合相对污染指数、饲料转化效率及产出投入比

处理	TC / TN		底泥N、P综合相对污染指数SRPI		FCE/%	产出投入比
	初始	结束	初始	结束		
G	19.42 ± 1.85	14.46 ± 0.88	2.54 ± 0.35	6.72 ± 0.96	54.12 ± 3.57	1.01 ± 0.08
GS	19.42 ± 1.85	16.16 ± 0.52	2.54 ± 0.35	6.51 ± 0.97	59.73 ± 4.67	1.08 ± 0.07
GL	19.42 ± 1.85	15.15 ± 0.19	2.54 ± 0，35	5.90 ± 0.44	42.49 ± 4.05	0.83 ± 0.06
GSL1	19.42 ± 1.85	15.48 ± 0.47	2.54 ± 0.35	5.88 ± 0.45	55.95 ± 6.06	1.03 ± 0.09
GSL2	19.42 ± 1.85	16.01 ± 1.05	2.54 ± 0.35	5.02 ± 0.16	35.67 ± 17.83	0.81 ± 0.29
GSL3	19.42 ± 1.85	16.29 ± 0.55	2.54 ± 0.35	5.78 ± 0.51	57.19 ± 1.64	1.02 ± 0.02
GSL4	19.42 ± 1.85	16.02 ± 0.32	2.54 ± 0.35	5.45 ± 0.71	45.48 ± 20.04	1.01 ± 0.27

注：底泥N、P综合相对污染指数 $A=C/4.2 \times 10^{-7}$，C为两种污染物的实测浓度值的乘积。

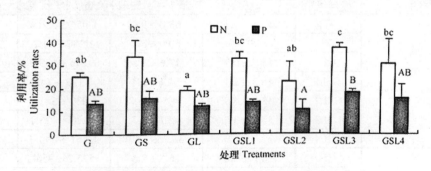

图6-1　各处理中养殖生物对N和P的利用率

鉴于草鱼放养密度 0.77 尾/m² 时，可以保障出池规格大于 1 100g/尾。因此，在该实验条件下，最佳的混养模式为：草鱼与鲢混养比例为草鱼 0.77 尾/m²；鲢 0.45 尾/m²；草鱼、鲢和对虾混养比例为草鱼 0.77 尾/m²：鲢 0.23 尾/m²：凡纳滨对虾 16.3 尾/m²。

2. 草鱼、鲢和鲤综合养殖结构优化

宋颀利用池塘陆基围隔研究了草鱼、鲢和鲤综合养殖结构。实验共设置7个处理组，分别为草鱼单养（G）、草鱼和鲢二元混养（GS）、草鱼和鲤二元混养组（GC）、草鱼、鲢和鲤按

照不同比例放养的三元混养 GSC1、GSC2、GSC3、GSC4。各处理组草鱼的放养和收获情况见表 6–6。

表 6-6 各处理组草鱼的放养和收获情况

模式	放养			收获		
	数量 / (ind/m²)	放养密度 / (g/m²)	放养规格 / (g/ind)	收获规格 / (g/ind)	成活率 /%	净产量（ kg/m²)
G	0.95	151.37 ± 2.35	159.02 ± 6.03	666.75 ± 54.87	99.18 ± 0.47	4 765.6 ± 53.59a
GS	0.77	118.54 ± 0.89	154.83 ± 2.01	766.72 ± 75.35	98.64 ± 0.68	4 611.5 ± 59.24a
GC	0.77	118.54 ± 4.02	154.83 ± 9.10	763.38 ± 154.52	99.32 ± 0.68	4 589.6 ± 113.5a
GSC1	0.77	121.25 ± 4.25	158.37 ± 9.62	660.00 ± 88.88	97.96 ± 1.18	3 753.7 ± 69.23ab
GSC2	0.58	91.25 ± 1.54	157.84 ± 4.62	913.36 ± 112.60	95.50 ± 3.25	4 087.5 ± 52.72 a
GSC3	0.58	92.19 ± 3.51	159.46 ± 10.52	753.34 ± 46.31	98.20 ± 1.80	3 349.0 ± 18.70ab
GSC4	0.38	62.08 ± 0.42	165.56 ± 1.92	713.35 ± 67.66	93.06 ± 3.67	1 871.4 ± 28.98b

经过 5 个月的养殖，草鱼从 156 g 长到 660 ~ 913 g，平均体重达到了 745 g，体重增加了 4.23 ~ 5.85 倍。各处理组收获的草鱼规格差异不显著（P>0.05）。各处理组草鱼成活率都在 90 % 以上，相互之间差异也不显著。t- 检验表明，G、GS、GC、GSC2 和 GSC3 处理组的草鱼净产量显著大于 GSC4 组，其中 G 组草鱼净产量达到 4 766 kg/hm²，而 GSC4 组的草鱼净产量仅有 1 871 kg/hm²，这主要是由于各处理组草鱼放养密度不同所致。

各处理组鲢放养和收获情况见表 6–7。从表中可以看出，实验期间鲢从 74g 长到 426——703 g，平均规格达到 514 g，体重增加了 5.76 ~ 9.50 倍。GSC1 组收获的鲢规格显著大于 GSC2 组（P<0.05），其他各处理组收获鲢规格间差异不显著。除 GS 处理组鲢成活率为 90.8 % 外，其他各处理组成活率都在 95 % 以上，且各处理组之间差异不显著。GSC4 净产量最高，达 3035kg/hm2，而 GSC2 的净产量最低，只有 1312kg / hm2。经过 t- 检验表明，GSC3 和 GSC4 组的净产量显著高于 GSC1 和 GSC2 处理的净产量（P<0.05）。

表 6-7　各处理组鲢放养和收获情况

模式	放养			收获		
	数量 /（ind/m²）	放养密度 /（g/m²）	放养规格 /（g/ind）	收获规格 /（g/ind）	成活率 /%	净产量（kg/m²）
GS	0.45	32.60 ± 1.45	71.95 ± 5.53	510.00 ± 40.41[ab]	90.80 ± 7.54	1 780.8 ± 21.02[abc]
GSC1	0.23	16.25 ± 0.90	69.33 ± 6.67	703.31 ± 92.44[a]	97.78 ± 2.22	1 436.5 ± 16.93[ab]
GSC2	0.23	18.75 ± 1.36	80.00 ± 10.07	670.00 ± 45.09[ab]	95.55 ± 2.22	1 312.5 ± 5.94[a]
GSC3	0.69	51.15 ± 2.53	74.39 ± 6.37	426.74 ± 37.12[b]	96.21 ± 2.73	2 332.3 ± 30.58[bc]
GSC4	0.69	51.98 ± 1.99	75.61 ± 5.01	523.31 ± 119.21[ab]	98.49 ± 0.76	3 034.9 ± 84.32[c]

各处理组鲤放养和收获情况见表 6-8。从表可以看出，鲤在实验期间由 82g 长到 373 ~ 493g，平均规格达到了 438g，体重增加了 4.55 ~ 6.02 倍。各处理组之间鲤收获规格差异不显著。除 GC 组仅有一条鲤死亡外，实验期间没有出现鲤死亡现象，成活率基本达到 100%。GSC4 鲤净产量最高，达到 2 264kg/hm²，GSC3 鲤净产量最低，仅为 593.3kg/hm²。检验表明，GSC1 和 GSC3 与 GSC2 和 GSC4 组之间鲤净产量差异显著。

各处理组渔获量和饲料系数见表 6-9。可以看出，各处理组总产量以 G 组最低，GC 组次之。混养组以 GSC2 组最高，达到了 8 812kg/hm²，是单养草鱼组的 1.41 倍，是混养草鱼和鲤组的 1.24 倍。GSC4 组产量也达到了 8 755kg/hm²，其他各混养组产量也都为 7 000 ~ 8 000kg/hm²。从实验结果可以明显看出，混养组的产量要明显高于单养组。

表 6-8　各处理组鲤放养和收获情况

模式	放养			收获		
	数量 /（ind/m²）	放养密度 /（g/m²）	放养规格 /（g/ind）	收获规格 /（g/ind）	成活率 /%	净产量（kg/m²）
GC	0.36	31.04 ± 1.20	84.57 ± 5.08	373.33 ± 56.67	98.55 ± 1.45	1 007.3 ± 19.19[ab]
GSC1	0.19	16.15 ± 2.13	79.44 ± 2.55	413.33 ± 43.72	100	614.6 ± 8.11[a]
GSC2	0.55	46.25 ± 1.60	81.14 ± 6.44	420.00 ± 96.09	100	1 850.0 ± 53.47[bc]
GSC3	0.19	14.90 ± 0.28	86.38 ± 5.79	393.31 ± 40.96	100	593.3 ± 7.81[a]
GSC4	0.55	44.37 ± 2.03	86.11 ± 11.34	493.33 ± 43.33	100	2 264.6 ± 26.08[c]

表6-9 各处理组渔获量和饲料系数

模式	总产量 / (kg/hm²)	总净产量 / (kg/hm²)	吃食鱼净产量 / (kg/hm²)	投喂饲料 / (kg/hm²)	饲料系数
G	6 288 ± 56	4 764 ± 54	4 764 ± 54	8 725 ± 116	1.82 ± 0.04
GS	7 905 ± 81	6 392 ± 80	4 611 ± 59	6 221 ± 54	1.43 ± 0.33
GC	7 093 ± 117	5 597 ± 117	5 597 ± 117	7 884 ± 105	1.45 ± 0.20
GSC1	7 342 ± 94	5 805 ± 94	4 368 ± 77	5 978 ± 35	1.49 ± 0.34
GSC2	8 812 ± 110	7 250 ± 111	5 938 ± 105	6 868 ± 87	1.31 ± 0.45
GSC3	7 856 ± 47	6 275 ± 43	3 942 ± 25	7 010 ± 119	1.81 ± 0.38
GSC4	8 755 ± 115	7 171 ± 115	4 136 ± 48	5 304 ± 52	1.34 ± 0.26

注：TO-总产量；TNO-总净产量：TNOFF-吃食鱼净产量；FC-饲料系数。

饲料系数是衡量一个养殖系统能否有效利用饲料的重要指标。G组在产量上偏小，且饲料系数又明显大于其他各组，达到了1.8，是GSC2组的1.39倍。混养模式中，以GSC2和GSC4的净产量较高，饲料系数也只有1.3，是比较理想的养殖模式。其他混养组除GSC3外，饲料系数也都为1.4 ～ 1.5。

各模式的N、P来源主要是投喂的饲料，投入的N为281 ～ 427kg/hm²，投入的P为15.9 ～ 26.2kg/hm²。N的总利用率为18.8% ～ 40.6%，P的总利用率为11.1% ～ 25.2%，以GSC2组最高，G组最低。N、P总相对利用率以GSC2最高，达到6.97，是最低的G组的3.59倍。N、P利用率以GSC2和GSC4较高，G组最低。

第四节 海水池塘对虾综合养殖结构的优化

1. 海水池塘中国明对虾综合养殖结构的优化

自20世纪80年代起，我国海水池塘养殖业迅猛发展，但传统的高密度、单养的养殖模式不仅对饲料的利用率低且对环境造成的负面影响十分严重。2002年，我国黄渤海沿岸的海水养殖排氮、磷量已占当地陆源排放量的2.8%和5.3%。这样的养殖模式是不可持续的，因此，改变海水池塘养殖结构、提高饲料利用率、减少养殖污染，实现水产养殖由数量增长转为质量增长已成为国家亟待解决的重大问题。

笔者所在实验室开展了海水养殖池塘生态系统的结构与功能研究，并着手进行养殖结构优化和技术示范。下面简要介绍海水对虾池塘综合养殖结构优化的工作结果。

1.1 对虾与罗非鱼综合养殖结构优化

1996 年（王岩等，1998），在山东海阳使用 24 个陆基围隔（5.0m×5.0m×1.8m），经过 95 天实验，优化了中国明对虾与罗非鱼海水池塘最佳混养比例结构。放养对虾规格为（2.85±0.16）cm，罗非鱼（圈养于网箱中）规格为 79.0～193.8g。实验采用双因子 3×4 正交设计，即对虾放养密度分别为 4.5 尾 /m²、6.0 尾 /m² 和 7.5 尾 /m²，罗非鱼放养密度分别为 0、0.16 尾 /m²、0.24 尾 /m² 和 0.32 尾 /m²。实验过程中施鸡粪和化肥，辅以配合饲料。

实验结果表明，对虾平均成活率为 78.6%，各处理间差异不显著。对虾收获规格随放养密度增加而减小。对虾放养 4.5 尾 /m² 和 6.0 尾 /m² 时其产量分别为（325.4±15.3）kg/hm² 和（522.2±54.9）kg/hm²。罗非鱼为 0.32 尾 /m² 时（成活率 96.67%、终体长 10.40 cm、产量 585.5 kg/hm²）对虾产量最高。该实验表明，半精养条件下中国明对虾与罗非鱼混养的最佳结构是对虾 60 000 尾 /hm²，罗非鱼产量 400kg/hm²。

1.2 对虾与缢蛏综合养殖结构优化

中国明对虾与缢蛏综合养殖结构优化的实验设对虾一个密度水平（6.0 尾 /m²）× 缢蛏 [（5.40±0.35）cm]4 个密度水平（0、10 粒 /m²、15 粒 /m² 和 20 粒 /m²）。实验结果表明，对虾的成活率随缢蛏放养密度的增加而增高。当缢蛏的密度为 15 粒 /m² 时，对虾的成活率为 52.0%，生长速度最快，产量（529.5kg/hm²）比单养对虾时高 8.66%。该系统的最佳结构为：每公顷放养体长 2～3 cm 的对虾 60 000 尾，壳长 6cm 的缢蛏苗 15 000 粒。如以在毛产量中的比值表示，则其最佳结构约为对虾：缢蛏 =1：3。

在低密度放养缢蛏（10 粒 /m²）时，2 龄缢蛏的出塘体长为 6.68cm，与一般养殖的体长相近，但体重比自然生长的缢蛏重约 50%。缢蛏的出塘规格、产量和成活率随其放养密度的增加而减小，且越接近放养密度的上限，密度对生长的影响越明显。

该实验中缢蛏放养密度为 15 粒 /m² 时，对虾的体长、体重和产量比单养对虾都有较大提高，密度过大或过小时则对对虾都有不利影响。需要说明的是，由于该实验放养的缢蛏为体重 10g 左右，是已接近商品规格的大苗，因而缢蛏的净产量偏低。如果放养小规格的苗种（壳长 2～3cm），则缢蛏的净产量及对整个生态系的作用可能会更好。

1.3 对虾与海湾扇贝综合养殖结构优化

对虾与海湾扇贝综合养殖结构优化的实验设对虾一个密度水平（6.0 尾 /m²）× 扇贝 4 个密度水平（0、1.5 粒 /m²、4.5 粒 /m² 和 7.5 粒 /m²）。扇贝苗壳长（1.1±0.1）cm，放养于高 1.2m 的 8 层网笼中，网目为 0.5cm。

实验结果表明，当扇贝密度为 1.5 粒 /m² 时，对虾的成活率与单养对虾无显著差异。但是，对虾的平均体长、体重和产量却比对照组中的对虾分别提高了 2.5%、3.8% 和 6.5%。

对虾出塘时的体长和体重随扇贝密度的增加而减小。统计分析表明，当扇贝的密度为 1.5 粒 /m² 时，对虾出塘时的体长显著大于密度为 4.5 粒 /m² 和 7.5 粒 /m² 时，但对虾的体重只显著大于扇贝密度为 7.5 粒 /m² 时，而与 4.5 粒 /m² 时无显著差异。对虾的产量和成活率与扇贝的放养密度呈负相关。当扇贝密度为 1.5 粒 /m² 时，对虾的产量和成活率显著高于 7.5 粒 /m² 时，而与扇贝密度为 4.5 粒 /m² 时无显著差异。

出塘时扇贝壳长和体重随放养密度的增加而减小，其中体重降低了 39.1% ～ 42.6%。但是，净产量却由 1.5 粒 /m^2 时的 470kg/hm^2 增至 7.5 粒 /m^2 时的 1 236kg/hm^2。扇贝的出肉率（软体部分湿重占带壳湿体重的百分比）随体重的增大而增加：7.5 粒 /m^2 时带壳重 20.9g，其出肉率为 37.88%；1.5 粒 /m^2 时带壳重达 34.3g，其出肉率为 42.84%，增加了 11.6%。若以绝对含肉量和经济效益来计算产量，则不同密度下扇贝的产量差异不显著。换言之，高密度下扇贝的高产量中贝壳所占的比例较大。

实验的结果表明，该系统的最佳结构为：每公顷放养体长 2 ～ 3cm 的对虾 60 000 尾，壳长 1.0cm 的海湾扇贝苗 15 000 粒左右；以对虾与扇贝在毛产量中所占的比值来表示，则约为对虾：扇贝 =1 : 1。但该组为各实验组中扇贝放养量最低的一组，因此有可能其最适合的配养量还要更低一些。

1.4 对虾与罗非鱼、缢蛏三元综合养殖结构优化

Tian 等在山东海阳利用 18 个池塘陆基围隔，研究了中国明对虾与罗非鱼和缢蛏的混养结构。95 天的结果显示，各处理间在 pH、溶解氧和营养盐含量方面没有明显差异，但单养对虾处理的 COD 含量明显高于混养处理。对虾单养对照组叶绿素 a 的含量显著高于虾—鱼—蛏混养组，透明度则是前者低于后者。放养 2cm 对虾、150g 罗非鱼和 3cm 缢蛏时，最佳的放养比例是对虾 7.2 尾 /m^2、罗非鱼 0.08 尾 /m^2、缢蛏 14 粒 /m^2。这一放养比例的经济效益和生态效益都较高（表 6-10），投入 N 和 P 的转化率分别达到 23.4% 和 14.7%。

表 6-10　对虾单养和对虾、罗非鱼、缢蛏混养的结构和效果

项 目 Items	处理 Treatments					
	S	SF	SR	SFR1	SFR2	SFR3
对虾放养量（ind./m^2）	7.2	7.2	7.2	7.2	7.2	7.2
罗非鱼放养量（ind./m^2）	0	0.24	0	0.08	0.12	0.16
缢蛏放养量（ind./m^2）	0	0	20	14	10	7
对虾产量（g/m^2）	48.5	48.8	53.2	56.8	51	53.2
收获对虾的规格 /（g/ind）	9.62	9.58	10.21	9.64	9.16	9.27
对虾存活率 /%	70.7	76.7	73	82	74.4	79.3
总产量 /（g/m^2）	48.5	67.9	98.8	88.2	74.1	74.7
N 利用率 /%	12.6	15.5	20.6	23.4	19.42	19
P 利用率 /%	6.75	17.7	10.25	14.7	12.5	12.9
产出 / 投入比	1.84	1.78	1.96	2.01	1.89	1.92

注：S—对虾，F—罗非鱼，R—缢蛏

2. 海水池塘凡纳滨对虾综合养殖结构的优化

2004 年，王大鹏等人在天津利用陆基围隔优化了凡纳滨对虾、青蛤、菊花心江蓠的混养结构（包杰等，2006；常杰等，2006；王大鹏等，2006；董贯仓等，2007）。实验持续 51 天，使用 20 个 $25m^2$ 围隔，每处理 4 个重复。放养的对虾和青蛤的体重分别为（0.11 ± 0.02）g/ 尾和（6.03 ± 1.12）g/ 个。

实验结束时对虾的体重、成活率和净产量分别为 5.30 ~ 6.12g，63.0 % ~ 78.2 % 和 1065 ~ 1368 kg/hm^2。青蛤体重和净产量分别为 6.85 ~ 7.15 g 和 51 ~ 328 kg/hm^2。菊花心江蓠净产量为 3 900 ~ 9 380 kg/hm^2。混养系统的经济效益和生态效益均优于对虾单养。在该实验条件下，混养系统的最佳结构为凡纳滨对虾 30 尾 /m^2、青蛤 30 个 /m^2、菊花心江蓠 200 g/m^2。

3. 海水池塘对虾综合养殖的结构与效益比较

1996 ~ 2005 年有关学者所在实验室在山东省海阳、乳山、东营和天津市塘沽对中国明对虾和凡纳滨对虾的池塘养殖结构进行了优化。十年间共优化出 9 个养殖结构或模式（表 6-11）。

表 6-11　优化的 9 种对虾养殖结构

养殖模式	最佳毛产量比	文献
对虾—罗非鱼	1：1	Wang et al.，1998
对虾—缢蛏	1：3	李德尚等，1999
对虾—牡蛎	1：6	苏跃鹏等，2003
对虾—海湾扇贝	1：1	Wang et al.，1999
对虾—罗非鱼—缢蛏	1：0.3：2	Tian et al.，2000
对虾—青蛤	1：0.8	王大鹏等，2006
对虾—江蓠	1：5	牛化欣等，2006
对虾—青蛤—江蓠	1：1.3：8.3	王大鹏等，2006
对虾—毛蚶—江蓠	1：1：5.9	牛化欣等，2006

这 9 种优化结构不仅经济效益好，而且环境效益佳。例如，与对虾单养相比，中国明对虾—罗非鱼—缢蛏三元的 1：0.3：2 结构，总产量提高 82 %，N 排放减少 86 %，产出 / 投入比提

高 10%（表 6-12）。

表 6-12　对虾、罗非鱼、缢蛏混养的效益

效益	虾 S	虾鱼 SF	虾蛏 SR	虾鱼蛏 SFR
总产量	100%	+40%	+104%	+82%
N 排污	100%	−23%	−63%	−86%
产出 / 投入比	100%	−3%	+7%	10%

注：与对虾单养相比，单养取 100%。

再如，与对虾单养相比，对虾—青蛤—菊花心江蓠 1∶1.3∶8.3 养殖结构模式的水体中的 TN 和 TP 含量、底质的 TOC 和 N、P 排污率都大幅度减少，具有显著环境效益（表 6-13）。

表 6-13　优化养殖结构改善水质和排污状况

养殖模式	水体		底质	排污率	
	TN/%	TP/%	TOC/%	N/%	P/%
对虾 – 菲律宾蛤仔	−5.2	−18.2	—	—	—
对虾 – 青蛤	−21.3	−10.5	−32.5	−24.5	−17.8
对虾 – 江蓠	−21.0	−30.1	—	—	—
对虾—青蛤—菊花心江蓠	−42.6	−31.7	−239.8	−109.9	−252.7
对虾—毛蚶—菊花心江蓠	−37.0	−37.5	—	—	—

注：与对虾单养相比，单养取 100%。

第五节　刺参池塘综合养殖结构优化

刺参是底栖沉积物食性，可以进行不投饵养殖。然而，由于刺参具有夏眠和冬眠的习性，其间养殖池塘饵料没有被有效利用。另外，刺参不能直接利用水层中的生物饵料资源。因此，需要在主养刺参的池塘内建立综合养殖结构，以充分利用水体饵料、空间、时间资源，提高养殖水体的渔产力。本节将重点介绍刺参＋对虾＋海蜇＋扇贝综合养殖模式。

1. 刺参与中国明对虾混养效果

中国明对虾是较耐高温的养殖种类，其可以作为与刺参混养的候选种类。刺参与对虾混

养可以充分利用刺参夏眠期间闲置的饵料资源，环境和经济效益俱佳。秦传鑫（2009）研究了刺参与中国明对虾的混养模式。实验采用双因子实验设计，刺参设置两个密度：10 头 /m² 和 15 头 /m²；中国明对虾设置 4 个密度：0 尾 /m²、2 尾 /m²、4 尾 /m² 和 8 尾 /m²；每个处理 3 个重复。幼参 [（5.8±2.0）g] 于 2008 年 4 月 30 日放养，中国明对虾 [（0.8±0.3）g] 于 2008 年 6 月 19 日放养。

表 6-14 是刺参养殖 1 年后（2009 年 3 月 20 日）各处理组刺参的收获情况。可以看出，刺参的放养密度对刺参的产量影响很大，但对虾的放养密度对刺参的体重、存活率、产量影响不明显（P>0.05）。

表 6-14　不同密度对虾和不同密度刺参放养情况下刺参的最终体重、存活率和产量

刺参密度 /（ind./m²）		对虾密度 /（ind./m²）			
		0	2	4	8
10	体重 /（g/ind.）W	32.4±2.8	31.8±3.4	34.5±2.6	33.6±3.2
	存活率 /% S	0.25±0.01	0.24±0.06	0.23±0.04	0.22±0.03
	产量 /（g/m²）P	81.4±2.8	79.7±16.7	79.6±33.7	73.3±17.5
15	体重 /（g/ind.）W	30.8±2.9	29.8±3.1	32.8±2.2	31.6±1.8
	存活率 /% S	0.24±0.03	0.23±0.06	0.23±0.03	0.25±0.04
	产量 /（g/m²）P	109.9±12.2	109.8±29.3	113.9±24.9	129.5±8.4

整个生长期内中国明对虾一直保持较快的生长速度，随中国明对虾密度上升中国明对虾的生长速度呈下降趋势。实验结束时，刺参放养密度为 10 个 /m² 和 15 个 /m² 下的中国明对虾的产量、最终体重、特定生长率和成活率差异不显著（P>0.05），但不同的放养密度之间中国明对虾的产量、特定生长率和成活率差异显著（P<0.05）。随着放养密度上升中国明对虾的成活率、特定生长率下降，而中国明对虾的产量上升。实验结束时密度为 2 尾 /m² 的中国明对虾的最终体重为 22.01 g 和 22.00 g，远大于密度为 8 尾 /m² 的中国明对虾的最终体重 13.3 g 和 13.0 g。对于中国明对虾的产量而言，密度为 8 尾 /m² 的产量为每公顷 210 kg，大于密度为 2 尾 /m² 的每公顷 181 kg。

实验结果表明，在刺参池塘混养 2～8 尾 /m² 中国明对虾对于刺参的影响较小，且中国明对虾的摄食、生长主要在刺参的夏眠季节，充分利用了夏季刺参养殖池塘中的空闲饵料，

获得了额外的中国明对虾产量。

在确定中国明对虾最佳放养密度时，不应仅考虑获取最大产量的放养密度，而更应考虑获取最大经济效益的放养密度。因此要参照市场上不同规格的价格来计算每个密度中国明对虾产值。综合考虑中国明对虾不同规格的市场价格（20～30尾/500 g价格为90元/500 g；40～50尾价格为70元/500 g）和产量，中国明对虾放养密度为4尾/m²时可获取更高的经济收益。

2. 刺参与栉孔扇贝混养的效果

刺参属底栖沉积物食性，不能直接利用水层中的饵料生物资源。扇贝是滤食性动物，可以滤食水中浮游植物，其产生的粪便或假粪沉降后还可成为刺参的饵料。Ren等（2012）实验检验了刺参与栉孔扇贝混养的效果。一年的养殖实验结果表明，混养处理刺参的体重增加190%，比单养处理的刺参生长快约1/3（$P<0.05$，表6-15）。池塘单养的扇贝与刺参混养的扇贝生长差异不大（$P<0.05$）。

表6-15　海参与扇贝混养的效果

时　间	混养刺参/（g/m²）	单养刺参重/（g/m²）	混养贝重/（g/cage）	单养贝重/（g/cage）
05/2008	75.3 ± 2.3 a	73.8 ± 2.0 a	281.6 ± 40.8 a	274.4 ± 34.1 a
04/2009	218.5 ± 6.9 a	164.0 ± 8.6 b	1151.2 ± 15l.7 a	1177.4 ± 136.8 a

注：SP-混养刺参，SM-单养刺参，ScP-混养扇贝，ScM-单养扇贝。

参贝混养处理水体总颗粒有机物TPM平均沉降通量为70.1[g/（m²·天）]，最高可达119.7[g/（m²·天）]，显著高于刺参单养处理的沉降通量（$P<0.05$），为单养水体的2～7倍。参贝混养处理的有机物、颗粒有机碳、颗粒有机氮和总磷沉降速率均显著高于刺参单养水体（$P<0.05$），说明栉孔扇贝滤食作用的确可显著加速池塘水体有机颗粒物的沉降，使刺参可利用的饵料资源增加。

3. 刺参综合养殖的环境效应

Li等（2011a，2013）研究了山东好当家集团一口120.2hm²刺参与海蜇、中国明对虾综合养殖池塘的物质收支。表6-16是其周年进水、排水和初级生产力情况。从该表中可以看出，该系统周年的TOC总输入为498 300 kg/年，其中光合作用固定的TOC占26.8%。该系统排水输出的总有机碳（TOC）为336 600 kg/年，是纳水输入TOC的92.7%，为总TOC输入的67.5%。这表明，刺参综合养殖是一个可对近海起到净化作用的系统或"肾"，因为其排放水比纳入水更干净！

表6-16　刺参综合养殖系统周年进水纳入和出水排出的 TOC 及初级生产量（单位：kg）

月	进　水	排　水	初级净生产力
4 月 Apr	12 850	11 400	4 563
5 月 May	75 260	67 430	12 190
6 月 Jun	44 870	40 290	26 080
7 月 Jul	78 470	81 840	28 650
8 月 Aug	62 400	65 210	24 660
9 月 Sep	33 320	31 390	18 860
10 月 Oct	6 286	5 543	6 708
11 月 Nov	7 182	5 648	3 060
12 月 Dec	7 610	6 316	1 106
1 月 Jan	6 030	3 728	1 810
2 月 Feb	6 202	3 716	1 766
3 月 Mar	10 490	6 625	2 040
4 月 Apr	12 230	7 464	2 107
总计 Total	363 200	336 600	133 600

　　该系统收获刺参 3 668 kg/ 年 TOC，收获对虾和海蜇共 714 kg/ 年 TOC。刺参收获的 TOC 为总输入 TOC 的 7.4‰，整个综合养殖系统收获 TOC 比单养刺参提高 18.9%。因此，该刺参综合养殖系统不仅是一个环境净化系统，也是一个很好的水产品生产系统。

　　该养殖系统的沉降物质 TOC 含量变化（见图 6-2）。可以看出，沉降物 TOC 含量在 9 月最大（31.3 mg/g），1 月最小。底泥中 TOC 含量呈现逐渐升高的趋势，从 4.6 mg/g 逐渐增至 13.3 mg/g。沉降物质中的 TOC 含量一直高于底泥中 TOC 含量。这与上表看到的大量 TOC 滞留在养殖系统是一致的。

　　当然，进一步加大该水体刺参的放养量或规格，并进一步提高对虾的放养密

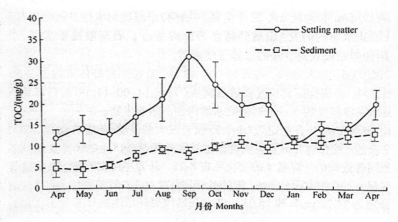

图 6-2　沉降物和沉积物中 TOC 含量的年变化

度、增加秋季到春季栉孔扇贝的放养，其经济和生态效率还会进一步提高。

根据 Li 等 2011 的计算，刺参 – 海蜇 – 对虾综合养殖系统氮和磷的总输入量分别为 139 600 kg/ 年和 9 730 kg/ 年；系统排水输出的氮和磷量分别约为 118 900 kg/ 年和 2 840 kg/ 年，分别仅为进水纳入氮和磷的 85.7 % 和 29.2 %。养殖刺参的氮和磷生产量分别是 889.5 kg 和 49.28 kg，海蜇和对虾的 TN 和 TP 产量分别是 204 kg 和 18.03 kg。综合养殖系统对输入氮和磷的利用率分别为 7.8 % 和 6.9 %，比刺参单养对输入氮和磷的利用率分别提高了 21.9 % 和 38 %。该养殖系统削减了进水中 14.3 % 的总氮和 70.8 % 的总磷。

第七章　现代养殖水体的生产力与养殖容量研究

　　养殖水域生态系统是一个人工干预程度较高的半自然生态系统，该系统中自然的物质循环和能量流动功能仍然在起作用，甚至起着主导作用。虽然集约化程度较高的养殖系统（如精养池塘、工厂化养殖、网箱养殖等）中自然生态过程仍在起作用，但由于养殖水体中放养动物的生物量如此之大，以至于自然的生产、消费和分解过程已无法维持其良好的生态平衡，因此必须进行人工干预以维持养殖生态系统结构和功能的稳定。而大水域（如湖泊、水库、海洋牧场）和粗养、半精养池塘系统中自然生态过程仍占主导地位，天然生产力对养殖产品的生产起着较大作用。

　　生产力和养殖容量是养殖系统对特定养殖生物的生产和承载性能，直接反映的是特定养殖系统质量的优劣。通俗地讲，在养殖生产中生产力所反映的是水体所能生产出的鱼、虾等经济产品的最大净生产量，而养殖容量则表征的是水体所能提供的最大毛产量。这两个指标对养殖生产具有重要的指导意义，了解这两个指标，可以明确特定水体对某种养殖生物的生产能力和特点，从而可以据此有针对性地指导具体的养殖工作，如放养量的确定、养殖过程中的日常管理、水质调控的方法等，从而有助于合理利用资源，提高经济效益。

第一节　养殖水域生产力和养殖容量及其影响因素

　　养殖水域的生产力和养殖容量概念是从生态学中种群生长的逻辑斯谛曲线（Logisticcurve）演化而来，只是养殖水体中放养的生物群体一般没有自然种群的补充过程，而且养殖生态学更关注养殖生物群体生物量的变化过程。

　　自然种群的 S- 型增长（sigmoid）基本符合逻辑斯谛模型，即：

$$\frac{\mathrm{d}N}{\mathrm{d}t} = \mathrm{r}N \times \frac{K-N}{K}$$

　　这一模型中有两个重要参数，即容纳量 (K) 及延伸出的拐点 (I)。在有限环境中一种群数量不可能无限增长，其增长会受到环境阻力，如饲料制约等。种群的增长最终会在容纳量 (K) 周围振荡，此时种群增长基本为零。另一重要参数是拐点 (I)，种群在此时的数量增长速率最大。对于渔业资源管理而言，将鱼类种群数量控制在此数量附近可获得最大持续渔获量。实践中，人们常将捕捞水平控制在使种群数量处在 K 与 I 之间。

　　养殖水体中放养的生物群体一般没有数量增长过程，但是养殖群体的生物量 (Biomass) 或现存量 (Standingcrop) 在增长，其变化特征如图 7-1 所示。本节下面将重点介绍综合养殖水体的生产力和养殖容量问题。

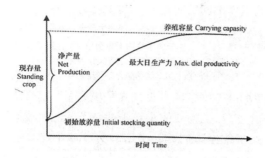

图 7-1 养殖水体中放养群体的现存量变化

1. 养殖水域的生产力

在生态学和水产养殖学中，生产力 (Productivity) 被定义为水体生产有机产品的能力或性能。本节中除初级生产力等术语外，一般所述生产力均是指养殖生产力，即水体生产鱼、虾等经济产品的性能。

养殖水体的养殖生物现存量变化很大。在养殖前期，养殖对象个体较小，现存量较小，食物和空间资源未得到充分利用，很多剩余的物质与能量未参加生产过程，其实际生产量不能真正体现出生产力。而在养殖后期，养殖对象已长大，现存量也可能过大，个体生长会受到抑制，摄食的能量大部分用来维持代谢消耗，其生产量也不能真正代表其生产力。

一般情况下，养殖水体中的放养群体没有个体数量的增长 (轮捕轮放是特例)，在养殖过程中养殖群体的质量或现存质量一直在增长，其生长曲线也类似 S 型曲线，即在拐点处养殖群体的个体或群体的瞬时特定生长率 (SCR) 最大，养殖群体的日增重率最大 (图7-1)。因此，此时的群体日增重率，即最大日增重率，可作为表征养殖水域生产力的一个参数。

当养殖群体的现存量越过此拐点后，个体或群体增重率开始减缓，但养殖个体的规格和现存量还在增加，直至达到养殖容量为止 (图7-1)。养殖规格是水产养殖生产中一个重要考量指标，通常规格越大单位质的价格越高。为获得更大的经济利益，生产实践中养殖群体的质量通常都会超过拐点后才收获。因此，水产养殖活动中，人们又常把年或季节净产量，即最大收获量与初始放养量的差值，作为养殖生产力的参数。

实际净生产量在数值上远小于最大日增重率乘以养殖天数的理论数值，这是由于养殖早期水体养殖生物现存量较低，会造成一定的水体饵料等资源浪费，后期又由于养殖生物现存量太大，呼吸消耗更多。从这个意义上讲，用日生产量最大值表征养殖生产力更能反映水体的属性。

水体的养殖生产力是养殖系统本身的一种属性，由水体的环境条件状况等多种客观因素决定，但也会受到特定的养殖种类、养殖方式等影响。养殖水体不同于天然水域，其中经济生物的结构通常较简单，而且受人为的影响较大，如放养量的大小、投饲、施肥及人工对环境条件的调控等，同样的水体不同的生产方式其生产力会不同。

2. 养殖水域的养殖容量

容量 (Carryingcapacity) 也称容纳量、负荷力、负载量等。对容量这一概念环境科学工作者和生态学者有着不同的理解。环境学者称其为环境容量，定义为"自然环境或环境要素 (如水、空气、土壤和生物等) 对污染物质的承受量或负荷量。环境中污染物浓度低于这一数值，人类和生物能耐受适应，不致发生病害，污染物浓度高于这一数值人类和生物就不能适应，并将发生病害"(辞海编委会，1979)。环境容量前还可冠以特定区域或类别，如海洋环境容量，即某一特定海域所能容纳的污染物的最大负荷量。生态学者对容量的理解也因其从事的研究领域不同而稍有差异。关心资源的学者定义容量为，"一个特定种群在一段时间，在特定的环境条件下，生态系统所能支持的种群的有限大小"(唐启升，1996)。有些学者直接将其称为生态容量、生态容纳量等。

水产养殖生态学关心的则是养殖生态系统的容量，即养殖容量。Carver 和 Mallet(1990) 将养殖容量定义为"在生长率不受负影响下，达到最高产量的放养量"，即图 7-1 中所示的日生产力最高时所对应的养殖生物现存量。另一类概念则是将养殖生物的生长率或生产量接近零时对应的现存量或生物量定义为养殖容量 (Hepher&Pruginin，1981)，即图 7-1 中所示的养殖容量。李德尚等 (1994) 将水库对网箱养鱼的负荷力 (养殖容量) 定义为不至于破坏相应水质标准的最大养殖负荷量。

生产实践中应用的养殖容量应该位于图 7-1 中最大日生产力和"养殖容量"对应的现存量之间。太靠近"养殖容量"时，会由于"呼吸"作用远强于"生长"作用而造成食物资源的浪费和环境污染。通常，由于养殖生物收获的规格越大单位质量产品的价格越高，因此，生态学上最佳的最大日生产力处的现存量不会是养殖生产的最佳"养殖容量"。

从养殖生产方面的要求和以上各学者所给的养殖容量的定义可以看出，容量的概念与研究的目的有关。Caughley(1979) 在研究草食动物与植物种群关系时就将容量分为生态容量 (Ecologicalcapacity) 和经济容量 (Economiccapacity)，前者指无人为干预下草食动物生物量所能够达到的大小，相当于图 7-1 中所示的养殖容量，后者则指可以持续收获食草动物最大产量的平衡点，相当于图 7-1 中所示的日生产力最高时对应的养殖生物现存量。Inglis 等 (2000) 在研究贻贝的养殖容量时将养殖容量分为 4 个层次：第一层次是物理性养殖容量，即物理空间和条件 (如水体大小、区位、水深等) 所能允许的养殖容量；第二层次是生产性养殖容量，即可以持续获得最大产量的放养密度；第三层次是生态性养殖容量，即对生态系统无显著影响的养殖规模；第四层次是社会性养殖容量，即对其他人类活动和视觉景观无显著影响的养殖规模。

由此可见，养殖容量概念所涉及的范围与养殖环境条件、水体的功能、经济目标等多种因素有关。因此，确定一个养殖区或养殖水体的养殖容量时必须考虑经济因素，即确保在特定时间养殖群体中的个体生长到一定的商品规格，同时，在获得较高养殖产量和养殖效益的同时还应考虑养殖活动不致对周围环境、人类的其他活动构成直接或潜在的危害。

笔者曾将养殖容量定义为：单位水体内在保护环境、节约资源和保证应有效益的各个方面都符合可持续发展要求的最大养殖量 (董双林等，1998)。在具体研究时，养殖容量内涵的侧重点可以有所不同。对于养殖水域使用权的申请和规划可以侧重物理因素和社会因素，即物理性和社会性养殖容量，而对于生产中确定放养量、管理措施等则可侧重环境因素和经济因素，即生态性和生产性养殖容量。例如，在有供饮用水任务的水库开展网箱养鱼，我们最关注的就是养殖活动对水质的影响，因此李德尚等 (1994) 就将其养殖容量定义为不至于破坏相应水质标准的最大养殖负荷量。

第二节　综合养殖池塘的生产力

根据水域类型的不同，其生产力的研究方法有多种。池塘生产力可用年或季节净生产量作为其生产力的估计值，也可用测定日最大生产量作为其生产力的表征值，还可用统计方法建立环境参数与生产力关系的经验公式加以估算。大型养殖水域生产力的估计，可根据饵料生物量或初级生产力推算，也可根据鱼产量与某些非生物变量的相关性来估计，还可使用等级法评估其生产力。下面仅介绍本书作者及团队关于海水池塘中国明对虾综合养殖模式的生产力研究结果。

王岩等（1998) 在山东海阳使用了 26 个 25 m^2 陆基围隔研究了中国明对虾与红罗非鱼混养系统的生产力。对虾设 3 个密度，红罗非鱼设 4 个密度，每一处理两个重复，实验期间不换水。实验持续 95 天。

实验结果表明，红罗非鱼放养对中国明对虾的成活率无显著影响。但是，当对虾的放养密度增至 6.0 尾 /m^2 和 7.5 尾 /m^2 时，混养红罗非鱼水体中对虾出塘规格和产量比单养对虾规格和产量分别提高了 6.23 % ~ 10.83 % 和 20.15 %。

在该实验的放养密度范围内，对虾的密度对成活率无显著影响。当对虾的放养密度为 4.5 尾 /m^2 和 6.0 尾 /m^2 时，对虾的出塘规格差异不显著，但当对虾密度增至 7.5 尾 /m^2 时，其生长速度减缓，规格下降。对虾密度为 6.0 尾 /m^2 时，其平均产量最高，为 513.4 kg/hm^2。

实验结果还表明，对虾密度较低时 (4.5 尾 /m^2)，以单养对虾 (1 号围隔) 的生长速度最快，成活率最高，当然产量也最高。这说明对虾放养密度低时，红罗非鱼对中国明对虾生长无显著影响。而当对虾密度增大到 6.0 尾 /m^2 时，对虾的生长速度随放养红罗非鱼密度的增加而加快，成活率和产量也逐渐增高。当红罗非鱼放养生物量高于 300kg/hm^2 时，对虾的生长速度、成活率和产量显著提高。

通过对罗非鱼不同放养方式对中国明对虾的影响表明，散放红罗非鱼对鱼的生长有利，但对对虾有一定的影响，这是因为散养的罗非鱼会与对虾争抢饲料，并可能会伤害对虾。

通过实验期间各处理中对虾净产量的变化情况，可以看出，每一处理在实验早期 (虾规

格较小时) 平均日净产量较低，后期较高。单放养对虾 75 000 尾 /hm^2 和放养对虾 60 000 尾 /hm^2 并配养红罗非鱼 3 200 尾 /hm^2 的两个处理，对虾在 8 月 25 日的净产量最高，达 1.11g/(m^2·天)。

在投饲不增氧的情况下，放养体长 2 ~ 3cm 的对虾 60 000 尾 /hm^2 和体重 75 ~ 100g 的红罗非鱼 3 200 尾 /hm^2 时，对虾生长较快，成活率和产量最高，毛产量为 585.5 kg/hm^2，净产量为 552.4 kg/hm^2；不同养殖结构下对虾的生产力差异很大，范围为 0.50 ~ 1.11 g/(m^2.天)。最佳养殖结构下对虾的生产力最高，达 1.11 g/(m^2.天)；从以上结果还可以看出，生产力与养殖结构有关，对虾与红罗非鱼的配比不同其生产力也不同。

如果用生物量最大变化率标准评定，该养殖方式下池塘的对虾养殖生产力为 l.11 g/(m^2.天)；如果用实验期间最大净产量标准评定，该池塘对虾生产力为 552.4 kg/hm^2。1.11 g/(m^2.天) 只具有生态学意义，其含义是如果 95 天都以此速度增长，净产量可达 1 054.5 kg/hm^2，在现在的养殖模式下这是不可能实现的理论预期。

另外，我们还进行了中国明对虾 – 红罗非鱼不投饲养殖，以及中国明对虾 – 海湾扇贝、对虾 – 红罗非鱼 – 缢蛏养殖结构生产力的研究 (李德尚等，1999)，其结果是，生产力还与养殖方式、养殖种类关系密切。投饲半精养条件下 (不增氧) 对虾 – 红罗非鱼 – 缢蛏的最佳养殖结构的对虾生产力可达 1.24 g/(m^2.天)。另外，放养密度更高的凡纳滨对虾 – 青蛤 – 江蓠混养结构的生产季节平均生产力可达 2.68 g/(m^2.天)(王大鹏等，2006)。

必须指出，该实验中得出的生产力，只是以对虾来估计的，而不是把综合养殖在一起的其他种类都计算在内的总生产力，如果将对虾 – 罗非鱼 – 鲈鱼养殖系统中的罗非鱼与鲈鱼的生产力加在一起，可以达到 3.59 g/(m^2.天)。

第三节　综合养殖水域的养殖容量

董双林等 (1998) 对养殖容量的理解是：养殖容量是单位水体内在保护环境、节约资源和保证应有效益的各个方面都符合可持续发展要求的最大养殖量。养殖容量所反映的是水体所能提供的最大毛产量，它是水体的固有属性，除社会因素、物理因素等外，主要受养殖水体的水文状况、养殖种类、养殖方式等影响。

由于具体养殖活动所处水体、养殖种类的不同，具体的养殖容量内涵也会不同。不同内涵养殖容量的估计方法也会有差异。不同类型和大小的养殖水体其人为可控程度不同，人们对其养殖容量的研究精度也不同。下面将就作者所在实验室开展的水库和海水池塘养殖容量研究结果加以简要介绍。

1. 水库对投饲网箱养鲤的养殖容量

李德尚等 (1994) 在山东省东周水库用 18 个 14.3 m^3 的围隔组成围隔群，以鲤为材料，研究了水库对投饲网箱养鱼的负荷力 (养殖容量)。该水库为中一富营养型的丘陵水库，库容

为 $65.50 \times 10^6 \text{ m}^3$，水域面积约为 800 hm^2，平均水深约为 8m。该水库未受工业或生活污水污染，在养鱼生产中也未采取投饲或施肥措施。

实验设 6 个处理，其中 A 组为对照组 (不养鱼)，B 至 F 组为实验组，按不同密度养殖体重 50 ~ 60 g 的建鲤。5 个实验组的放养量依次为：0.76 kg/m^2、0.38 kg/m^2、0.25 kg/m^2、0.19 kg/m^2 和 0.15 kg/m^2。每个处理设三个重复。网箱养鲤生产使用配合饲料，实验持续 34 天。

该研究主要着眼于以灌溉和养鱼为主要用途的水库，所关注的主要是有机质污染问题，也就是有机质负荷是否超过渔业水质要求问题。水库的网箱养鱼容量是指符合我国渔业水质标准 (GB11607-89) 的最大网箱养鱼负荷量。这一负荷量可用养鱼网箱的总面积 (以网箱毛产量 750 000 kg/hm^2 为计算标准) 对水库总面积之比，简称面积比，或者以网箱养殖的鱼类平均到水库总面积上的现存量 (简称载鱼量，kg/hm^2) 表示。在实验中跟踪观测各围隔的水质变化。当水质符合渔业标准的各实验组水质基本稳定时，其中载鱼量最大的一组即代表负荷力。

实验期间各围隔下午的透明度变化幅度在 50 ~ 180 cm，不同处理间差异显著。各处理的透明度与各处理的载鱼量成负相关关系。各处理 pH 变化范围为 7.0 ~ 8.6，未超出渔业水质标准的规定。各处理间的差别与载鱼量呈负相关趋势。这与载鱼量较大的围隔投饲量也较大，因而有机质负荷量较高有关。各处理的化学耗氧量的变化范围为 2.30 ~ 7.14mg/L，各组间差异显著，与载鱼量呈正相关，显然这也与载鱼量大的围隔投饲量大有关。

该实验的结果表明，仅从水质角度考虑该水库对投饲网箱养鱼的容量为 3 096 kg/hm^2，而从水质和养鱼效益综合指标角度评比，其养殖容量应为 2 594 kg/hm^2。鉴于最佳养殖容量要小于最大养殖容量及养鱼生产中网箱不可能完全均匀分布，同时也考虑到大水域污染的危害性，建议将实验结果加上 25 % ~ 35 % 的安全系数，即以 1 800 ~ 2 300 kg/hm^2 或面积比 0.24 % ~ 0.30 % 作为生产中使用的推荐标准。

该结果只是现场实验围隔的研究，实践中可以根据实际进行调整。如果所研究的水库水较深、水交换率较高、营养水平较低、水面较开阔时，可以适当调低安全系数。

2. 海水池塘对虾养殖的养殖容量

1998 年，刘剑昭等 (2000) 在山东省海阳利用 15 个陆基围隔 (5 m × 5 m × 1.2 m) 研究了海水池塘中国明对虾与红罗非鱼综合养殖的养殖容量。实验共设 5 个养殖密度处理 (表 8-1)，每处理设三个重复。每一处理的中国明对虾与红罗非鱼的设计毛产量之比为 1 : 0.3。海水盐度为 30，投饲，无人工增氧，实验期间不换水。养殖实验持续 90 天。

表 7-2 是各处理组的收获情况。从表中的数据可以看出，对虾的放养密度与收获时的规格呈反相关，即放养越密收获规格越小。D 处理与 A 和 B 处理对虾的收获规格差异极显著。C 与 E 处理的虾规格差异不显著。D 处理组对虾产量最高，达 1 455.5 kg/hm^2，其与 C 和 E 处理的产量差异显著。对虾的成活率基本上是随着养殖密度的增加而下降，但其饲料系数却随放养密度增加而上升。从表 7-1 中的数据还可看到，红罗非鱼的产量随其放养密度的增加而增加。

表 7-1　各处理组的放养情况

处　理	对虾规格 /cm	对虾放养量（ind./hm²）	红罗非鱼规格 /g	红罗非鱼密度 /（ind./hm²）
A	3.61 ± 0.32	28 000	108.3 ± 62.92	400
B	3.61 ± 0.32	56 000	96.67 ± 20.21	800
C	3.61 ± 0.32	84 000	168.34 ± 16.08	1 200
D	3.61 ± 0.32	112 000	110.84 ± 221.84	1 600
E	3.61 ± 0.32	140 000	170.00 ± 87.20	2 000

表 7-2　各处理组的收获情况

处理	虾规格 /cm	虾成活率 /%	虾产量 /（kg/hm²）	虾饲料系数	鱼规格 /g	鱼产量 /（kg/hm²）
A	11.5 ± 0.2	94.29 ± 22.99	473.2 ± 123.2	1.46 ± 0.05	500 ± 66	200 ± 27
B	11.3 ± 0.1	85.00 ± 5.01	872.2 ± 21.8	1.63 ± 0.08	375 ± 25	300 ± 100
C	11.2 ± 0.4	83.34 ± 12.09	952.3 ± 291.2	1.79 ± 0.14	468 ± 70	561 ± 84
D	10.6 ± 0.2	85.83 ± 6.51	1 455.5 ± 97.0	1.81 ± 0.25	448 ± 110	742 ± 142
E	10.0 ± 0.5	75.58 ± 9.29	1 142.8 ± 168.1	2.24 ± 0.51	463 ± 39	925 ± 55

表 7-3 是实验期间各处理对虾平均生长率 (% / 天) 变化情况。表中的数据显示，前期对虾 (小规格) 的生长率大于后期 (大规格) 的生长率，而且总体上看，放养密度较小的处理组平均生长率较高。

表 7-3　实验期间各处理对虾平均生长率（ % / 天）变化

处　理	时　间 /（天 /m）					
	2/7 Jul.2	17/7 Jul.17	1/8 Aug.1	6/8 Aug.6	31/8 Aug.31	14/9 Sept.14
1	8.53	4.40	3.11	2.36	3.01	1.69
2	8.60	4.33	3.77	1.59	2.40	2.07
3	8.16	3.99	3.17	2.47	2.32	1.86
4	7.60	4.49	2.97	2.24	2.94	1.36
5	8.13	3.66	3.23	2.34	2.45	1.33

养殖效果可以用多个指标进行评判，如生物学效果综合指数、养殖效果综合指数等。生物学效果综合指数（SI）可定义为对虾毛产量（Y）、养成规格（S）和饲料效率（K）三者相对值的几何平均数，即 $SI=(Y \times S \times K)^{1/3}$。生物学效果综合指数还可用相对值表示，即将某一处理（对照）作为 100 进行计算。

养殖效果综合指数（CI）可定义为生物学效果综合指数（SI）、纯利润（P）和产出投入比（R）三者的几何平均数，即 $CI=(SI \times P \times R)^{1/3}$。养殖效果综合指数也可用相对值表示，即将某一处理（对照）作为 100 进行计算。

由表 7-3 可看出，各实验组对虾的生长在养殖后期都变慢，其中 D 和 E 实验组对虾生长变慢现象尤其显著，几近停滞。某一实验组满足养殖容量的评判标准，所以可将某一实验组的毛产量（中国明对虾 1 456 kg/hm²，红罗非鱼 742 kg/hm²）作为该实验条件下池塘的养殖容量。

该实验中所有指标都是一致的，如果各指标出现不一致时，则可根据具体情况进行选择。

第八章 我国"互联网＋水产养殖"发展现状与路径研究

"互联网＋"作为国家发展战略正与我国渔业进行广泛而有深度的融合，"互联网＋水产养殖"已呈现出加速发展的态势，这对促进我国渔业转型升级，实现渔业转方式调结构的发展目标具有强大的推动作用。本节在阐述"互联网＋水产养殖"内涵的基础上，从互联网与水质环境监测、水生动物疾病诊断、渔情信息动态采集、水生动植物病情测报、水产品质量安全追溯监管、渔技服务、金融保险等水产养殖的生产、管理、服务方面入手，分析了我国"互联网＋水产养殖"的发展现状。

当前存在的主要问题是认识不足、缺少投入、重复开发、人员素质较低等，建议从认识水平、投入机制、开发规范、扶持政策方面加以着力，建设相关标准体系、运行体系、应用体系、保障体系、管控体系、大数据平台以及基础网络、综合办公系统，推动我国"互联网＋水产养殖"进一步向前发展。

"互联网＋"一词是于扬在"2012易观第五届移动互联网博览会"上首次提出的，他认为世界上任何传统行业和服务行业都应该被互联网改变。2013年，马化腾提出"互联网＋"是通往互联网未来的7个路标之一。随后，"互联网＋"与传统产业融合发展具有广阔前景和无限潜力，将会创造新的产业发展生态的看法逐渐得到社会认同。2015年，中国将"互联网＋"提升为国家发展战略，制定了"互联网＋"行动指导意见，确定了"互联网＋"背景下11个重点发展领域。现代农业作为11个重点发展领域之一，提出要利用互联网提升农业生产、经营、管理和服务水平，促进农业现代化水平明显提升。

水产养殖业作为现代农业的一部分，也迎来了良好的发展机遇。

第一节 "互联网＋水产养殖"的内涵

"互联网＋"是指以互联网为主的新一代信息技术（包括移动互联网、云计算、物联网、大数据等）在经济、社会生活各部门的扩散、应用与深度融合的过程，其本质是传统产业的在线化、数据化。水产养殖作为最传统的产业之一，在"互联网＋"的发展趋势中潜力巨大。"互联网＋水产养殖"指的是运用移动互联网、云计算、物联网、大数据等新一代信息技术，对水产养殖产业链生产、管理以及服务等环节改造、优化、升级，重构产业结构，提高生产效率，把传统水产养殖业落后的生产方式发展成新型高效的生产方式。"互联网＋水产养殖"中的"＋"并非两者简单相加，而是基于互联网平台和通讯技术，传统水产养殖业与互联网的深度融合，包括生产要素的合理配置、人力物力资金的优化调度等，使互联网为水产养殖智能化提供支撑，以提高生产效率，推动生产和经营方式变革，形成新的发展生态。

根据所涉及的环节与领域的不同，"互联网 + 水产养殖"的发展类型归纳起来主要有三种：一是在养殖生产领域的智能化水产养殖模式，凭借各种传感器，运用物联网技术，采集养殖水质、养殖生物等有关参数信息，给养殖者决策提供信息，实现饵料、鱼药精准投放，随时操作工具设备，以最小人力、物力投入获取最大收益；二是在养殖管理领域的智能化养殖管理模式，主要是运用先进的信息化手段，完整、准确地采集各项信息，并进行大数据分析，为行政管理决策提供基础支撑，该类型多由行政管理机构主导开发；三是在养殖服务领域的智能化养殖服务模式，运用电子商务平台为养殖生产提供生产物资购买、产品销售、技术培训以及保险与金融服务，将养殖保障内容延伸到养殖活动的上下游。

第二节 "互联网 + 水产养殖"的发展现状

水产养殖是最为传统的产业之一，互联网信息水平并不高。通过与"互联网 +"结合，运用物联网、大数据、云计算等技术，可以大幅提高水产养殖业的生产、管理、服务等环节的效率，促使生产方式从落后向高效转变。

近年来，"互联网 + 养殖生产""互联网 + 养殖管理""互联网 + 服务"等方面都取得了长足进步，改变了水产养殖相对落后的生产状态，大幅提升了产业发展的技术含量和信息化水平。

在推动"互联网 + 水产养殖"过程中，也暴露出了很多问题。"互联网 + 水产养殖"作为一种新的经济形态，普遍存在认识不足的情况，不能很好地把握相关内涵。"互联网 +"要依靠多种技术手段和智能化设备，水产养殖企业对此的投入不足，未来还需要进一步加大税收减免、价格支持等力度，引导和激励企业进行"互联网 +"改造。然而，政府起到的作用较为有限。在"互联网 + 水产养殖"深度融合过程中，政府的作用至关重要，如引导各方力量合理有序开发、提高养殖人员业务能力、出台金融等扶持政策等。以目前发展来看，政府的作用还有不少提升的空间。

总体来说，"互联网 + 水产养殖"是现代渔业的主要发展趋势之一，未来仍会继续广泛而深度地融合。"互联网 + 水产养殖"的推进，也将帮助渔业转型升级，实现渔业转方式、调结构的发展目标。

水产养殖业作为农业的重要构成部分，依靠互联网则意味着提升该行业信息化和智能化水平，改变过去比较落后的生产方式，这实际上是市场及该行业自身发展的必然要求。互联网发展时代工业化养殖条件下，水质环境控制正向以自动化、智能化和网络化为主的方向发展，这也是生产发展的必然趋势。近年来，水产养殖在水质环境监测、水生动物疾病诊断、渔情信息动态采集、水生动植物病情测报、水产品质量安全追溯监管、渔技服务、金融保险等渔业生产、管理、服务等方面逐渐与互联网融合，改变了水产养殖相对落后的状态，有效提升了产业发展的科技含量。

1. 互联网 + 养殖生产辅助系统

1.1 自动监测养殖水质环境监测系统

水体受到污染，水质富营养化，这对水产养殖业是非常不利的。在处理和解决这一问题的过程中，各水产养殖利益主体积极采取的行动就包括利用互联网对区域的水体、土壤等进行监测，并利用配套仪器控制和调节鱼虾养殖的水、土壤等环境。互联网技术和配套的监测仪器（水质分析仪、增氧机等）相互配合，即可获知水温、浊度、pH、COD、BOD等相关参数，再进一步控制和调节鱼虾生存环境。水质环境自动监测系统一则可为综合评价水功能区的水环境提供基础性数据，二则可迅速发现突发性水质污染事故或天灾，将水域异常水质情况、污染传播源及影响规模通过系统的通信网络传至控制中心，为决策部门把握灾害的性质状态，从而制定灾害的防治对策提供依据。本系统依托计算机的水质分析仪器，通过计算机控制分析数据的采集与处理，实现分析过程的连续、快速、实时、智能；同时，根据设定的控制参数，控制水质调节系统，达到控制养殖水质，营造最佳的养殖环境的目的。养殖户可以通过手机、计算机、掌上电脑等信息终端，及时了解养殖水质环境信息，并根据水质的监测结果来分析养殖环境中各因素，根据分析结果建立和优化养殖对象的最科学的养殖方式。

1.2 远程辅助诊断水生动物疾病系统

该服务系统包括辅助诊断、远程会诊和预警预报三部分。水生动物疾病远程辅助诊断就是首先对患病水生动物的宏观大体图像、显微图像进行数字信号采集，并结合一定的临床表现描述和养殖水体性状，比如温度、pH值、溶解氧、氨氮、微生物等，通过系统自带的上百种水生动物常见疾病的诊疗方法，进行对比分析，可以自动得出相应的初步诊断结果和诊疗方法，有专业的参考作用。

全国水产技术推广总站为了使基层养殖户获得水生动物常见疾病科学防控知识和帮助养殖户进行精准诊断，建立了"水生动物疾病远程辅助诊断服务网"，组织了国内知名水产专家在"远诊网"在线开展会诊，解答养殖户咨询。"远诊网"设有常见疾病、自助诊室、专家诊室、预防控制四个栏目。"远诊网"建立了常见疾病自助诊断数据库，方便基层养殖户和技术人员通过对照症状、图片对水声动物病情进行诊断。养殖户在遇到一般疾病时，可以通过自助诊室输入相关的信息和症状，系统会给出相关的结果和防治措施。在遇到难以解决的病症时，可以通过专家诊室在线选择专家进行诊断。"远诊网"创新了技术推广服务方式，充分发挥和利用了专家资源，对减少水生动物病害损失、促进渔民增收发挥了重要作用。养殖户通过"远诊网"的服务终端和中国水产的微信平台都可以进行在线诊断，"远诊网"也利用互联网的及时、方便、快捷为基层养殖户进行了有效的服务。

2. 互联网 + 养殖的管理分析

2.1 全国养殖渔情信息动态采集

所谓信息在管理上，是决策之基、规划之源；在生产上，信息就是生产力。信息采集工作是渔业部门的重要基础性业务，关系到宏观决策的准确性和微观市场主体行为的科学性。全国养殖渔情信息采集系统利用物联网、云计算等现代信息技术，对产量、面积、投苗、成本、价格、收益、病害以及支渔、惠渔政策等内容进行自动采集和分析。

国家的层面基本有五套系统。一是全国渔业统计系统。主要是全面统计，以抽样调查、重点调查、动态采集以及卫星遥感调查等为辅助调查方式；二是养殖渔情信息采集。在全国200多个定点县建立了740多个采集点，能及时跟踪收集养殖信息；三是海洋捕捞动态采集。确立了250多条信息渔船及数千艘调查渔船，能及时了解捕捞生产和资源变化的情况；四是水产品市场信息采集系统。以全国80多家重点批发市场作为信息采集定点单位，能对250多个水产品种的600多个规格进行价格监测；五是水产品进出口贸易信息采集系统。能自动采集海关数据库数据，形成分析报告。

2.2　全国水产养殖动植物病情信息采集

水产养殖动植物病情信息采集，是由国家组织实施开展的。对水产养殖动植物病害的主动监测，是通过对病害的诊断与流行程度的确认，反映养殖对象病害发生状况，并综合分析提出发病趋势预测和预警的全过程。全国水产养殖动植物病情测报工作于2000年启动，2015年开始搭建全国水产养殖动植物病情测报信息系统，运用数据库技术、地理信息系统技术和网络技术，构建了一套包括数据采集、存储、管理、应用及信息汇总分析的应用系统，依靠原有五级测报工作体系，由测报点完成基础测报信息的上报工作，国家、省、市和县四级测报机构对辖区内测报点的原始信息进行自动汇总、图表分析，实现条件查询功能，自动生成当月病害测报表。水产养殖动植物病情信息采集对于及时了解水产养殖病害的流行情况和采取相应的防治措施，减少病害造成的损失发挥了重要的作用。

2.3　对水产品质量的安全管理与监督

随着国家对食品质量安全的重视，互联网在水产品质量安全上也逐渐地推广使用。水产品质量安全监管与追溯平台于2011年启动开发，由全国水产技术推广总站、中国水产科学院等单位组成创建的全国水产品质量追溯及身份证识别系统已经在水产养殖过程中使用，可实现养殖水产品"来源可查询、去向可追溯、责任可追究、产品可召回"的质量安全监管目标。通过建立一套完整的水产品养殖监督体系，把育苗、养殖、捕捞、加工、销售和检测等环节信息进行实时记录，对水产品各生产环节进行安全监控。重点记录品名、生产企业、生产基地、投苗时间、投苗数量、投喂饲料、使用鱼药、上市时间数量、存塘量等养殖流程关键要素，形成水产品质量安全信息追溯数据库，消费者根据所购买商品的追溯码信息查询水产品溯源信息。这不仅增加了信息的透明度，也增强了消费者安全消费的信心，为消费者餐桌上的安全增添了一份保障。在使用的过程中，结合当前"互联网＋"思维，对水产品追溯系统进行升级改造，开发手机客户端系统，增加简单易用、适合中小规模企业使用习惯的追溯管理功能，提高水产品追溯系统应用推广的灵活性和普遍性，从而进一步加强对水产品企业的追溯管理。

2.4　制定水域滩涂养殖证制度

该制度进一步完善了我国水产养殖业管理制度，科学利用水域滩涂从事水产养殖生产，维护了养殖生产者的合法权益，保护渔业水域生态环境，保障水产品质量安全，促进了水产养殖业持续健康发展。

养殖证是判断水域滩涂的养殖使用功能的基础依据。当水域滩涂因国家建设及其他项目征用或受到污染造成损失时，养殖者可凭养殖证申请补偿或索取赔偿。渔业污染事故调查机构应以养殖证为受理案件的基础，养殖证登记内容是调查处理事故的重要依据。水产养殖生产者要持养殖证方可申请苗种生产审批、水生野生动物驯养繁殖证、水产品原产地证书、无公害农产品基地资格等，并享受国家税收等方面的优惠政策。持证人应遵守有关法律规定。在使用水域滩涂从事养殖生产时应按规划合理布局，科学投饵、用药，不得造成水域环境污染，并严格按照养殖证所规定的养殖区域、类型、方式等内容进行生产活动。

3. 互联网＋服务建设分析

3.1 水产商品的网络销售与管理

随着网络信息的扩大，人们对信息的传播不仅仅局限于广播、电视和报纸等传统媒体，开始大量地使用网络进行信息的发布和获取。

在销售方面，养殖户通过互联网就能了解到各地的渔情信息，了解到该养哪种水产品，怎么养，怎么推广销售。电商、微商的横空出世更让养殖户们可以足不出户就了解到各地水产品市场的供需情况和交易价格，养鱼户也可以在家中进行水产品的交易。现在一些网络公司和鱼药厂商也建立了许多网络平台，给养殖户提供养殖生产、鱼病、鱼药、鱼情等各方面的信息，使养殖户用电脑或手机在互联网上就可以得到自己所需求的信息。养殖户也可依托水产品电商平台购买和销售水产品及各类水产养殖投入品。

从管理方面来看，水产养殖业利用互联网，一方面可以调整发展管理模式，另一方面可以针对水产养殖中非法行为及现象进行管理。以上互联网在水产养殖管理方面的应用可取得较好的效果。在发展管理模式上，互联网具有强大的及时性和便捷性，使得养殖业产前、产中和产后服务最优化。关于水产养殖中非法行为及现象的管理，主要是指监管部门对水产养殖的相关信息进行更加系统的管理，同时对养殖产品的质量进行把关，对养殖中发生的非法行为如盗捕等进行监管，由此保障养殖户的利益，为其发展保驾护航。

3.2 水产养殖技术的指导服务

水产养殖技术指导服务是运用现代信息技术和大众传媒手段，不断改造和提升技术推广服务方式和手段，拓展服务领域，为广大渔技人员和各级政府提供更为及时、准确、便捷的信息服务。

3.3 水产养殖金融、保险服务

水产养殖业具有投资大、见效快、效益好的特点，是繁荣经济、促进养殖从业人员增收致富的重要产业。但水产养殖业的风险较大，过去全部由企业和养殖户承担。水产养殖金融、保险服务为养殖单位提供低成本、无抵押和快捷、简便的信贷服务，降低融资成本，同时提供多种形式的理财和保险服务，增加收入来源，降低养殖风险。开展水产养殖金融、保险服务，是市场经济发展的必然要求；是建立健全水产业支撑保护体系，完善互联网平台金融服务，推进现代水产业发展的重要途径。

第三节　问题与对策

1. 问题

1.1 认识不足的问题

加快推进"互联网＋"行动已势在必行。当前互联网与各个行业的融合发展已经成为一个不可阻挡的世界潮流，互联网时代已经到来。从目前情况看，推进"互联网＋"面临着一些从业者对其认识不足的问题，业内各方包括从业传统、经营方式、经营理念、思维惯性等因素的影响，导致从业者对"互联网＋"的概念认识不深，仍然有怀疑和抵触的心态，主观上还不能够认识到水产养殖业与互联网的时代发展关系，认为把水产养殖扯上互联网是一种作秀，华而不实；认为"互联网＋"硬件建设投入成本较大，资金收回周期较长，中小型养殖企业难以承受；认为水产养殖是传统行业，不适宜搞"互联网＋"。这充分说明了从业者们对互联网的认知、了解还不够深。

1.2 技术融合的问题

近几年我国宽带网络发展很快，已具备了较好的发展基础，但确实也存在网速相对较慢、网费偏高的问题，会使基层养殖户认为是没必要的投入。此外，还有标准规范不完善、水产养殖服务型人才匮乏、数据资源开放不足等，这些问题都是推动"互联网＋"行动的制约因素，也无法充分发挥水产养殖技术与互联网的有效融合，更不能激发从业者的积极主动性，无法突出水产养殖市场需求对技术、产品、模式、业态向互联网靠拢的导向作用，使从业人员无法认识到互联网对养殖技术的发展带来的实用价值，使"互联网＋"行动的实施创造无法发挥对技术支撑的作用。

1.3 服务系统的重复开发问题

水产养殖的整体过程会涉及很多管理及服务系统，目前由于系统标准及系统接口的不统一，信息共享存在困难，不利于大数据的建立和共享，更导致了水产养殖服务系统建设的混乱，出现了重复建设、资金浪费的现象。

1.4 人员技术水平不高

"互联网＋"是一种新的经济形态，在水产养殖业的应用在我国还属于新兴事物，是我国水产养殖业创新和发展的时代动力，也是形成水产养殖业更广泛的以互联网为基础设施和实现水产技术发展的新形态。由于我国广大养殖户的平均年龄偏大，文化水平和接受能力有限，基层的渔技人员平时对互联网的技能使用也不多，接触少，更加缺乏参与互联网建设和渔业大数据等专业知识的培训机会，对"互联网＋"相关设备的操作使用与维护能力不足，对于一些相对复杂的操作设置容易出现失误，影响了使用效果，致使广大从业者对其体验度不高，使整体人员素质的提升较为困难。

2. 对策

2.1 创新思想认识，破除陈旧观念

作为水产从业者、服务者、技术开发研究者、渔业主管部门等，我们担负着水产养殖技术创新、开发与应用的时代重任，如何把本职工作做好并能适应互联网时代的到来，这是值得我们去思考和实践的问题。要不断地学习，解放思想，破除传统陈旧养殖观念，积极探索实践，牢固树立"互联网＋水产养殖"发展思维，做好顶层设计；使用者要充分认识到"互联网＋水产养殖"是行业未来的发展方向，要学习、培养"互联网＋"思想意识，用"互联网＋"的思维解决养殖生产中的各类问题。

2.2 建立长效投入机制和互联网技术监管平台

发展"互联网＋水产养殖"，要建立长效投入机制，进一步强化基础设施，创新机制、提高监管能力，排除风险隐患，解决好突出问题。由于设施及设备成本比较高，只靠个体和合作力量难以推动，动力也不足，因此政府的支持才是推动"互联网＋水产养殖"的根本条件之一。同时，要研究和开发供不同主体使用的全程信息管理系统，依托养殖示范区建立全程质量安全溯源体系。针对目前我国无公害渔业产品认证纸质文档申报与审查成本高、效率低、不易检索、统计困难等弊端，以智能客户端为基本架构模式，研究和开发无公害渔业产品认证数字化管理信息平台。建立产业链地理信息数据库和区域性产业链物流信息交换平台；建立产业链养殖环境信息数据库、产品质量安全信息数据库和产业链物流信息交换平台，建立产业链可追溯信息系统；建立产业链信息采集、分析、发布平台；开发基于混合条码技术的产地认证、产品标识、产品品质和质量安全等产业链信息溯源技术；建立符合我国实际的养殖环境评价技术，建立三聚氰胺等添加剂和有害污染物毒理学评价和代谢动力学研究方法，填补国内空白，为后续的研究提供技术基础等，推进物联网、云计算、移动互联、3S等现代信息技术和农业智能装备在渔业生产、经营领域的示范应用，引导和激励渔业企业、专业合作社运用信息化手段发展养殖生产。

2.3 建设水产养殖投入品安全评价与产品质量安全体系

组织实施"水产养殖投入品安全评价与产品质量安全体系建设"项目，是解决制约我国水产养殖品质量安全的关键技术问题，充分发挥"互联网＋水产养殖"的优势，集成国内外先进技术，实现水产养殖从单纯产量型到质量效益型转变的重大迫切需求，对保障我国水产养殖业健康可持续发展，提高产出效率和产品竞争力，增强水产品质量控制的自主创新和集成创新能力等方面都具有重大意义，也是实现现代"互联网＋水产养殖"持续发展的需要。

2.4 提高养殖、服务人员业务能力

要加强对水产专业人员、养殖业者对"互联网＋水产养殖"的知识更新培训，使其逐步掌握"互联网＋水产养殖"新技术，并运用到实际生产和管理中去。打造一支年龄结构合理、专业技术高、业务素质好、责任心强、互联网知识掌握好的养殖、服务人员队伍，通过专项运作向其推广先进实用的互联网服务模式与技术的应用服务，充分发挥科技支撑力量，通过提高养殖、服务人员的业务素质促进水产养殖业更平稳快速地发展

2.5 水产养殖政策性保险实施方案的研究

要加强水产养殖政策性保险实施方案的研究，参与水产养殖保险试点的创建，梳理当前的渔业政策与"互联网＋水产养殖"不匹配的地方，尽快制定、出台有关金融、保险、科技等扶持政策，发挥水产养殖体系在政策宣传、风险评估、理赔操作等方面的优势，拓展水产养殖政策性保险的实施范围，提高广大渔民应对各类灾害和风险的能力，保障"互联网＋水产养殖"能持续、健康地发展。

"互联网＋"为当前各行业发展提供了契机，一旦利用好互联网，产生的经济和社会效益必然是显著的。因此，水产养殖业也可以充分利用互联网，逐步实现"互联网＋水产养殖"，使水产养殖业更加良性、更加健康地发展。以上关于互联网在水产养殖中应用的探讨，实际上还有不全面之处，但从该行业的发展趋势看，其前景和市场潜力非常大，因此该行业应当抓紧机会实现转型升级。

第九章　现代我国水产养殖发展的规划策略

第一节　我国水产养殖业的功能定位

1. 水产养殖系统的基本功能

水产养殖系统具有三大基本功能，即食物生产、价值增值和环境维持。这三大功能是一个对立统一的有机整体，各种功能的协调平衡是水产养殖业可持续发展的保障（董双林，2009）。

回顾历史，3 100 多年前我国开始的小规模池塘养鱼和欧洲 11 世纪末出现的池塘养鱼都是为食用而进行的生产活动。尽管罗马的僧侣有时也会将多余的养殖鱼类施舍给周边的贫民，但其主要目的还是自我供给。那时的水产养殖系统仅是为生产食物而建立的简单生产系统。

后来，随着池塘养鱼规模的扩大，所生产的水产品除供自己享用外还有了一定的剩余，水产品进行以物易物的交换和买卖就成了自然而然的行为。自那时起，水产养殖就不再是一种单纯的食物生产活动，其又具有了经济活动（价值增值）的功能。

在过去几千年的绝大多数时间内，水产养殖规模并不大，就整体而言，那时粗放型的水产养殖活动对养殖水体的水质或周边环境并没有产生明显的影响。自 20 世纪 70 年代开始，由于水产科技的进步，一些集约化养殖方式大规模发展起来，养殖产量空前提高，超水体环境负荷养殖的案例时常出现，水产养殖的水质安全和对环境的负面影响也开始引起越来越多人的关注。人们逐渐认识到，水产养殖系统具有维持养殖生物的生活环境并保障其安全的功能，同时，其又是大生态系统的一部分，与其周边环境有着复杂的相互作用关系。

与其他养殖业不同的是，水产养殖既有直接养殖（栽培）植物的生产方式，也有将植物蛋白转化为动物蛋白的养殖方式，还有将低值动物蛋白转化为高值动物蛋白的养殖方式。水产养殖业可持续发展就是平衡发挥水产养殖系统的上述三个基本功能，在维持良好环境的前提下，实现食物生产和价值增值综合效益的最大化。目前，有些养殖方式在协调发挥水产养殖系统的这三重功能上距可持续发展的要求还有较大距离。

2. 从国际粮食恐慌看水产养殖业的基本定位

2008 年春季之后，世界多地人们对粮食短缺的恐慌已被对国际金融风暴的恐惧所替代，但是细究国际粮荒出现的原因，对我们确定水产养殖业的功能定位和探寻其可持续发展之路大有裨益。

2008 年 3 月 27 日到 4 月 17 日这 20 天，作为国际米价标杆的泰国 B 级大米出口报价从 580$/ 吨飞涨到 1 000$/ 吨。与此同时，世界主要稻米生产国为保证内需、稳定粮价，纷纷颁布大米出口限令。一时间粮食恐慌笼罩在全球约 8.5 亿不足温饱的人们和一些粮食并不富裕国家人们的头上。

造成粮食价格大涨的直接原因是 2007 年世界粮食储备已降至 30 年以来的最低点，各国面临粮食短缺的隐忧。除全球气候变化因素外，更重要的原因是一些国家，特别是发达国家，为日益加剧的能源危机而采取的特殊能源战略。

为应对未来的能源危机，美国农业部和能源部 2008 年 10 月联合制定了 "国家生物能源行动计划 (National Biofuels ActionPlan)"。依此计划，美国将在 2022 年以前将 1/4 的玉米产量用于生产乙醇；到 2050 年，生物质能源将占其总能耗的 50%。2008 年 3 月欧洲理事会也通过了一项新能源政策，该政策包括生物质能行动计划等。欧盟也计划在 2020 年以前将生物能源的使用比例达到 10% 以上。

有些资料称，我国粮食的自给率达 95%，但 2006 年我国进口大豆 2 650 多万吨，是当年国产大豆的 1.6 倍，约占全球大豆贸易量的 1/3。应该看到，近些年我国粮食安全状况发生了很大的变化，比较一下 1996 年和 2006 年这两年的数据就可清楚这一点。这两年全国粮食均是丰产年，产量均超 5 亿吨，但这十年间我国人口净增了 9 000 多万，人均粮食也从 412kg 下降到 378kg。我国人均耕地面积仅为世界平均水平的 1/3，且目前仍以年均 1 000 多万亩的速度递减，同时我国的人口还在增长。即使不考虑自然灾害因素，几十年后我国近 15 亿人口的食物安全问题也应该引起我们足够的重视。

我国有 300 万平方公里的管辖海域和广阔的内陆水域，人们期望这些水域成为我国未来的 "蓝色粮仓"。水产养殖应该成为大农业的重要组成部分，应该是生产 "食物" 的产业，但遗憾的是，国际和国内水产养殖业发展的趋势已开始引起人们的关注和担忧。

3. 水产养殖业中的 "耗粮黑洞"

全世界水产养殖产量已从 1970 年占总渔业产量的 9.7% 增加到 2011 年的 41.2%。据 Tacon 等 (2008) 估算，2003 年全世界水产养殖产量中肉食性鱼类占 7.3%，杂食或腐食的甲壳动物仅占 5.1%，杂食和草食性鱼类占 29.2%，滤食性鱼类占 12.8%，滤食性贝类占 22.4%，水生植物占 22.8%。

2001 年全世界水产养殖产量为 4 840 万吨，其中利用动物性饵料或配合饲料投喂养殖的产量估计占 37%。2005 年全世界投饲养殖产量的比例进一步达到了 44.8%。也就是说，有些本可以不投配合饲料养殖的鱼类也投配合饲料了，如我国的草鱼现在就基本不再喂草而改喂配合饲料。

2002 年世界一些大宗水产养殖动物，如鳟、对虾、鲑、海水鱼类和鳗鲡等都是生产过程中投入的蛋白质多于产出的蛋白质，它们的鱼粉投入比例 (消耗捕捞鱼量 / 养殖生产鱼量) 分别为 1.40、2.05、2.13、3.84 和 4.41(Naylor&Burke，2005)。养殖上述动物的方式仅是将低值蛋白转化成了高值蛋白，并不净生产 "食物"，相反，它们是净消耗动物蛋白的养殖活动。

世界渔业的发展有两个明显的趋势，即捕捞的鱼类生态学营养层次越来越低，养殖的鱼类生态学营养层次越来越高 (Naylor&Burke，2005)。这样的趋势如果继续下去，将使水产养殖业消耗越来越多的鱼粉、鲜杂鱼和精饲料。

中国水产养殖业的格局与世界其他渔业发达国家有所不同，我国海水养殖产品主要是不需要投饲养殖的滤食性贝类和大型藻类，需要投饲养殖的海水鱼类和甲壳动物仅占 13.5%。我国养殖的淡水鱼类如鲢、鳙、罗非鱼和草鱼属于滤食性或草食性鱼类，它们可有效地利用水体的天然饵料和陆生植物。因此，我国目前的水产养殖种类生态学营养层次总体上较低，生态学效益较高，受到了国际社会的广泛赞誉，为人类的食物安全做出了重要贡献。然而，我国水产养殖集约化程度正在迅速提高，养殖的"名、特、优、新"种类不断增加，养殖规模也不断扩大，这直接导致我国水产养殖种类的生态学营养层次总体上在快速提高，消耗的饲料也随之增加。我国水产养殖结构正在悄然变化，该产业食物净生产的功能正在被削弱。

第二节　水产养殖集约化发展的生态经济学思考

当前，我国水产养殖业的发展同时面临着增产、减排、节能任务，其复杂性和艰巨性在古今中外绝无仅有。就目前的发展方式而言，集约化发展可以解决增产问题，全封闭循环水养殖可以解决排污问题，但随着集约化程度的提高，生产单位产品的能耗即 CO_2 排放量也会急剧增加。在我国人口还在继续增加和全球气候急剧变化的大背景下，我们既需要应对食物安全也不能忽视环境保护，既要认真对待短期急需又要考虑长远发展，时代在呼唤水产养殖业发展模式的创新。

众多国家实施农业集约化发展的实践表明，集约化农业在增加粮食产量和生产效率的同时也付出了昂贵的环境代价。为此，国际一些知名学者也提出了农业可持续集约化理念，目标是在消除饥饿、贫困的同时仍给人类保留着良好的生存环境。

水产养殖生态学的核心任务是为创建产业发展急需的养殖模式奠定理论基础。我们实验室应国家急需，研发过基于增产目的的大水面（湖泊、水库）放养、盐碱地渔－农综合利用的模式与原理，研发过基于经济和环境双赢的池塘综合养殖模式与原理，等等，现在国家急需水产养殖生态集约化养殖模式与原理。生态集约化养殖是指在保护环境、促进经济社会发展的前提下，高效地生产安全的水产品，其追求的是增产、节能、减排三者综合效益的最大化。

2008 年，我国水产养殖中有约 41% 的产量靠投饲养殖获得。水产养殖集约化程度的提高除前面所述会增加鱼粉用量、增加二氧化碳排放量外，还有若干生态经济学问题值得我们思考。审视一下现行的粗放养殖、半精养和精养系统对资源利用和潜在的环境问题，对于我们深刻理解水产养殖业发展面临的挑战不无裨益。

1. 水产养殖生态学的定义

水产养殖生态学是水产养殖学与生态学相结合的产物，属应用生态学范畴，又是水产养殖学的分支学科或研究方向，是研究水生经济生物及其养殖生产活动与环境相互作用关系、养殖系统（模式）构建和管理原理的学问。其目标是为水产养殖业的可持续发展，即保护水域生态环境、合理利用资源和提高经济效益，奠定生态学理论基础。

水产养殖生态学的研究内容和重点是随着产业发展、科技进步而不断变化、转移。在该学科发展的前期，人们关注的重点是养殖生物的生长、养殖系统的产量、饲料转化效率等。随着养殖规模的不断扩大、养殖技术的不断提高，制约水产养殖业发展的主要因素也在发生变化，因而水产养殖生态学的研究重点也随之改变。近些年来，随着绿色发展、生态优先等理念日益深入人心，人们开始将水产养殖系统作为一个经济生态学系统加以研究，从更广的视角审视水产养殖生产活动的功能，协调经济发展与生态环境的关系。

现阶段，水产养殖生态学研究内容主要有养殖生物个体生态学、养殖水体环境管理、水产养殖系统生态学、水产养殖生产活动与养殖环境的相互作用、水产养殖生态经济学、生态防病等。

2. 水产养殖生态学的特色

水产养殖生态学的特色是相对于普通生态学或其他应用生态学而言的特点。概括起来讲，其特色主要有以下三方面：研究对象的多样性和复杂性、养殖水体的多功能性、服务于产业发展的应用性和学科交叉性。

2.1 水产养殖系统的复杂性和多样性

水产养殖是在水体开展的生产活动，由于水域生态系统的复杂性和养殖种类的多样性决定了水产养殖系统的复杂性和多样性。

养殖水体类型多种多样，如池塘、水库、湖泊、滩涂、近海甚至远海。水域生态系统不仅包含一般生态系统所具有的生产者、消费者、分解者，而且这些生物生活于多变的水环境中，水的物理环境（温、光、流等）和化学环境（溶解氧、pH、氨等）也时刻都在变化。

目前流行的水产养殖系统多数是人工干预程度较高的半自然生态系统，系统中天然生产、消费、分解等自然生态系统的重要功能仍然在起作用，甚至起着主导作用，但由于养殖水体中放养动物的生物量如此之大，以至于必须进行人工干预来维持养殖生态系统结构和功能的稳定，如投饲以弥补初级生产量的不足，增氧以满足强烈的呼吸需要。因此，多数水产养殖系统的能源来自阳光和饲料，属于阳光和饲料能源双驱动系统。

与其他养殖业有所不同，水产养殖既有直接养殖（栽培）植物的生产方式（如海藻栽培），也有将植物蛋白转化为动物蛋白的养殖方式（如投草喂草鱼），还有将低值动物蛋白转化为高值动物蛋白的养殖方式（如投饵料鱼养鳜鱼）。另外，受水产品市场价格驱动，我国很多养殖水体的养殖种类会经常调整。养殖种类的变化会带来养殖方式的变化，因此，我国一些养殖水域生态系统的结构和功能除受自然演替影响外，更多的是受人为影响而变化。

2.2 水产养殖集约化是一把双刃剑

随着养殖系统集约化程度的提高，水产养殖系统对资源的利用和人、财、物投入都不断增加，同时，随着肥料、饲料投入的增加，其环境风险也相应增加。

与粗放养殖系统相比，随着人力、电力、饲料投入的增加，精养系统产量大幅度提高，占地面积大大减小，直接的经济效益可能也会增加。然而，精养系统会大量消耗饲料（包括鱼粉）资源，并削弱了太阳光能和天然饵料资源的作用；高密度、单一种类的养殖还可能产生疾病问题，用药量大大增加，造成药物残留和产品质量下降问题；在对排放水处理不佳或不作处理时（如开放性工厂化养殖和吃食性鱼类网箱养殖），大量饲料的投入导致大量养殖废水的排放或残饵和粪便的沉积，对养殖水域或毗邻水域造成污染。

欧洲网箱养殖大西洋鲑（三文鱼）过程中，投入的饲料量仅有约 1/5 被有效利用，其余部分都以污染物排放在环境中（笸双林等，2000）。这些营养物和有机物的排放可直接导致一些半封闭港湾的有机物负荷增加、富营养化加速，如 BOD 增加、缺氧、氧化还原电位降低等，致使还原性化合物（如氨、硫化氢、甲烷等）增加、硫化细菌繁生、大型底栖动物生物量、丰度和种类数量降低或减少。

水产养殖中常使用化学药品治病、清除敌害生物、消毒和抑制污损生物，有些药物会在养殖生物体内残留和积累，并产生一定的环境副作用。经选育的养殖生物的逃逸可能会在疾病传播、野生群体遗传性状改变等方面产生副作用。红树林改造成养虾池塘会破坏很多重要经济鱼类、甲壳类和贝类的产卵和索饵场所，减弱红树林作为消解、过滤 P 源污染物的作用。

2.4 不同生物养殖系统的生态经济学评估

能值理论是 Odum(1996) 创立的一种综合的生态经济学评估方法，可用于研究不同能量、材料和货币流。能值 (Energy) 是指一种类别的可用能量被直接或间接地用于另一类别的数量，如制造产品或服务。因各种资源、产品或劳务的能量均直接或间接地起源于太阳能，故多以太阳能值 (Solarenergy) 来衡量某一能量的能值大小，其单位为太阳能焦耳。

养殖系统的环境负载率 (ELR) 是对环境功能进行评估的一个重要指标，其值愈高说明该系统技术投入愈高或者系统受到的环境胁迫愈强。有数据表明，刺参养殖的可更新能值的输入大于不可更新能值的输入，而金头鲷、鲑网箱养殖和对虾养殖中需要较高的技术投入，特别是咸水点非鲫养殖对于技术或者是不可更新能值的需求远远大于其他的养殖种类。

能值产出率 (EYR) 是总能值与不可更新能值和经济投入之和的比值。EYR 愈高说明单位投入所能创造的价值愈高。除了对虾养殖中单位能值投入所能产出的能值高于刺参养殖的能值收益外，刺参养殖单位投入所能产生的价值远高于其他养殖种类，而点非鲫养殖不但需要较高的不可更新能值的投入而且产出比例也较低。

低的能值可持续指标 (ESI) 表明养殖过程需要消耗较多的不可更新能值。如果一个养殖过程过多依赖不可更新能值的投入，就有可能影响其可持续性。点非鲫养殖消耗较多的不可更新能值，其 ESI 显著低于其他种类。虽然对虾池塘养殖单位能值投入的收益较大，但其可持续性远远低于刺参池塘养殖。而刺参养殖因为更多依赖于可更新能值，因此其具有较大的可持续性。对于需要饲料投入的养殖种类不可更新能值的投入通常较高，其产生的养殖废水和固体废弃物对于环境影响也较大。

总之，我国的刺参池塘养殖不仅具有较高的环境负载力，而且单位不可更新能值投入所能创造的能值也较高，因此是一种环境友好的养殖方式。

2.5 刺参的不同养殖模式可持续性评估

由于世界不同区域经济发展水平不同，气象、水文等自然条件也差异很大，因此，其产品、服务的能值也会差异很大。如果不能获得较为精确的产品或服务的能值数据，不同区域研究结果间的比较就较为困难或不精确。为克服某些精确地域性参数难以获得的困难，Wang等 (2014a) 对处于同一区域 (经济发展水平和气象、水文条件相似) 的精养、半精养和粗养三种刺参养殖模式进行了能值分析，以期克服不精确的地域性参数的干扰，更客观地评价室内精养、池塘半精养和池塘粗养 3 种养殖模式的资源输入、生产力、环境影响、经济收益及可持续性。

该研究所选三类养殖场均处于山东省青岛市周边，其年平均太阳辐射量约为 4.8×10^9 J/m²，年平均降水量为 750 mm，年平均风速为 4.5 m/s，年平均潮汐潮高为 3.20 m。

通过种养殖模式的经济效益比较可见，室内精养模式是高投入 (6.53×10^6 元 /hm²) 高产出 (8.00×10^6 元 /hm²) 的养殖模式，而池塘粗养模式是低投入 (1.10×10^5 元 /hm²) 低产出 (1.81×10^5 元 /hm²) 的养殖模式。然而，室内精养模式的产出投入比 (1.23) 比池塘粗养的 (1.64) 要低。

高投入高产出是人们发展精养模式的主要驱动力，在土地资源受限的情况下更是如此。然而，室内精养模式的产出投入比例较池塘粗养低，半精养模式的特性介于上两者之间，这也许是人们广泛实行半精养模式的主要原因。

能值产出率 (EYR) 是系统利用可更新资源能力的体现。刺参粗养池塘系统的 EYR 最高 (2.06)，半精养池塘系统居中 (1.90)，室内工厂化系统最低 (1.18)。可见，随着刺参养殖系统集约化程度的提高，其对可更新资源的转化率降低。室内工厂化养殖系统的 EYR 接近 1，说明该系统只能转化少量的可更新资源，而更多地依靠高能量物质投入。

能值交换率 (EER) 是一个表征系统与市场关系的指标，也表示在一个交易或者买卖中，能值的交换比例。交易中获得较多能值的一方往往得到了较多的实物收益或者较大的经济利益。该研究中室内精养系统、池塘半精养系统和粗放养殖系统的能值交换率 (EER) 数值分别为 1.85、2.11 和 2.17，即系统分别获得了 85%、111% 和 117% 的能值利益，粗放养殖系统的能值获益明显高于室内精养系统和池塘半精养系统。

环境承载率（ELR ）与可更新资源的比例直接相关，是由于生产活动而产生的对环境的压力。ELR 的数值高，通常意味着能值利用中伴随着较大的对环境的压力。该研究中，室内精养系统的环境承载率 (ELR) 为 5.50，几乎是池塘粗养系统 (0.94) 和池塘半精养系统 (1.12) 的五倍，这表明，室内精养模式对环境的压力要明显大于两种池塘养殖模式。

能值可持续指标 (ESI) 是一个综合指标，表示交易过程中能值利益与环境压力之间的关系。换言之，ESI 表示一个过程或者系统是否提供了可持续的贡献。ESI 综合兼顾了生态与经济因素，ESI 越大，一个系统或者过程的可持续性越强。该研究中，池塘粗养系统具有相对最高的可持续性 (ESI=2.18)，半精养系统 (ESI=1.70) 次之，而室内精养系统的 ESI 数值最低，为 0.21. 这说明，室内精养系统的可持续性最低。

能值可持续发展指标 EISD 与 ESI 相辅相成，考虑了产品在市场中的交易因素，测定在时间和空间上具有复杂特点的研究对象的可持续性。该研究中，粗养和半精养池塘可持续发展

能值指标 (EISD) 分别为 4.74 和 3.58，也都远高于室内精养系统的 EISD(0.40)。

以上的分析表明，刺参粗养系统的环境承载率 (ELR) 小于室内精养系统，而能值产出率 (EYR)、能值交换率 (EER)、能值可持续指标 (ESI) 和可持续发展能值指标 (EISD) 均大于室内精养系统，这表明现行粗养模式对环境的负面作用更小，对自然资源利用更有效，从生态经济学上更符合可持续发展要求。

3. 不同刺参养殖系统的生命周期评价

生命周期评价 (LCA) 是一种对产品制造、生产工艺及活动对环境的压力进行的客观评价，是比较不同生产系统可持续性的有效工具。其可通过对能量和物质利用及由此造成的环境废物排放进行辨识和量化，评估其对环境的影响。"生命周期"评估的是生产产品的全过程，包括原材料和能源的生产、制造、运输、使用、最终废物弃置及再利用。生命周期评价作为一种重要的环境管理工具，不仅对产品全生命周期所涉及的环境问题进行评价，更重要的价值在于运用生命周期思想为可持续发展决策提供依据，促使产品、行业甚至整个产业链的行为更符合可持续发展的原则。

Wang 等 (2014b) 利用生命周期评价方法比较了山东省青岛市附近三种刺参养殖系统在能源消耗和环境影响方面的差异，目的是识别环境影响的关键点并提出改进措施。该研究的范围是从刺参苗到养成至养殖场大门口，包括场地建造、刺参养成、能源消耗及废弃物排放。场地建造的原料主要包括混凝土、钢材、聚乙烯、聚氯乙烯和砖块等；能源包括用电、燃煤和燃油；排放的废物包括 CO_2、CO、NO_X、SO_2、COD、CH_4、N 和 P。

全球变暖潜势 (GWP) 表示的是生产系统排放的 CO_2、CH_4 和 N_2O 等废气在大气层中吸收红外线导致温室效应的环境影响，用 $kgCO_2$ 当量表示。室内精养系统的能源消耗是全球变暖潜势的主导因素，占 65%。其次是基建材料 (27%) 和饲料 (9%)。而燃煤是最主要的能源消耗，其次是耗电。池塘半精养系统也有类似规律，能源消耗、基建材料和饲料的环境影响贡献比例分别为 90%、8% 和 2%。但是在数值上，室内精养系统总的全球变暖潜势值是池塘半精养的 5.32 倍，主要原因在于后者未使用燃煤。对于池塘粗养系统，其全球变暖潜势数值比室内精养系统小 64 倍，因为池塘粗养系统在日常养殖过程中未投入饲料、燃煤和用电。也正因为如此，粗养系统的基建材料占了最大的比例，为 96%，能源消耗降低至 4%。

富营养化潜势 (EP) 包括氮、磷在内的所有导致环境营养水平过高的生源要素的环境影响，以 $kgPO_4$ 当量表示。营养物质积累可导致物种组成的失衡及生物量的激增。在水域生态系统中，过高的生物量可导致水体溶氧水平降低，因为大量生物的降解会消耗大量溶解氧。室内精养系统中，饲料是主要的富营养化潜势的贡献者。相反，两种池塘养殖系统中的富营养化潜势呈现降低的态势。

我们以往的研究表明，刺参粗养池塘排水中总氮、总磷的含量低于纳入水中的总氮和总磷，说明该系统可消除部分随纳水而带入的总氮、总磷。因此，不投饲和少量投饲的刺参池塘养殖系统不仅是水产品的生产系统，还是沿岸有机物质的净化系统，是环境友好型的养殖系统。

酸化潜势 (AP) 是度量酸化污染消极影响的指标，包括对土壤、地下水、地表水、生物有机体和生态系统的影响，以 $kgSO_2$ 当量表示。主要的酸化污染气体是 SO_2 和 NO_x。该研究中 SO_2 的排放主要来自混凝土、聚乙烯、聚氯乙烯、燃煤和用电；NO_x 主要来自燃煤、用电和燃油。室内精养和池塘半精养系统中，酸化潜势最大的贡献者均为能源消耗，分别占 79% 和 87%，主要是燃煤和用电所排放的 SO_2 的贡献。而池塘粗养系统的酸化潜势比前两者分别低了 33 倍和 8 倍。

光化学烟雾，又称"光化学污染"(POFP)，指大气中的氮氧化物和碳氢化合物等一次污染物与其受紫外线照射后产生的二次污染物所组成的混合污染物。光化学烟雾形成潜势用 kgC_2H_4 当量表示。该研究中主要的光化学污染物是 CH_4，其排放主要来自聚乙烯、聚氯乙烯、燃油和用电。室内精养系统和池塘半精养系统的能源使用对光化学烟雾潜势的贡献比例分别为 77% 和 95%。但池塘粗养系统中，因为日常没有能源使用，该环境影响指标的主要贡献者为基建材料，比例为 99%，其中以聚乙烯贡献最大。所以，建议池塘养殖系统中，减少聚乙烯材质的使用，取而代之以石块。废弃混凝土或砖瓦，可进一步降低其光化学烟雾形成潜势。

人类健康损害潜势 (HTP) 包括对人类健康造成影响的毒性物质，以 kg1,4-DCB 当量表示。该研究中主要的人类健康损害潜势污染物是烟雾和 CH_4。其中烟雾主要为燃煤和发电所产生的悬浮颗粒物；CH_4 则主要来自聚乙烯、聚氯乙烯、燃油和用电。该研究中，室内精养、池塘半精养和池塘粗养三者的人类健康损害潜势比值为 5.0 ∶ 1.4 ∶ 1。

能源使用 (EU) 是生命周期评价中一个重要的影响指标，单位为 MJ。该研究中，室内精养系统的能源使用分别为池塘半精养和粗养的 26 倍和 225 倍，主要因为室内精养系统大量燃煤和电能的投入。该系统中，除富营养化潜势外，能源消耗对全球变暖潜势、酸化潜势、光化学烟雾形成潜势、人类健康损害潜势和能量使用的贡献比例分别为 65%、79%、77%、52% 和 85%，比基建材料和饲料投入都大很多。

从该研究所采用的环境影响指标来看，池塘粗养系统的环境性能优于池塘半精养系统。池塘粗养系统的优势在于避免了饲料投入和过多能量的消耗。与池塘半精养相比，池塘粗养系统的全球变暖潜势、富营养化潜势、酸化潜势、光化学烟雾形成潜势、人类健康损害潜势和能量使用相应减少了 93%、33%、97%、95%、28% 和 88%，因而从生态学角度上讲具有更好的可持续发展性。

综上所述，室内精养系统的各环境影响指标均显示出较大的环境负荷，其中最大的差距在于能量使用，比半精养和粗养分别高 26 和 225 倍。较高的能量需求导致了其他环境影响指标的升高，其中全球变暖潜势是半精养和粗养系统的 5 倍和 64 倍，酸化潜势为 4 倍和 34 倍，光化学烟雾形成潜势为 4 倍和 6 倍，人类健康损害潜势为 3 倍和 4 倍。

就系统输入而言，能源消耗是室内精养系统和池塘半精养系统影响环境的关键点，而对于池塘粗养系统，对环境影响起相对主导作用的是基建材料，如聚乙烯等。

对大多数投饲养殖系统而言，饲料常是引起环境负荷增加的主要因素。传统的鱼、虾饲料大都含有高比例的蛋白质和脂肪。但是，刺参作为一种底栖杂食性动物，对饲料中蛋白和脂肪的需求较低 (18% 和 5%)。因此，大型海藻粉混以海泥即可成为刺参的饲料。因此，该研究中饲料并未成为刺参养殖系统影响环境的关键点。

目前，经济利益是人们倾向于采用集约化方式养殖刺参的主要驱动因素。绝大多数生产者并没有认识到集约化养殖刺参所可能产生的环境问题，至少现在还没有由这些生产者对产生的这些负面作用进行经济补偿。但是，水产养殖的集约化发展对环境的影响是实实在在的，不能也不应该被忽略。在减小或不增加环境压力的前提下如何提高单位面积的产量和效益是我们广大水产科技工作者应该重点关注的问题。

第三节　我国水产养殖业的可持续发展路径、保障措施与发展趋势

中国是世界上唯一水产养殖产量超过捕捞产量的国家。中国的水产养殖业在确保中国食物安全、丰富居民菜篮子和提高中国创汇水平等方面都做出了重要的贡献。但是，随着水产养殖业持续快速发展，不同层次的问题也逐渐显现出来。国内学者已从各自关注的领域，例如养殖环境、综合养殖、设施养殖、营养与饲料、产品质量、病害、新品种引进、政策扶持等方面，对中国水产养殖业的可持续发展进行了论述，这些论述对强化人们的可持续发展理念起到了积极的作用。

1. 水产养殖业的发展路径

预计在 2030 年前我国人口将达到 14.5 亿峰值 (UNPopulationDivision，2004)，未来 20 年我国大农业各行业的首要任务应该是应对保障我国人民的食物安全问题。我国的粮食增产已面临着水资源短缺、化肥污染严重、耕地减少、农业生物燃料争地、气候变化等的挑战，因此，水产养殖业义不容辞地应分担保障我国食物安全的责任。

另外，我国政府已承诺，到 2020 年单位国内生产总值二氧化碳排放比 2005 年下降40% ～ 45%。因此，就产业主体而言，为满足我国对水产品的需求，为保障我国的食物安全，为实现我国的 CO_2 减排目标，水产养殖产业的主体只能走高效低碳的发展道路。

就科技层面而言，我国水产养殖的发展可同时走两条路径：一是靠现代生物技术、工程技术的应用，二是靠大众容易掌握的相对简单的养殖技术水平的提高。现代生物技术，包括转基因、免疫、微生物技术等，在水产养殖中的应用可以大幅度提高养殖生物的生长速度、减少死亡率，从而提高养殖产量。然而，由于很多现代生物技术还不够成熟或较为复杂，因此大规模的应用还需要一个过程。可以预见，现代生物技术、工程技术的进步对水产养殖发展的贡献会越来越大，然而，对未来 10 年甚至更长时期的水产养殖发展目标的实现，还将主要依靠一些相对简单且易被大众掌握的新技术的应用。

就养殖环境层面而言，我国水产养殖发展的重点应该放在海水养殖。我国是一个人口众多、水资源匮乏、耕地缺乏的国家，且由于工业化和城镇化的发展耕地还在不断减少、水资源更显缺乏，在巨大的粮食安全压力之下，我国内陆水域养殖业的发展会受到越来越大的阻力。相比之下，我国海水养殖还有着较为广阔的发展空间。2010 年我国海水池塘养殖的单产

为 4.78 吨 /hm²，而淡水池塘养殖的单产已达 6.93 吨 /hm²(农业部渔业局，2010)。两者单产的差异除养殖种类有所不同之外，更主要的是技术水平的差异。因此，海水养殖还有更大的通过提高养殖技术水平来提高养殖产量的余地。

就养殖种类层面而言，低生态学营养层次生物养殖的发展潜力更大。海水鱼、虾养殖，特别是高度集约化养殖模式，存在能耗高、排污多、过分依赖鱼粉和鱼油的弊端。虽然供需矛盾导致的鱼粉和鱼油价格的上涨会加速鱼粉和鱼油替代品及养殖新种类的研发和应用，但这一矛盾的解决还要假以时日。相比之下，低生态学营养层次的藻类、滤食性或草食性动物的养殖则既可以不投饲料还可净化环境。

2. 水产养殖业可持续发展的保障措施

2.1 建立和优化严格的管理机制

水产养殖作为我国农业结构调整的目标产业，近年来得到了飞速发展。养殖面积、养殖品种和产量连续多年居世界第一。随着水产养殖产业的不断发展，养殖方式由半集约化向高度集约化和工厂化发展，目前我国由南至北沿海 15 m 等深线以内的水域、滩涂几乎均已开发。由于养殖规模和养殖密度的不断增加，养殖过程中一系列问题也随之产生，例如水质恶化、病害和环境污染等问题日益突出。因此，如何对水产养殖进行有效化管理，并实现资源化可持续利用，实现科学、健康、绿色的养殖模式，是我国水产养殖业可持续发展面临的重要任务。

水产养殖带来的经济效益固然重要，但是在实际过程中还要注意其正面以及负面的影响，面对养殖中出现的问题，相关部门应该设立严格的监管机构，制定严格的监管机制，在分工明确的前提下，严格执法，遇到不遵守监管机制的养殖户，要给予严肃处理，及时对其进行教育，宣传保护环境的重要性。相关部门要定期对养殖户进行环境影响评估、水体污染程度检测等，通过检测报告的指标来评定养殖户是否真正遵守监管机制，按照正确的养殖方式养殖，随时随地履行保护环境的职责，以此来保证水产养殖业能够健康发展。

2.2 完善法律制度

国际上海洋管理与渔业发展以及水产养殖都已经法制化，对于我国来说，在这些方面也要与国际接轨。要结合我国的国情，确立水产养殖的新秩序、新模式。

当前，加强渔业法制建设特别是海洋水产业法制建设的首要任务是制定和完善水产养殖的海岸带管理法、海岛开发和保护管理法，与已颁布的《海洋环境保护法》和《海域使用管理法》配合，形成完备的水产业综合管理法律制度，使水产养殖管理的法律法规更加全面、完善、细致，真正做到有法可依。

提高水产养殖从业者的法律意识，加强政府对养殖排放水的监管也是水产养殖业健康发展的法律保障。尤其低碳养殖方面，尽管现在我国有些地方还没有强制性限制养殖排污，但对排污实行强制性约束将成为严厉的国家行为。尽管现在还没有法律强制实行低碳养殖，但低碳养殖将会成为不可逆的国际准则。因此，发展高效低碳低排污的综合水产养殖是我国水产业发展的必由之路。在加强水产养殖业法制建设的同时，还要大力加强水产养殖执法队伍建设，加强各部门之间的协调与合作，做好执法管理工作，真正做到有法必依，执法必严，使我国的水产养殖业走上依法行政、依法管理的法制化、规范化道路。

2.3 完善标准制度和评估体系

进一步健全完善标准管理体制。建议对渔业标准制修订统筹管理，科学规划，使标准立项具有前瞻性和可实施性，同时，对标准制修订的各个环节加强监管。发挥管理体系作用，加强实施体系建设。我国的农业标准化是政府主导型的，如何进一步推进和普及是政府面临的主要问题。在水产标准化体系建设中，管理体系的作用是不可缺失的，要充分发挥管理体系的主导功能，突出政府在推动体系建设中的主导地位，积极鼓励和组织渔业企业、社会中介组织、渔民等标准应用主体共同参与水产标准化体系建设。建议建立标准制定"利益相关方参与"机制，充分发挥地方行政主管部门、科研推广单位、龙头企业等多方面的优势，形成合力，提高标准的科学性、适用性与技术水平。建立合理的标准管理人员考评机制。对从事标准化管理工作人员的考核应根据国标委管理章程中规定的对分技委的职责来设计考核指标，考核指标应从管理角度考虑为主，主要从渔业产业标准化调研、标准立项和初审、标准体系建设、标准宣传贯彻实施及为产业服务等方面制定考核指标，把为政府主管部门提供实质性技术支撑的工作量作为考核的主要内容。建立标准与科研相结合的机制。建议实行"两头促"的管理机制，一是对于形成标准草案的科研项目，在立项阶段应提出明确要求，要求吸收懂标准或标准化管理人员参与。二是在项目验收及转化阶段，吸收标准化管理人员参与标准草案的验收，将标准草案上升为标准作为成果转化的一项考核指标。建立标准实施推广激励机制。建议制定鼓励、扶持渔业标准化生产的优惠政策，对实施渔业标准化成绩突出的生产、经营者在项目、认（发）证、技术咨询和服务等方面给予一定的政策优惠，在产品准入、生产开发、品牌效应等方面给予一定的扶持。对先进的行业标准和地方标准实施奖励，对在渔业标准化推广实施工作中做出贡献的集体和个人予以表彰。

建立、发展和完善海洋资源资产与渔业资源资产价格评估体系，对于维护百姓利益、国家利益、社会稳定都具有十分重要的意义。海洋资源资产与渔业资源资产价格评估要秉承独立、客观、公正、科学、严谨、诚信的宗旨，来为渔业的建设服务。

2.4 种业技术优化及渔业技术推广

"种业"是国家战略性、基础性的核心产业。2011年4月国务院发布的《关于加快推进现代农作物种业发展的意见》，指引着我国水产育种工作大踏步向着"水产种业技术体系建设"方向发展。"以市场为导向、以企业为主体、以科技为支撑，产学研相结合、育繁推一体化"的水产种业体系建设，将为全面推进我国水产养殖业的可持续发展、提升产业的国际竞争力发挥日益重要的作用。目前我国水产养殖的种类已有约200种，但水产养殖业的良种覆盖率只有25%～30%。建立高效运作的水产种业技术体系对加快我国水产养殖的良种化进程具有重要意义。

同时，紧密结合政策导向和产业需求，积极争取政府扶持，采用市场化运作的方式，建立了国内首家"水产种业"企业——青岛海壬水产种业科技有限公司，致力于对虾种业的研究、扩繁和推广。这些都标志着我国水产种业技术体系建设迈出了坚实的一步。

要加强各渔业技术推广部门的技术推广与示范，对渔药使用方法、渔药残留的危害性和禁药的种类等知识进行大力宣传，提高渔民安全用药意识和科学养殖知识水平。积极推进科技入户工程，让养殖户选择科学的养殖模式，合理的放养密度，进行科学投饵、科学管理，大力推广生态养殖等健康养殖模式，从而获得优质安全的水产品。

2.5 对水产养殖进行合理规划

面对水产养殖行业的无序性，相关监管部门必须要对水产养殖进行合理的监测和规划，使水产养殖行业能够沿着科学正确的轨道前进，在具体实施过程中，可以参考以下几点建议：要根据不同水域的使用功能，结合水产养殖的真正需要，对其进行合理分配和规划；要考虑水体对养殖水产的承载能力，无论是对于网围精养还是网箱养殖等方式，都要以科学养殖为基础而展开工作；要考虑水体对氮、磷等微量元素的承载力，测量出准确的承载值，以便最后确定出水体的具体养殖容量，方便管理，也可以从基础上保证水产养殖可持续发展。

2.6 发展生态养殖模式

科学运用生态学原理，保护水域生物多样性与稳定性，合理利用多种资源，以取得最佳的生态效益和经济效益。生态养殖是我国大力提倡的一种生产模式，其最大的特点就是在有限的空间范围内，人为地将不同种的动物群体以饲料为纽带串联起来，形成一个循环链，目的是最大限度地利用资源，减少浪费，降低成本。利用无污染的水域如湖泊、水库、江河及天然饵料，或者运用生态技术措施，改善养殖水质和生态环境，按照特定的养殖模式进行增殖、养殖，投放无公害饲料，也不施肥、洒药，目标是生产出无公害绿色食品和有机食品。

2.7 加大政府投入和技术支持

新时代的水产养殖虽呈现出规模化、标准化、生态化的发展格局，但对于养殖技术的开发建设与实施，个体资金是难以支撑的，与农业其他行业相比，国家补贴政策惠及水产养殖业的力度明显偏低，一定程度上影响了产业的发展。例如，我国水产原良种体系建设虽起步于20世纪年代初，但由于投入不足，进展比较缓慢，与水产养殖业发展需求极不相称。因此，加强政策和规划引导，加大扶持力度，搭建发展平台，优化区域布局，转变养殖方式，妥善处理水产养殖业发展的矛盾问题，加大中央财政资金投入，提高建设标准，在良种繁育与推广、装备购置、疫病防控等方面实施补贴政策，成为促进水产养殖业发展新的动力。

目前，我国针对水产养殖的环境污染防控还没有科学完善的技术支持，防控力度小，对环境的保护作用不是非常明显，因此，应该将水产养殖的环境问题列入科学治理的范畴，给予重视。还要在水产养殖以及环境保护两方面加大投资力度，研究合适的科学技术，使水产养殖能够得到持续发展。对于条件好的地区，可以对养殖户进行相关科学知识的培训，普及保护环境的技巧，减少水产养殖过程中产生的环境污染问题，为水产养殖提供坚实的技术支持，实现水产养殖业的持续发展。

3. 未来发展趋势分析

3.1 水产养殖良种的发展

一个良种可形成一个产业。如今国内外水产遗传育种技术和方法已由单性状选育向多性状选育转变，在改良养殖品种的多种遗传性状、培育遗传稳定的优良品种的复杂过程中，越来越多地灵活运用多学科知识和多种现代科学技术，即常规育种与高新技术相互配合的综合育种技术。实践表明，这种综合育种技术将成为今后水产新品种培育技术进步发展的必然趋势。目前，水产遗传育种领域的发展重点将会侧重养殖动植物肉质、品质和抗病能力三个方面。

3.2 向健康、生态、集约、低碳发展

按照"规模化生产、工业化装备、社会化服务、标准化管理"的标准，现代水产养殖场将逐步实现养殖生产条件和技术装备现代化，不断研发推广高效集约式水产养殖技术，如深水抗风浪网箱养鱼、工厂化循环水养殖等。同时，将积极推进水生动物防疫体系建设，加强疫病防控、产品质量监测、环境监测体系建设和灾害预警预报体系建设，最大限度地减少养殖业损失。

3.3 现代工程技术的综合应用

水产养殖生产要在营养饲料、药物使用、病害处理、环境条件和生长调控等各个方面都达到"精确"的水平，就必须依靠现代工程技术，包括水处理技术、生物技术、微生物技术、自动化技术、计算机技术、信息技术等高新技术。只有这些技术的综合应用才能提高水产养殖自动化程度，提高水循环利用率，提高养殖单产，降低饲料系数，控制污染物。

3.4 现代生物技术的应用与发展

生物技术是促进水产养殖向优质、高产、持续、健康方向发展的重要技术。多倍体技术、性别控制技术、种质资源保存、细胞培养和细胞库建立、功能基因开发等研究已经为我国水产养殖业发展发挥了重要作用，也必将成为未来发展的动力。

附   录

附录一：2015 年全国渔业统计情况综述

1. 全社会渔业经济总产值和增加值

按当年价格计算，全社会渔业经济总产值 22 019.94 亿元，实现增加值 10 203.55 亿元；其中渔业产值 11 328.70 亿元，实现增加值 6 416.36 亿元；渔业工业和建筑业产值 5 096.38 亿元，实现增加值 1 848.35 亿元；渔业流通和服务业产值 5 594.86 亿元，实现增加值 1 938.84 亿元。

渔业产值中，海洋捕捞产值 2 003.51 亿元，实现增加值 1 150.42 亿元；海水养殖产值 2 937.66 亿元，实现增加值 1 718.13 亿元；淡水捕捞产值 434.25 亿元，实现增加值 257.58 亿元；淡水养殖产值 5 337.12 亿元，实现增加值 2 978.95 亿元；水产苗种产值 616.15 亿元，实现增加值 311.27 亿元（渔业产值、增加值以国家统计局年报数为准）。

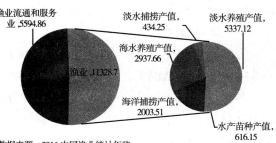

全国渔业总产值（亿元）

数据来源：2016 中国渔业统计年鉴

2. 渔民人均纯收入

据对全国 1 万户渔民家庭当年收支情况抽样调查，全国渔民人均纯收入 15 594.83 元，比上年增加 1 168.57 元、增长 8.10%。

3. 水产品产量及人均占有量

全国水产品总产量 6 699.65 万吨，比上年增长 3.69%。其中，养殖产量 4 937.90 万吨，占总产量的 73.70%，同比增长 3.99%；捕捞产量 1 761.75 万吨，占总产量的 26.30%，同比增长 2.84%。全国水产品人均占有量 48.73 千克（人口 13 7462 万人），比上年增加 1.49 千克、增长 3.15%。

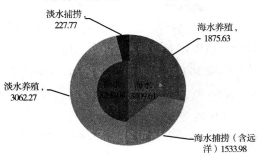

全国水产品产量 6699.65（万吨）

数据来源：2016 中国渔业统计年鉴

在国内渔业生产中，鱼类产量 3 919.44 万吨，甲壳类产量 686.44 万吨，贝类产量 1 465.61 万吨，藻类产量 212.43 万吨，头足类产量 69.98 万吨，其他类产量 126.55 万吨。

总产量中，海水产品产量 3 409.61 万吨，占总产量的 50.89％，同比增长 3.44％；淡水产品产量 3 290.04 万吨，占总产量的 49.11％，同比增长 3.94％。

3.1 海水养殖

海水养殖产量 1 875.63 万吨，占海水产品产量的 55.01％，比上年增加 62.98 万吨、增长 3.47％。其中，鱼类产量 130.76 万吨，比上年增加 11.80 万吨、增长 9.92％；甲壳类产量 143.49 万吨，比上年增加 0.12 万吨、增长 0.08％；贝类产量 1 358.38 万吨，比上年增加 41.83 万吨、增长 3.18％；藻类产量 208.92 万吨，比上年增加 8.46 万吨、增长 4.22％。海水养殖鱼类中，大黄鱼产量最高，为 14.86 万吨；鲆鱼产量位居第二，为 13.18 万吨；鲈鱼产量位居第三，为 12.25 万吨。

3.2 淡水养殖

淡水养殖产量 3 062.27 万吨，占淡水产品产量的 93.08％，比上年增加 126.51 万吨、增长 4.31％。其中，鱼类产量 2 715.01 万吨，比上年增加 112.04 万吨、增长 4.30％；甲壳类产量 269.06 万吨，比上年增加 13.09 万吨、增长 5.11％；贝类产量 26.22 万吨，比上年增加 1.10 万吨、增长 4.39％。淡水养殖鱼类产量中，草鱼最高，产量 567.62 万吨；鲢鱼位居第二，产量 435.46 万吨；鳙鱼位居第三，产量 335.94 万吨。甲壳类产量中，虾类产量 186.74 万吨，其中，南美白对虾和青虾养殖产量分别为 73.15 万吨和 26.51 万吨；蟹类（专指河蟹）产量 82.33 万吨，同比增长 3.36％。贝类产量中，河蚌产量 9.66 万吨。其他类产量中，鳖产量 34.16 万吨，比上年增加 0.03 万吨；珍珠产量 0.18 万吨，比上年减少 0.02 万吨。

3.3 海洋捕捞

海洋捕捞（不含远洋）产量 1 314.78 万吨，占海水产品产量的 38.56％，比上年增加 33.94 万吨、增长 2.65％。其中，鱼类产量 905.37 万吨，比上年增加 24.58 万吨、增长 2.79％；甲壳类产量 242.79 万吨，比上年增加 3.22 万吨、增长 1.34％；贝类产量 55.60 万吨，比上年增加 0.44 万吨、增长 0.79％；藻类产量 2.58 万吨，比上年增加 0.15 万吨、增长 6.22％；头足类产量 69.98 万吨，比上年增加 2.31 万吨、增长 3.42％。海洋捕捞鱼类产量中，带鱼产量最高，为 110.57 万吨，占鱼类产量的 12.21％；其次为鳀鱼，产量为 95.58 万吨，占鱼类产量的 10.56％。

3.4 淡水捕捞

淡水捕捞产量 227.77 万吨，占淡水产品产量的 6.92％，比上年减少 1.77 万吨、降低 0.77％。其中，鱼类产量 168.30 万吨，比上年增加 0.95 万吨、增长 0.57％；甲壳类产量 31.10 万吨，比上年减少 1.67 万吨、降低 5.10％；贝类产量 25.41 万吨，比上年减少 0.92 万吨、降低 3.50％；藻类 366 吨，比上年增加 110 吨、增长 42.97％。

3.5 远洋渔业

远洋渔业产量 219.20 万吨，占海水产品产量的 6.43％，比上年增加 16.47 万吨、增长 8.12％。

4. 水产养殖面积

全国水产养殖面积 8465 千公顷，比上年增加 78.64 千公顷、增长 0.94%。其中，海水养殖面积 2 317.76 千公顷，占水产养殖总面积的 27.38%，比上年增加 12.29 千公顷、增长 0.53%；淡水养殖面积 6 147.24 千公顷，占水产养殖总面积的 72.62%，比上年增加 66.35 千公顷、增长 1.09%。

4.1 海水养殖面积

鱼类养殖面积为 84.05 千公顷，比上年增加 3.46 千公顷、增长 4.29%；甲壳类养殖面积 314.22 千公顷，比上年增加 8.63 千公顷、增长 2.83%；贝类养殖面积 1 526.64 千公顷，比上年减少 3.77 千公顷、降低 0.25%；藻类养殖面积 130.56 千公顷，比上年增加 5.57 千公顷、增长 4.46%。

4.2 淡水养殖面积

池塘养殖面积 2 701.22 千公顷，比上年增加 39.32 千公顷、增长 1.48%；水库养殖面积 2 012.41 千公顷，比上年增加 17.59 千公顷、增长 0.88%；湖泊养殖面积 1 022.35 千公顷，比上年增加 7.02 千公顷、增长 0.69%；河沟养殖面积 277.10 千公顷，比上年增加 2.14 千公顷、增长 0.78%；其他养殖面积 134.16 千公顷，比上年增加 0.28 千公顷、增长 0.21%；稻田养成鱼面积 1 501.63 千公顷，比上年增加 12.13 千公顷、增长 0.81%。池塘、湖泊、水库、河沟和其他养殖方式面积分别占淡水养殖总面积的 43.94%、16.63%、32.74%、4.51%、2.18%。

5. 渔船拥有量

年末渔船总数 104.25 万艘、总吨位 1 087.86 万吨。其中，机动渔船 67.24 万艘、总吨位 1 042.18 万吨、总功率 2 257.73 万千瓦；非机动渔船 37.01 万艘、总吨位为 45.68 万吨。

机动渔船中，生产渔船 64.48 万艘、总吨位 939.62 万吨、总功率 2 045.10 万千瓦。生产渔船中，捕捞渔船 43.92 万艘、总吨位 859.02 万吨、总功率 1 806.35 万千瓦；养殖渔船 20.56 万艘、总吨位 80.60 万吨、总功率 238.75 万千瓦。

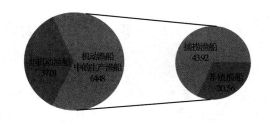

渔船拥有量（万艘）

数据来源：2016 中国渔业统计年鉴

机动渔船中，海洋渔业机动渔船 27.00 万艘、总吨位 881.23 万吨、总功率 1 733.03 万千瓦。海洋渔业机动渔船中，海洋捕捞渔船 18.72 万艘、总吨位 758.25 万吨、总功率 1 442.00 万千瓦，分别比上年减少了 0.47 万艘、增加了 28.84 万吨和 33.24 万千瓦。

6. 渔业人口和渔业从业人员

渔业人口 2 016.96 万人，比上年减少 18.08 万人、降低 0.89%。渔业人口中传统渔民为

678.46 万人，比上年减少 7.94 万人、降低 1.16%。渔业从业人员 1 414.85 万人，比上年减少 14.17 万人、降低 0.99%。

全国渔业人口（万人）

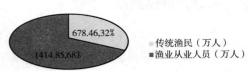

数据来源：2016 中国渔业统计年鉴

7. 水产品进出口情况

据海关统计，我国水产品进出口总量 814.15 万吨、进出口总额 293.14 亿美元，同比分别降低 3.59% 和 5.08%。其中，出口量 406.03 万吨、出口额 203.33 亿美元，同比分别降低 2.48% 和 6.29%，出口额占农产品出口总额（706.8 亿美元）的 28.77%；进口量 408.1 万吨、进口额 89.82 亿美元，同比分别下降 4.66% 和 2.22%。贸易顺差 113.51 亿美元，比上年同期减少 11.61 亿美元。

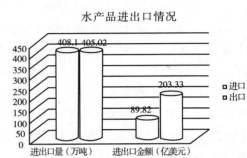

水产品进出口情况

8. 渔业灾情

全年由于渔业灾情造成水产品产量损失 99.91 万吨，直接经济损失 200.16 亿元。其中，受灾养殖面积 690.81 千公顷；沉船 3122 艘，经济损失 0.41 亿元；死亡、失踪和重伤人数 33 人。

附录二：2016 亚太展展后报告"全球水产看亚太，亚太核心在中国"

——亚"2016 亚太水产养殖展览亚"展后报告

2016 亚太水产养殖展览会于 5 月 26 至 28 日在厦门国际会展中心成功落下帷幕，同期会议与活动也精彩纷呈，受到业内人的普遍好评。自 2015 年亚太水产展及其同期会议活动亮相水产界以来，经过近两年的运作，亚太水产展已经成功树立了其行业地位，成为中国乃至亚太地区唯一以水产养殖为主题的专业展览会，展品覆盖了从苗种到水产品全产业链条，展商和观众均体现了高度的国际性与专业性，成为名副其实的亚太水产养殖第一展。

2016 年同期举办了八场会议及活动，七十余场主题发言，从行业走向到技术产品，从不同的角度为与会者带来最新行业动态，成为中国水产行业规格最高、国际性最强、议题最具代表性的专业系列会议，是名副其实的水产行业大聚会。

农业部渔业渔政管理局副局长刘新中、福建省海洋与渔业厅厅长吴南翔、中国水产加工流通与加工协会常务副会长崔和、联合国粮农组织渔业和水产养殖政策与资源部副主任贾建三等领导，以及众多来自国内外的政府团组、国际友人、企业代表 200 多人参加开幕式。

1. 展商展品彰显专业性与全产业链特点

　　2016 亚太水产养殖展览会参展企业 106 家，来自国内 16 个省市自治区和国外 10 个国家及地区，展示面积 7 000 平方米。国内展商占总数的 87%，其中，湖北、广东、江苏、北京、广西五个省市领跑，合计占总展商数量的 59%。北京主要为电商和科技类型企业，其他几个省市均为我们内陆及近海养殖大省。国际展商总占比 13%，来自美国、日本、韩国、以色列、厄瓜多尔等十个国家。展品范围涵盖苗种、饲料、鱼药、设备、技术、水产养殖品、加工产品、物流及贸易等相关领域产品。

　　亚太水产展上，三分之二的展商为直接从事水产行业的企业，其中包括：水产养殖企业（27%）、水产品经营企业（16%）、综合型水产企业（15%）、水产技术及设备企业（11%）等。水产界领军企业纷纷亮相亚太展，恒兴、粤海、利洋、獐子岛、大北农、大有恒、青海民泽、山东京鲁、大连天正、武汉高龙、江苏沿海、江苏华大等龙头企业继续在亚太展上展示最新成果、宣传企业品牌、维护老客户、结识新朋友。这些龙头企业在发展模式上，覆盖水产养殖的不同领域，战略上实现了"综合化、集团化"的发展模式，真正实现了从渔场到餐桌的全产业链发展，从另一个侧面反映了中国水产企业在转型升级中的积极探索。该类企业占展商数量的 15%，但展示面积超过 30%。

　　展商中三分之一的企业专注于水产养殖领域，深耕细作，走特色化发展道路。湖北荆门水产养殖企业主打生态牌，郑中华副市长亲自带队推介其特色水产养殖品，本届展会上带来的小龙虾、龟鳖、大鲵、鳗鱼、草鱼等生态水产品，受到专业买家的认可，现场达成多项商业合作意向。辽宁兴城市佳盈伟业公司经过 3 年的不懈努力，研制出了获得国家专利的具有防伪溯源功能的水产夹，此项专利开创了水产品活体挂标的先河，并结合二维码，实现产品从养殖到餐桌的来源可追溯。带"身份证"的多宝鱼在亚太展就得到了买家的青睐，现场接到来自香港、澳门和台湾的订单。中国渔业协会鮰鱼分会首次组织了 7 家鮰鱼产业领军企业特装大展台集体亮相，展示了鮰鱼精深加工产品以及养殖、苗种、加工产业链成果。斑点叉尾鮰无鳞、无肌间刺，不但食用方便，而且营养丰富，味道鲜美。在 2016 年美国市场壁垒加强的情况下，利用亚太展的平台，为企业进一步开拓国内市场创造了平台。"蒌蒿满地芦芽短，正是河豚欲上时。"4 月，国家"有条件放开养殖河豚生产经营"。此次开放两个品种，即红鳍东方鲀和暗纹东方鲀。红鳍东方豚的主要养殖企业为大连天正集团。5 月 26 日当天的"品鲜汇"上，鲜美的大连天正河豚鱼一亮相，立刻引起轰动效应，尝鲜者纷纷赞美河豚鱼的鲜美。

　　本届展会上的养殖技术与设备企业是又一亮点。其中，循环水养殖技术与设备企业尤为突出，美国大豆协会、厦门新颖佳公司等都展示了各自在循环水养殖领域的最新技术创新、产品成果以及实践应用情况。网箱及相关设备企业，国际铜业协会、厦门富远等也在现场展示了网箱材质及产品研发上的最新动态。日本奥诚株式会社带来的日本最新增氧技术与设备，吸引了现场众多专业人士的目光，该项技术在养殖、鲜活水产品流通等领域都将大有可为。

　　直接从事水产养殖的企业占总展商比例的 69%，这部分企业中，业务又可以进一步细分，同时经营范围多样化，如图三所示，养殖类企业细分之后，涉及的领域分别为：水产品贸易

（36%）、水产养殖（30%）、技术及设备（13%）、饲料（7%）、水产品加工（6%）、种苗（6%）、鱼药及健康产品（2%），基本涵盖了水产养殖的全产业链条。

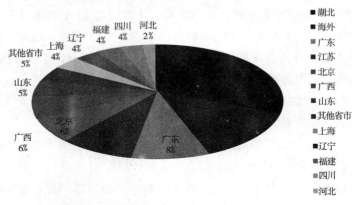

图一　展商分析（按地区）

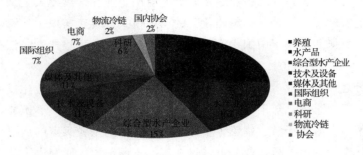

图二　展商分析（按行业）

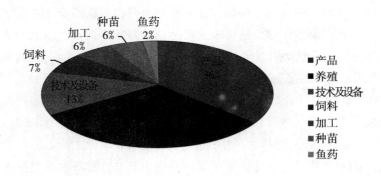

图三　养殖展商细分

2. 观众的专业性与国际性领跑同行业展会

2016 年亚太水产养殖展期间，共有 1.2 万名观众参观了展会，包括 3 100 多名专业买家。亚太展为 B2B 型专业展览会，而非面向大众的展销会。

亚太展专业观众及参会人员来自国内 25 个省市自治区，以及国际 35 个国家。国内观众前五名的省市分别为：福建（37％）、广东（10％）、江苏（7％）、上海（6％）、北京（4％）。国际观众前五名的国家为：美国（17％）、新加坡（8％）、南非（7％）、摩洛哥（6％）、秘鲁（6％）。如图四所示。

按照企业性质分析，亚太展专业观众占比前五的企业类型为：水产品／食品企业（20％）、水产养殖企业（19％）、高科技企业（14％）、贸易型企业（13％），及包装／机械／设备企业（8％）如图五所示。

专业人士参加亚太展的目标主要包括：

（1）寻找新产品、新技术；

（2）掌握行业最新动态；

（3）调研新市场，特别是华南市场，或者为开发新市场做准备；

（4）维护已有客户关系，与老客户见面；

（5）考察亚太展及其同期会议。

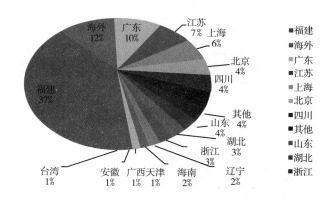

图四　专业观众分析（按地区）

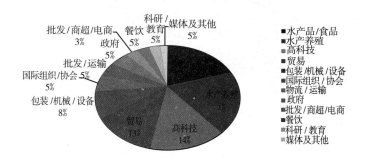

图五　专业观众分析（按行业）

3. "全球水产养殖论坛"：水产行业首屈一指的国际化会议

2016 年 5 月 25 日—27 日，中国水产流通与加工协会继续在厦门召开"全球水产养殖论坛"。

来自美国、荷兰、墨西哥、挪威、摩洛哥、印度、马来西亚、菲律宾、秘鲁、南非等25个国家和地区的行业组织和企业代表，联合国粮食与农业组织（FAO）代表，以及我国21个省市自治区的水产品育苗、养殖、设备和加工企业，主管部门、科研院所和媒体代表近400人参加会议，包括：企业代表42%，国内协会及科研机构29%，各级政府、使领馆及国际机构代表22%、媒体及其他7%。按照地区比例分析，如图六所示。海外参会代表占28%，国际化程度在行业会议中首屈一指。来自广东、福建、四川、北京、江苏五省市的参会人员总计52%，涵盖了主要养殖大省。

论坛着力于关注水产养殖业的转型升级和结构调整，聚焦养殖效益的提高与可持续发展，优质水产品品牌推广与流通渠道创新，国际水产贸易与投资机会的寻找等主题。持续3天的主题大会囊括了四个分论坛：水产养殖创新与实践分论坛、工厂化养殖分论坛、可持续水产养殖及贸易分论坛、渔业国际合作分论坛。与会代表共同探讨当今中国水产养殖业的最新热点以及国际市场需求和走向。

"当前，中国水产养殖业正面临着转方式、调结构、促升级的关键时期。因此，促进全球水产养殖业的紧密合作，共同寻求可持续发展与产业利益的契合点成为助推全球水产养殖业健康有续发展的重要途径。"中国水产流通与加工协会常务副会长崔和总结了论坛的目标与意义。本次论坛发挥了平台作用与传播效应，使产业链内各相关方实现紧密沟通和交流，共同寻求可持续发展与产业利益的契合点，助推全球水产养殖业健康有续发展。全球水产养殖论坛自2015年第一次召开以来，从议题的广度、深度到分论坛的设立，已经成为中国水产界首屈一指的行业会议。

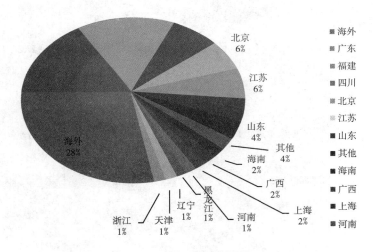

图六　全球水产养殖论坛参会人员分析（按地区）

4. 第二届"大有恒"全球水产冻品行业大会：聚焦水产品市场

第二届"大有恒"全球水产冻品行业大会以"转型、合作、品牌"为主题，主题报告既涵盖水产冻品发展方向、水产品市场形势展望、水产品运输等宏观行业发展议题，同时也有来自一线的企业交流了关于水产品供应链、边贸、市场营销、电商模式等内容，来自东盟和非洲等国的专家也介绍了其资源与合作意向。来自15个省市自治区和16个国家的近两百名水产冻品加工、流通及相关专业人士参加了会议，其中包括：企业代表（63%），各级政府、使领馆及国际机构代表（20%）、国内协会及科研机构（16%），媒体及其他（1%）。按照地区比例分析，如图七所示。

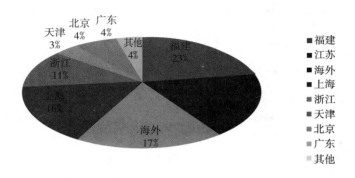

图七　冻品大会参会人员分析（按地区）

5. 中国（国际）水产高峰会：聚焦新产品、新技术

本届高峰会为首次举办，针对目前水产业供给侧改革和可持续发展的大趋势，注重新技术对产业发展的推动和引领作用，带动新技术的推广及应用；关注全球水产业的投资贸易机会，为国内有资金和技术实力的企业寻求新的发展市场；同时，也关注国内水产品消费市场的发展趋势，聚焦国内流通渠道的创新发展，搭建优质水产品的推介和品牌宣传平台。

6. E 路鲜行冷链物流培训班：关注水产品物流配送

冷链行业在中国还处于孵化阶段，大部分养殖企业还处于简单养殖、本地交易的模式。亚太展主办方希望通过带领冷链、保鲜、电商等技术企业，对水产养殖及加工企业进行必要的培训，减少水产品的损失量，提高生鲜冷链配比，普及食品安全意识。近100人参加了为期一天的培训，课程涉及：水产品储藏与保鲜、运输中的温度控制、生鲜冷运供应链体系、便利全球生鲜交易、原产地冷链配送等实际操作环节。88%的参会人员来自企业，课程设置接地气，受到了参会人员的普遍好评。

7. 小型研讨会及工作会议：专而精

中国渔业协会鲴鱼分会在亚太水产养殖展期间，组织召开了2016年鲴鱼分会年会及产业形势分析研讨会。除了年会议程，湖北省出入境检验检疫局食品检验检疫处王铁军副处长就美国鲴鱼新法案应对措施给企业提出了应对建议。湖北省水产研究所蔡焰值研究员围绕我国斑点叉尾鲴产业趋势分析与应对新检测规程的措施等方面进行了全面而深入的分析。安徽富煌三珍食品集团董事长张波涛就鲴鱼国内市场生产及鲜活销售做了专题报告。

全球水产养殖联盟 (GAA) 在亚太展期间，召开了 BAP 贝类认证体系的中国首次发布会，介绍 BAP 认证最新出台的贝类标准。新标准将代替之前的单一贻贝标准，涵盖所有双壳类养殖品种，如扇贝、蛤、象拔蚌、牡蛎、贻贝和鲍鱼等。

同期举办的"全国农业科技创新联盟座谈会""新常态下水产企业转型与升级——资本运作"也从不同的角度为水产企业提供行业信息。"品鲜汇""新产品展示""电商体验馆"等活动也增加了企业之间的互动性。

8. 亚太水产展将持续助力水产行业发展

2016 亚太水产展同时得到了国际组织和同行业协会的鼎力支持，联合国粮农组织（FAO）、全球水产养殖联盟（GAA）、水产养殖管理委员会（ASC）、世界自然资金会（WWF）（中国）、挪威创新署、日本水产会、日本全国渔业协同组合联合会等机构均支持亚太水产养殖展览会。

亚太展以"专业化、国际化"为立足点，将会极大地促进亚太地区乃至全球的水产养殖产业和水产加工产业升级，推动水产品的全球商贸活动，助力全球水产业和生态环境的和谐发展。

亚太水产展旨在为亚太地区乃至全球水产企业了解和掌握新技术、新设施、新理念打造一个良好的展示交流平台。通过中国的影响力和带动力，推动全球水产养殖的健康可持续发展。体现水产养殖"世界看亚太、核心在中国"的主题。2016 年亚太水产养殖展在此目标上，沿着"专业、全面、求新、务实"的指导思想，又向前迈进了一步，在搭建服务于水产行业的专业化、国际化平台过程中，得到了同行业的肯定，已经成为水产行业的大聚会。在未来的大路上，亚太展也将以服务行业发展为导向，持续助力水产行业发展。

后　记

随着海洋与内陆水域渔业资源的枯竭，水产捕捞量逐年下降，发展水产养殖成为解决动物蛋白质短缺的重要途径之一。当前的水产养殖业在相当广阔的领域里都需要引进分子生物技术和其他先进技术。水产养殖技术可以被阐述为将生物学概念科学地运用到水产养殖的各个领域，以提高其产量和经济效益。生物多样性公约将生物技术定义为"被应用于生物系统、生物体以及其它衍生物，其目的是为了制造新的生物体或改变其形成过程的任何技术"。生物技术所涉及的应用范围很广，它可用于促进水产养殖业的生产和管理。有些生物技术名字听起来时髦新颖，其实很早就开始被人们应用了，比如发酵技术和人工授精。现代生物技术与分子生物学研究和基因技术密切相关。水产养殖业中的生物技术与农业中的生物技术有许多相似之处。随着知识的发展，水产养殖业更加需要安全有效的生物技术，这对水产养殖业应对面临的挑战具有重要意义。在强调水产养殖技术对保证人类粮食供应安全、消灭贫困、增加收入做出巨大贡献的同时，我们必须充分考虑把水产养殖技术创新引入水产养殖业可能会带来的种种问题，研究如何保持水产品种的多样性以及新技术对社会和经济的潜在影响等，用负责任的态度研究和利用这一新兴的技术。

水产养殖技术和其他技术创新对水产养殖多样性成功、投资潜力和国际技术交流显示出积极的影响。水产养殖生物技术的发展通过环境和谐，将为生产健康和快速生长的水生动物提供一个手段。改善信息交流，不同地区的科技人员和生产者之间就有关问题和成果进行研讨，将有助于水产养殖业进一步发展，促进全球水生动物的生产持续增长。

近几年我国主要养殖水产品出塘量稳中略增、供给稳定，多数品种出塘价格稳中有升，饲料等成本有所下降，养殖效益呈企稳回升态势，水产养殖转方式调结构成效初显，但个别品种形势仍不容乐观，寒潮、洪涝等灾情影响较为严重。

根据联合国粮食及农业组织统计，2014 年全球可供食用的水产品总量为 1.643×10^8 吨，其中 7.43×10^7 吨来自于水产养殖业。世界银行、联合国粮食及农业组织和国际粮食政策研究所发表的《2030 年渔业展望：渔业及水产养殖业前景》预测，到 2030 年，直接供人类食用的水产品供应量中将有超过 60％ 来自水产养殖业。然而，进入 21 世纪，传统的水产养殖业面临着水域环境恶化、养殖设施陈旧，养殖病害频发，水产品质量安全隐患增多，水产养殖发展与资源、环境的矛盾不断加剧等突出矛盾和挑战，这些问题已成为水产养殖业健康持续发展的巨大障碍。

在这样的背景下，改造提升传统的水产养殖业，大力发展绿色、环保、节能、循环的环境友好型生态养殖模式，对于实现人与自然和谐共处、保障水产养殖产业的健康、高效、可持续发展具有重要的现实意义。

为了明确我国水产养殖发展的战略目标、发展思路和主要任务，促进水产养殖又快又好地发展，建议我国水产养殖主管部门在"十三五"期间采取有效措施，加大支持力度，进一步推动和发展我国水产生态养殖技术和新养殖模式。

1. 构建生态系统水平的大水域生态养殖技术体系

研究完善生态容量、养殖容量和环境容量评估技术，摸清我国主要水域的养殖潜力，以生态养殖为基础，健康养殖为核心目标，开发不同类型渔业水体的多营养层次综合增养殖新模式与生态养殖技术。重点研发基于生态系统自组织修复为主的生态渔业和水资源保护的协同技术，具体包括水产种质资源保护、土著鱼类繁殖生态环境修复与重建、生态水位调控技术、经济鱼类增殖与评价管理，以及多种类捕捞协同管理等技术，为天然渔业资源保护与增殖行动提供技术手段和产业示范。

2. 构建安全高效的设施养殖工程技术体系

研发深水水域抗风浪养殖系统与配套技术，构建增养殖水域生态环境监测及灾害预警预报系统，建立完善全封闭循环水养殖系统，通过以上关键技术研究与系统集成，达到节能、高效、安全的生产要求，并形成相应的生产管理技术。

3. 研发浅海浮筏标准化养殖技术体系

根据不同的养殖种类和养殖方式，确定适宜于机械化作业的养殖器材与设施。根据养殖容量，统一养殖密度、筏架宽度和长度，构建浅海浮筏标准化养殖技术体系，为实现海水养殖机械化、自动化作业打下基础。

4. 构建池塘环境友好型养殖技术体系

研发区域适应性的环境友好型关键养殖技术，深入研究养殖生物营养动力学，开发高效低排放的饲料投喂技术体系、低成本高效率的多营养层次综合养殖系统；研发集约化养殖条件下污染控制与环境修复技术。

5. 构建盐碱地生态养殖技术体系

集成与研发滨海盐碱地名优水产产业化过程中的关键技术，建立盐碱地区域名优水产养殖产业基地，打造名优水产品品牌；推广生态环境优化的生态渔业技术与模式，实现由传统渔业方式向以渔养水、以渔育地的生态渔业方式转变。

6. 构建水产养殖管理与环境控制技术体系

运用"3S"技术（遥感技术—RS、地理信息系统—GIS和全球定位系统—GPS）和养殖承载力动态模型，重点研发生态系统服务功能评估、水产养殖管理决策支持系统、水产生态养殖环境控制关键技术等，解决水产养殖与生态环境和谐发展技术难题。

7. 制定生态养殖发展规划，提高水产养殖发展的全局性和战略性

以市场需求为导向，以生态养殖建设为目标，以水域生物承载力为依据，以产业科技为支撑，确立不同水产养殖区域的功能定位和发展方向，开展水产养殖发展长期规划。

8. 加快基础设施建设，提高水产养殖综合生产能力

开展水产养殖基础设施和支持体系普查工作，全面摸清水产养殖业的基本状况，为制定养殖业发展规划，指导养殖业发展提供科学依据；针对目前养殖业较为突出的问题，继续实施标准化池塘改造财政专项，并启动浅海标准化养殖升级改造专项，稳定池塘养殖总产，提高名优水产养殖品种所占比例和水产品质量，增强浅海养殖综合生产能力，提高食品保障和安全水平。

9. 完善生态系统水平的水产养殖管理体系

以生态系统养殖理论为基础，科学地调整养殖许可证和水域使用许可证的发放管理制度，将农业部负责发放养殖许可证、国家海洋局发放养殖水域使用证的两部门管理方式改为由一个部门统一管理。建议在两证发放前，由科研部门对申请养殖水域进行容纳量评估，政府部门根据科研机构的评估结果，在养殖许可证上明确限定申请水域的养殖种类、养殖密度和养殖方式，以便杜绝养殖者随意增加养殖密度的行为，确保我国水产养殖可持续健康发展。

参 考 文 献

[1] Chopin T,Buschmann A H,Halling C,et al.Integrating seaweeds into marine aquaculture systems:a key towards sustainability[J].J Phycol,2001,37:975–986.

[2] Boyd C E,Tucker C S.Pond aquaculture water quality management [M].The Netherlands:Kluwer Academic Pub–lisher,1998.

[3] Carver Cand Mallet A.Estimatingthecarryingcapacityofacoastalinletformusselculture[J].Aquaculture,1990，88:39–53.

[4] Hepher and Pruginin .Commercial fish farming.New York:John wiley and Sons,Inc,1981, 88–110.

[5] Naylor R L，Burke M.Aquacultureandocean resources：Raising tigersof the sea[J].Annual Reviewof Environment and Resources.2005，30：185–218.

[6] Tacon A G J,Metian M.Global overview on the use of fish meal and fish oil in industrially compounded aquafeeds:Trends and future prospects[J].Aquaculture,2008,285:146–158.

[7] 黄省曾 . 养鱼经 [M]. 浙江：浙江人美出版社，2016.

[8] 徐光启 . 农政全书 [M]. 上海：上海古籍出版社，2011.

[9] 刘思阳 . 草鱼卵子和三角鲂精子杂交的受精细胞学研究 [J]. 水产学报，1987, 10.

[10] 沈俊宝 . 方正银鲫与扎龙湖鲫体细胞、精子的 DNA 含量及倍性的比较研究 [J]. 动物，1984，30.

[11] 朱作言，许克圣，谢岳峰，等 . 转基因鱼模型的建立 [J]. 中国科学 :B 辑，1989，（2）:147–155.

[12] 董贯仓，田相利，董双林，等 . 几种虾、贝、藻混养模式能量收支及转化效率的研究 [J]. 中国海洋大学学报（自然科学版），2007，（06）.

[13] 胡海燕 . 大型海藻和滤食性贝类在鱼类养殖系统中的生态效应 [J]. 中国科学院研究生院（海洋研究所），2002.

[14] 熊邦喜，李德尚，李琪，等 . 配养滤食性鱼对投饵网箱养鱼负荷力的影响 [J]. 水生生物学报，1993, 17（2）:131–144.

[15] 董双林，李德尚，潘克厚 . 论海水养殖的养殖容量 [J]. 青岛海洋大学学报，1998，28（2）：245–250.

[16] 骆文，王民 . 长岛县采取有力措施发展海水 "立体养殖" [J]. 中国水产，1984，（7）:14–15.

[17] 唐启升 . 关于容纳量及其研究 [J]. 海洋水产研究，1996，17（02）.

[18] 王岩，张鸿雁，齐振雄 . 海水养殖实验围隔中海洋原甲藻水华的发生及其影响 [J]. 水产学报，1998，（03）.

[19] 李大海 . 经济学视角下的中国海水养殖发展研究 [D]. 青岛：中国海洋大学，2007,50–55.

[20] 杨宁生 . 科技创新与渔业发展 [J]. 中国渔业经济，2006，（3）：8–11.

[21] 杨子江,阎彩萍.我国渔业科技体系的组织结构及其问题[J].中国渔业经济,2006,(6):6-14

[22] 许庆瑞.研究、发展与技术创新管理[M].北京:高等教育出版社,2002:25-27.

[23] 赵雅静.中国海洋水产业的高技术化研究:[J].大连:辽宁师范大学,2002,7-10.

[24] 杨宁生.依靠技术进步推动我国渔业向更高层次发展[J].中国渔业经济研究,1999,(6):11-13,141-145

[25] 周洵,王美娟.我国智能化渔业的发展与应用现状〔J〕.中国水产,2015(1):31-33.(下).

[26] 包杰,姜宏波,董双林等.红刺参和青刺参耗氧率与排氨率的比较研究〔J〕.水产学报,2013,37(11):94-101.

[27] 包杰,田相利,董双林等.对虾、青蛤和江蓠混养的能量收支及转化效率研究〔J〕.中国海洋大学学报,2006,36(增):27-32.

[28] 宋燕平.农业产业链的技术创新特征研究[J].科技进步与对策,2010,27(15):85-87.

[29] 肖焰恒.可持续农业技术创新理论的构建[J].中国人口·资源与环境,2003,13(1):106-109.

[30] 唐启升,丁晓明,刘世禄等.我国水产养殖业绿色、可持续发展战略与任务[J].中国渔业经济,2014,32(1):6-14.

[31] 常杰,田相利,董双林等.对虾、青蛤和江蓠混养系统氮磷收支的实验研究[J].中国海洋大学学报,2006,36(增):33-39.

[32] 陈少莲,华元渝,朱志荣等.鲢、鳙在天然条件下摄食强度(Ⅱ)武汉东湖鲢、鳙周年摄食强度研究[J].水生生物学报,1987,13(2):114-123.

[33] 陈少莲,刘肖芳.鲢鳙对鱼粪消化利用的研究[J].水生生物学报,1989,13(3):250-258.

[34] 陈少莲.东湖放养鲢、鳙鱼种的食性分析[J].水利渔业,1982,(3):21-26.

[35] 陈兆波,李景玉,张兆琪等.3种罗非鱼吸水量及滤水率的初步研究[J].水利渔业,1999,19(4):1-3

[36] 程序.生物质能与节能减排及低碳经济[J].中国生态农业学报,2009,17(2):375-378.

[37] 崔毅,陈碧鹃,陈聚法.黄渤海海水养殖自身污染的评估[J].应用生态学报,2005,16(1):180-185

[38] 戴书林,严敏.农民刘吉华的高效生态农业新模式[J].当代畜禽养殖业,1999,(4):29.

[39] 丁永良,兰泽桥,张明华.工业化封闭式循环水养鱼污水资源化——生态循环经济的典范"鱼菜共生系统"[J].中国渔业经济,2010,28(1):124-130.

[40] 董贯仓,田相利,董双林等.几种虾、贝、藻混养模式能量收支和转化效率的研究[J].中国海洋大学学报,2007,37(6):899-909.

[41] 董少帅,董双林,王芳等.Ca²⁺浓度对凡纳滨对虾生长的影响[J].水产学报,2005,29(2):211-215.

[42] 董少帅.Ca²⁺浓度对中国明对虾和凡纳滨对虾稚虾生长的影响及其生物能量学机制[J].青岛:中国海洋大学硕士学位论文,2005.

[43] 董双林,王芳,王俊,齐振雄,卢静.海湾扇贝对海水池塘浮游生物和水质的影响[J].海洋学报,1999,21(6):138-144

[44] 董双林 . 鲢鱼的放养对水质影响的研究进展 [J]. 生态学杂志，1994，13：66-68.

[45] 董双林 . 系统功能视角下的水产养殖业可持续发展 [J]. 中国水产科学，2009，16（5）：798-805.

[46] 董双林 . 中国综合水产养殖的历史、原理和分类 [J]. 中国水产科学，2011，18（5）：1202-1209.

[47] 董双林 . 高效低碳—中国水产养殖业发展的必由之路 [J]. 水产学报，2011，35（10）：1595-1600.

[48] 范德朋，潘鲁青，马牲，董双林等 . 缢蛏滤除率与颗粒选择性的实验研究 [J]. 海洋科学，2002，26（6）：1-4.

[49] 冯翠梅，田相利，董双林等 . 两种虾、贝、藻综合养殖模式的初步比较 [J]. 中国海洋大学学报，2007，37（1）：69-74.

[50] 郭彪，王芳，董双林 . 温度周期性波动对凡纳滨对虾稚虾蜕壳和蜕壳激素含量的影响 [J]. 海洋与湖沼通报，2011，（1）：43-49.

[51] 董双林 . 干出对潮间带不同垂直位置海藻的生长及光合作用速率的影响 [J]. 海洋与湖沼通报，2008，（4）：78-84.

[52] 侯纯强，王芳，董双林 . 低钙浓度波动对凡纳滨对虾稚虾蜕皮、生长及能量收支的影响 [J]. 中国水产科学，2010，17（3）：536-542.

[53] 黄国强，董双林，王芳等 . 饵料种类和摄食水平对中国明对虾蜕皮和影响 [J]. 中国海洋大学学报，2004，34（6）：942-954.

[54] 黄兆坤 . 生活污水养鱼种高产试验 [J]. 水利渔业，1992，（2）：37-38.

[55] 李德尚，董双林，田相利等 . 对虾与鱼、贝类的封闭式综合养殖 [J]. 海洋与湖沼，2002，33（1）：90-96.

[56] 李德尚，熊邦喜，李琪等 . 水库对投饵网箱养鱼的负荷力 [J]. 水生生物学报，1994，18（3）：223-229

[57] 李德尚，杨红生，王吉桥等 . 一种池塘陆基实验围隔 [J]. 青岛海洋大学学报，1998，28（2）：199-204

[58] 李德尚 . 论大水域综合养鱼 [J]. 水利渔业，1986，（2）：28-32

[59] 李德尚 . 水库对投饵网箱养鱼负荷力的研究方法 [J]. 水利渔业，1992，（3）：3-5

[60] 李俊伟 . 刺参—海蜇—对虾综合养殖系统和投喂鲜活硅藻养参系统的碳氮磷收支 [J]. 中国海洋大学博士学位论文，2013.

[61] 李思发，杨和荃，陆伟民 . 鲢、鳙、草鱼摄食节律和日摄食率的初步研究 [J]. 水产学报，1980，4（3）：275-282

[62] 李庭古，彭永兴，徐国成等 . 克氏螯虾与鲢、鳙鱼吃糖混养技术 [J]. 渔业经济研究，2005，5（6）：38.

[63] 李英，王芳，董双林等 . 盐度突变对凡纳滨对虾稚虾蜕皮和呼吸代谢的影响 [J]. 中国海洋大学学报，2010，40（7）：47-52

[64] 李英 . 环境因子变化对凡纳滨对虾蜕皮同步性和生理特征影响的实验研究 [J]. 青岛：中国海洋大学硕士学位论文 .2010.

[65] 刘峰，王芳，董双林等 . 投饵与不投饵海参养殖池塘水质变化的初步研究 [J]. 中国海洋大学学报，2009，39(增)：369-374.

[66] 刘焕亮，黄樟翰 . 中国水产养殖学 [M]. 北京：科学出版社，2008.

[67] 刘建康，何碧梧 . 中国淡水鱼类养殖学 [M]. 北京：科学出版社，1992.

[68] 刘剑昭，李德尚，董双林等 . 养虾池半精养封闭式综合养殖的养殖容量实验研究 [J] 海洋科学，2000，24（7）：6-11.

[69] 刘营 . 不同饲料对刺参生长及能量收支的影响及机制 [J]. 青岛：中国海洋大学博士学位论文 .2010.

[70] 卢敬让，李德尚，杨红生等 . 海水池塘鱼贝施肥混养生态系中贝类与浮游生物的相互影响 [J]. 水产学报，1997，21（2）：158-164.

[71] 卢静，李德尚，董双林 . 对虾池混养滤食性动物对浮游生物的影响 [J]. 青岛海洋大学学报，1999，29（2）：243-248.

[72] 卢静，李德尚，董双林 . 对虾池不同水质调控围隔中浮游物的研究 [J]. 中国水产科学，2000，7（3）：61-66.

[73] 穆峰 . 半精养对虾养殖池水质变动规律及水质调控研究 [J]. 青岛：中国海洋大学硕士学位论文 .2002.

[74] 南春容，董双林 . 资源竞争理论及其研究进展 [J]. 生态学杂志，2003，22（2）：36-42.

[75] 南春容，董双林 . 大型海藻孔石莼抑制浮游微藻生长的原因初探——种群密度及磷浓度的作用 [J]. 中国海洋大学学报，2004，34（1）：48-59.

[76] 南春容，董双林 . 大型海藻与海洋微藻间竞争研究进展 [J]. 海洋科学，2004，28（11）：64-66.

[77] 齐振雄，张曼平，李德尚等 . 对虾养殖实验围隔中的解氮作用氮输出 [J]. 海洋学报，1999，21（6）：130-133.

[78] 秦传新，董双林，王芳等 . 能值理论在我国北方刺参养殖池塘的环境可持续性分析中的应用 [J]. 武汉大学学报 (理学版)，2009，55（3）：319-323.

[79] 阮景荣 . 武汉东湖鲢、鳙生长的几个问题的研究 [J]. 水生生物学报，1986，10（3）：252-264.

[80] 山东省蓬莱水产局 . 扇贝与海带间养方法 [J]. 中国水产，1982，（4）：15.

[81] 申玉春，熊邦喜，王辉等 . 虾—鱼—贝—藻养殖结构优化试验研究 [J]. 水生生物学报，2007，31（1）：30-38.

[82] 沈伟芳，张斌 . 南美白对虾与鳙鱼轮养模式 [J]. 中国水产,2004，（6）：41-42.

[83] 史为良 . 内陆水域鱼类增殖与养殖学 [M]. 北京：中国农业出版社，1991.

[84] 苏跃朋，马牲，张哲 . 对虾养殖池塘混养牡蛎对底质有机负荷作用 [J]. 中国水产科学，2003，10（6）：491-494.

[85] 孙秉义，鲍广栋，楚昭明等 . 网箱区施化肥培育大规格鲢、鳙鱼种技术研究 [J]. 水利渔业，1990，（4）：7-10

[86] 孙琛.中国水产品市场分析[D].北京：中国农业大学博士学位论文.2000.

[87] 唐天德.鱼虾混养试验获得高产[J].中国水产，1985，（4）：23.

[88] 田相利，董双林，王芳.不同温度对中国明对虾生长及能量收支的影响[J].应用生态学报，2004b，15（4）：678-682.

[89] 田相利，李德尚.对虾池封闭式三元综合养殖的实验研究[J].中国水产科学，1999，6（4）：49-54.

[90] 田相利，王吉桥.海水池塘中国对虾与罗非鱼施肥混养的实验研究[J].应用生态学报，1997，8（6）：628-632.

[91] 王春忠，苏永全.鲍藻混养模式的构建及其效益分析[J].海洋科学，2007，31（2）：27-30.

[92] 王大鹏，田相利，董双林等.对虾、青蛤和江蓠三元混养效益的实验研究[J].中国海洋大学学报，2006，36(增)：20-26.

[93] 王吉桥，李德尚，董双林等.对虾池不同综合养殖系统效率和效益的比较研究[J].水产学报，1999，23（1）：45-52.

[94] 王继业.对虾池环境生物修复的实验研究[D].青岛：中国海洋大学博士学位论文，2005.

[95] 王俊，姜祖辉，董双林，滤食性贝类对浮游植物群落增殖作用的研究[J].应用生态学报，2001，12（5）：765-768.

[96] 王克行.虾类健康养殖原理与技术[M].北京：科学出版社：2008，447.

[97] 王巧晗，董双林，田相利等.光照强度对孔石莼生长和藻体化学组成的影响[J].2010，34（8）：76-80.

[98] 王巧晗，董双林，田相利等.盐度日节律性连续变化对孔石莼生长和生化组成的影响.中国海洋大学学报，2007，37（6）：911-915.

[99] 王巧晗.环境因子节律性变动对潮间带大型海藻孢子萌发、早期发育和生长的影响及其生理生态学机制[D].青岛：中国海洋大学博士学位论文，2008.

[100] 王若祥，崔慧敏.缢蛏与对虾立体生态调控养殖技术[J].齐鲁渔业，2009，26（11）：40-41.

[101] 王兴强，曹梅，马牲等.盐度对凡纳滨对虾存活、生长和能量收支的影响[J].海洋水产研究，2006，27(1)：8-13.

[102] 王兴强，马牲，董双林.凡纳滨对虾生物学及养殖生态学研究进展[J].海洋湖沼通报，2004，(4)：94-100.

[103] 谢从新.池养鲢鳙鱼摄食习性的研究[J].华中农业大学学报，1989，8(4)：385-394.

[104] 谢平.鲢、鳙与藻类水华控制[M].北京：科学出版社，2003，134.

[105] Edwards P,Pullin R S V,Gartner J A.Research and education for the development of integrated crop-livestock-fish farming systems in the tropics[J].ICLARM Stud Rev,1988,（16）:53.

[106] 肖乐，李明爽，李振龙.我国"互联网+水产养殖"发展现状与路径研究[J].渔业现代化，2016，43（3）：7—11.